コパイロット スタジオ

Copilot Studio で作る業務効率化のAIチャットボット

益森貴士［著］

インプレス

ご購入・ご利用の前に必ずお読みください

本書は、2024年8月現在の情報をもとに「Microsoft Copilot Studio」「Power Automate」「Power Apps」の操作方法について解説しています。本書の発行後に「Microsoft Copilot Studio」「Power Automate」「Power Apps」の機能や操作方法、画面などが変更された場合、本書の掲載内容通りに操作できなくなる可能性があります。本書発行後の情報については、弊社のWeb ページ（https://book.impress.co.jp/）などで可能な限りお知らせいたしますが、すべての情報の即時掲載ならびに、確実な解決をお約束することはできかねます。また本書の運用により生じる、直接的、または間接的な損害について、著者ならびに弊社では一切の責任を負いかねます。あらかじめご理解、ご了承ください。

本書で紹介している内容のご質問につきましては、巻末をご参照のうえ、お問い合わせフォームかメールにてお問合せください。電話やFAX等でのご質問には対応しておりません。また、以下のような本書の範囲を超えるご質問にはお答えできませんのでご了承ください。なお、本書の発行後に発生した利用手順やサービスの変更に関しては、お答えしかねる場合があります。

・書籍に掲載している以外のCopilotの作成方法
・お手元の環境や業務に合わせたCopilotの作成方法
・書籍に掲載している以外のCopilotやクラウドフローで起こるエラーの対処方法

■用語の使い方

本文中では、一般法人向けのMicrosoft 365のことを「Microsoft 365」と記述しています。また、本文中で使用している用語は、基本的に実際の画面に表示される名称に則っています。

■本書の前提

本書では、「Windows 11」が搭載されているパソコンで、インターネットに常時接続されている環境を前提に画面を再現しています。また、「Microsoft 365 Business Standard」と「Microsoft Copilot Studio」のライセンスが付与されたアカウントを使用している状態を前提としています。

はじめに

2023年から2024年にかけての期間および今後数年間は、将来「AI革命」として語られるでしょう。それほど、この1年半ほどの技術進化は目覚ましく、革新的なAI技術やサービスが次々と誕生しています。本書で取り上げるCopilot Studioもその一例です。

Copilot Studioは、ローコードやノーコードでチャットボットを作成できるPower Virtual Agentsを強化したサービスであり、2023年11月に発表され、現在も日々進化を続けています。

このサービスの特徴は、ナレッジを追加するだけで、そのデータを基にした独自のCopilot、つまり生成AIアシスタントをノーコードで作成できる点です。また、Power Platformの他のサービスと連携し、さまざまなクラウドサービスと連携した独自のCopilotを簡単に作成できる点も魅力です。

Copilot Studioは非常に注目されており、Power Platformを知らなかった人々も含め、多くの人が関心を持ち、試して評価し、実務で活用するケースも増加しています。しかし、豊富な機能と急速な進化ゆえに、「Copilot Studioとは何か？」「どのようなことができるのか？」「どうやって作成するのか？」という疑問を持つ方も多いでしょう。

本書では、独自のCopilotを作成する過程を通じて、基本的な作成方法やトピック、トリガーフレーズ、変数の使い方などの基礎技術、さらにPower AutomateやAI Builderとの連携による応用技術を学べます。最後に執筆時点でプレビューの機能についても紹介しています。
これらの機能含め、今後、独自のCopilotの作成がより簡単になり、Copilotができることの幅が広がっていくと思っています。

もちろん、本書だけで、Copilot Studioを含むPower AutomateやAI Builderのすべてを網羅することはできませんが、本書が、皆さんの疑問を少しでも解消し、独自のCopilot作成の一助となれば幸いです。

2024年8月　益森貴士

本書の読み方

本書は、初めての人でも迷わず読み進められ、操作をしながら必要な知識や操作を学べるように構成されています。紙面を追って読むだけでCopilot Studioを使ったCopilot 作成のノウハウが身に付きます。

レッスンタイトル

このLESSONでやることや目的を表しています。

練習用ファイル

LESSONで使用する練習用ファイルの名前です。
ダウンロード方法などは6ページをご参照ください。

LESSON 12

注文状況を答えるCopilotの作成

注文情報を管理するデータベースの作成、そのデータベースから情報を取得するクラウドフローの作成を行いました。最後に、クラウドフローと連携して、利用者からの注文状況の問い合わせに対して返答をするCopilotを作成します。

練習用ファイル OrderManagementSolution_1_0_0_1.zip

01 ソリューションに新規でCopilotを作成

Copilotを新規で作成します。今回は、注文管理ソリューションに作成するCopilotを追加します。今回のように、**一つの目的を達成するために、Copilot Studioで作成するCopilot、Power Automateで作成するクラウドフロー、Microsoft Dataverseで作成するテーブルなど、複数のオブジェクトを作成する場合、同じソリューションに含めておくことで、管理、移行がしやすくなります。**

LESSON04を参考に、「注文状況返答Copilot」という名前のCopilotを作成しておく

Copilot Studio　環境 CopilotStudio用環境
注文状況返答Copilot　作成　キャンセル　…
詳細設定の編集
詳細
名前 *　13/100
注文状況返答Copilot
アイコンの変更
コパイロット の表示に使用されます。
説明　0/1000
コパイロット を説明します
手順　0/8000
コパイロット に指示を与えます
言語
コパイロット が使用するプライマリ言語
日本語 (ja-JP)

1 […]-[詳細設定の編集]をクリック

※ここに掲載している紙面はイメージです。実際のページとは異なります。

関連解説

操作を進める上で役に立つヒントや補足説明を掲載しています。

LESSONに関連する一歩進んだテクニックを紹介しています。

筆者の経験を元にした現場で役立つノウハウを解説しています。

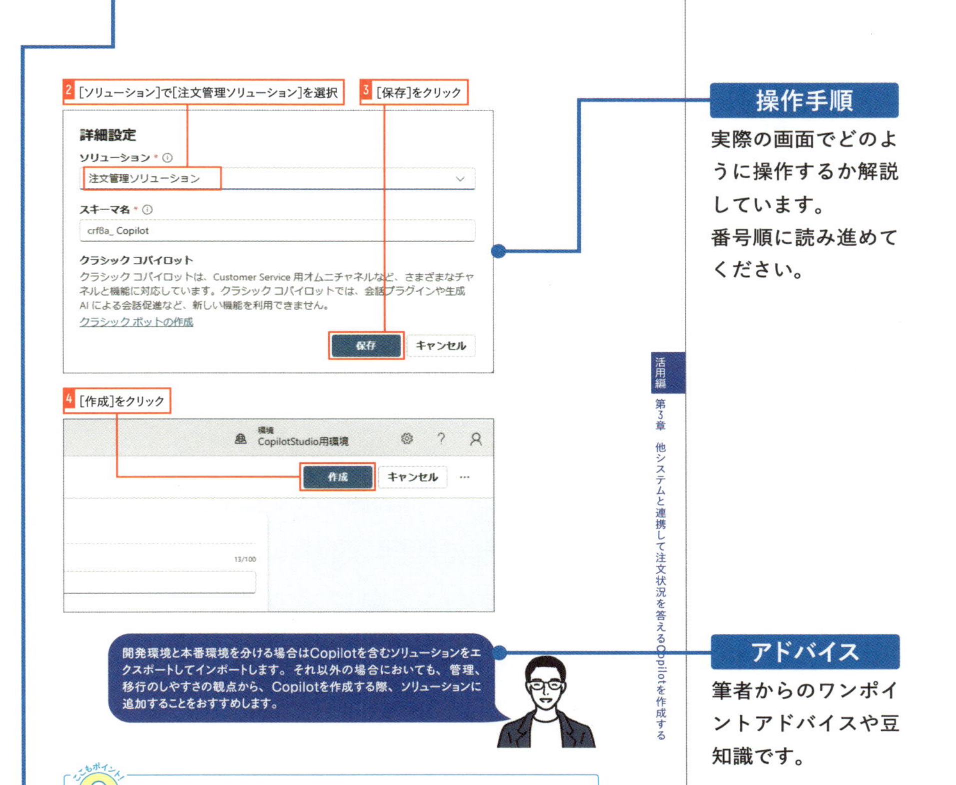

操作手順

実際の画面でどのように操作するか解説しています。
番号順に読み進めてください。

アドバイス

筆者からのワンポイントアドバイスや豆知識です。

練習用ファイルの使い方

本書では、無料の練習用ファイルを用意しています。ダウンロードした練習用ファイルは必ず展開して使ってください。練習用ファイルは章ごとにフォルダーを分けています。ここではMicrosoft Edgeを使ったダウンロードの方法を紹介します。

練習用ファイルがある項目には、練習用ファイルの名前を記載しています。

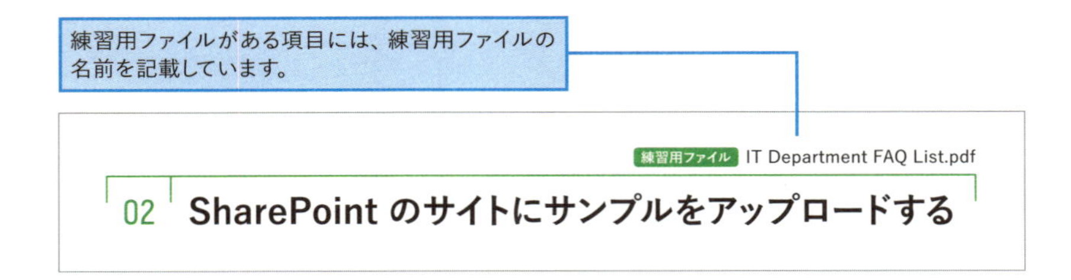

練習用ファイルのダウンロード方法

▼練習用ファイルのダウンロードページ
https://book.impress.co.jp/books/1124101025

1 上記のURLを入力してダウンロードページを表示

2 ［ダウンロード］をクリック

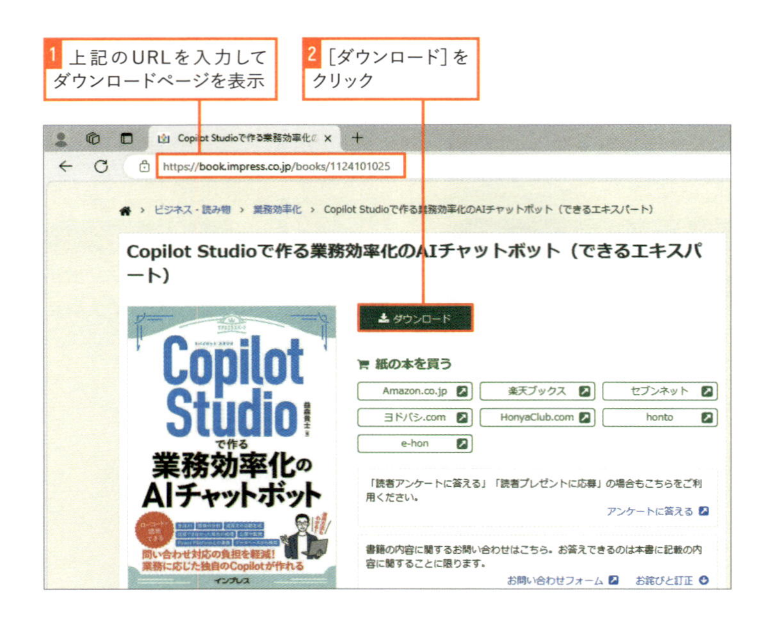

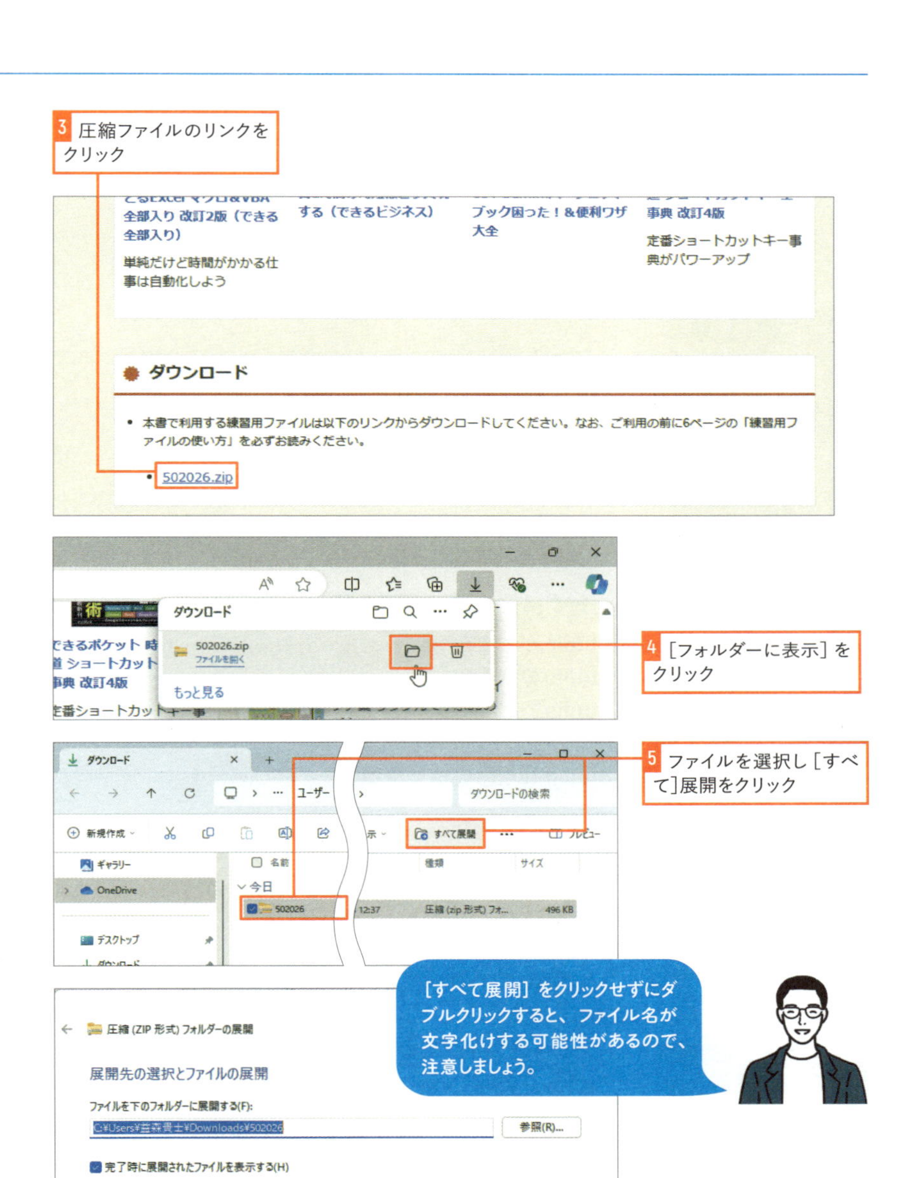
3 圧縮ファイルのリンクをクリック
ダウンロード
本書で利用する練習用ファイルは以下のリンクからダウンロードしてください。なお、ご利用の前に6ページの「練習用ファイルの使い方」を必ずお読みください。
502026.zip
4 ［フォルダーに表示］をクリック
5 ファイルを選択し［すべて］展開をクリック
6 ［展開］をクリック
［すべて展開］をクリックせずにダブルクリックすると、ファイル名が文字化けする可能性があるので、注意しましょう。

CONTENTS

基本編

活用編

第3章

他システムと連携して注文状況を答えるCopilotを作成する

第4章

お客様の声を効率的に処理するCopilotを作成する

活用編

応用編

第5章

機能を拡張してFAQに答える汎用的なCopilotを作る

応用編

第6章

カスタムCopilotの展開・運用を知ろう

本書の構成

本書は「基本編」「活用編」「応用編」の3部構成となっており、Copilot Studioを使ったCopilotの作成から展開方法まで身に付きます。

基本編
第1章～第2章

「基本編」ではCopilot Studioや、チャットボット作成の概要を解説します。PDFファイルやWebサイトを基に回答する、簡単なCopilotを作成しながら操作や機能が学べるようになっており、独自のCopilotを開発するにあたっての基礎知識が身に付きます。

活用編
第3章～第4章

Microsoft 365など他システムと連携するCopilotを簡単に作れるのが、Copilot Studioの強みの一つです。「活用編」では、Power Automateのクラウドフローや、AI Builderと連携したCopilotについて解説しており、Copilot開発の幅が広がるようになっています。

応用編
第5章～第6章

より汎用的なチャットボットにする方法の他、作成したCopilotを利用者に展開する方法を解説しています。展開したCopilotを監視･改善するのに役立つ機能も解説しており、Copilot運用のノウハウが身に付くようになっています。

おすすめの学習方法

STEP 1
まずは「基本編」で概要や基礎の把握からスタート！
第1章～第2章でCopilot Studioの基本と簡単なCopilotの作成手順を覚えましょう。

STEP 2
活用編の第3章では注文状況を答えるCopilotを、第4章では顧客から寄せられた声を受け付けるCopilotを作成します。作成の過程を通して、他のシステムと連携させる方法が身に付きます。

STEP 3
活用編まで読み終えたら応用編にチャレンジ！　複数のナレッジから回答するCopilotの作成や、作成したCopilotの展開方法が分かります。

基本編

第 1 章

Copilot Studio について知ろう

Copilot Studioとは何か、どんなことができるサービスなのかを紹介します。この章では、関連する他のサービスとの関係性や違いも交えながら、Copilot Studioの概要を詳しく説明します。

Power Platformと Copilotを理解しよう

Copilot Studioの概要やできることを理解するには、Power PlatformとCopilotについて知ることが非常に重要です。まずは、これらのサービスについて学びましょう。

01 Power Platformとは

Copilot Studioは、Power Platformの一部で、独自のCopilot、つまり独自のAIチャットボットを作成できるサービスです。Power Platformとは、開発者と非開発者、つまりすべての人々に向けたローコード／ノーコードのプラットフォームです。Power Platformは複数のサービスで構成されており、**プロの開発者でなくても業務を改善するアプリや業務を自動化するワークフローを構築できます**。

例えば、アプリを作成できるPower Appsでは、PowerPointのように部品を配置してアプリの見た目を作り、Excelのように数式を書いてアプリに動きを付けることができます。以前はPower Platformの一部としてPower Virtual Agentsが存在しましたが、AI機能の進化に伴い、従来のPower Virtual Agentsの機能はCopilot Studioに統合されました。

Microsoft Power Platform

すべての開発者、非開発者のためのローコード・ノーコードプラットフォーム

02 AIアシスタント「Copilot」とは

Copilotとは、一言で言うと、AIを利用したアシスタントです。現在、マイクロソフトではさまざまなサービスにおいて、Copilotという名のAIアシスタントを導入しています。例えば、Bing検索エンジンにCopilotが導入され、検索キーワードベースではなく、チャット形式で情報を探したり、文章の要約や作成を依頼したりすることができるようになりました。これには、ChatGPTでも使われているAI技術やBingの検索技術等が使用されています。少しややこしいですが、Copilotは、機能の総称でもあり、一部サービスの名称としても使われています。

知りたいことや分からないことを質問するとCopilotが答えてくれる

また、Power Appsに導入されたCopilot機能は、AIがアプリの作成を支援するアシスタントとして機能し、どのようなアプリを作成したいかチャットに入力すると、アプリに必要なテーブル案を考えてくれます。そして、ボタンを押すだけでアプリの作成まで行ってくれます。このように、マイクロソフトの各サービスにおいてCopilotという名のAIアシスタントが導入され、生産性が更に向上しています。

03 Copilot for Microsoft 365とは

マイクロソフトのクラウドサービスの一つであるMicrosoft 365には、チャットやオンライン会議等の機能を持つMicrosoft Teams、メールや予定表等の機能を持つ、Microsoft Exchange/Outlook、Excel、Word、Power Point等のMicrosoft Officeサービスなど、非常に沢山のサービスが含まれています。Copilot for Microsoft 365とは、ライセンスを契約することで、Microsoft 365に含まれるさまざまなアプリなどに対してCopilotが使えるようになるサービスです。例えば、Power PointのCopilotでは、ファイルを基にスライドを作成することができます。また、Copilot for Microsoft 365にもチャット機能があり、Microsoft 365組織内のリソースを基にチャットで依頼をすることができます。例えば、組織内の情報を探したり、ファイルを探したり、予定を確認したり、さまざまな観点で、チャットで依頼をすることができます。

例えば、PowerPointの場合、作成したいプレゼンテーションをプロンプトで指示すると、自動でスライドが作成される

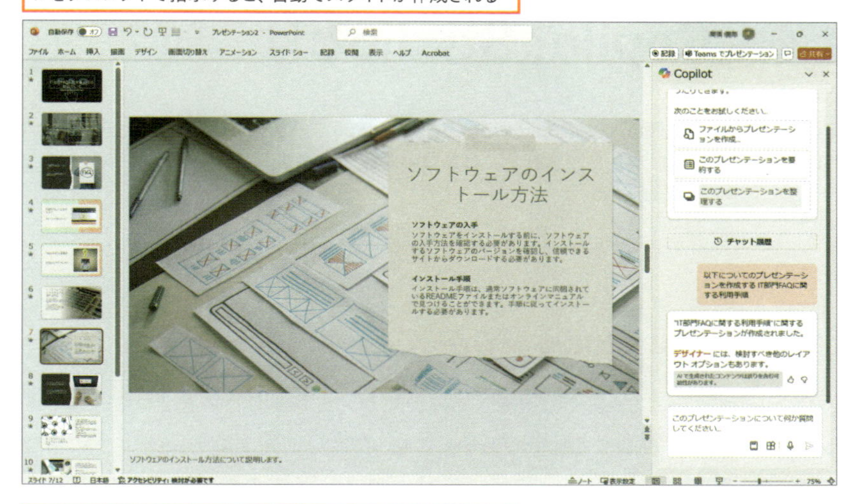

OneDriveに保存されたファイルなどについて質問すると、ファイルの内容や関連する情報を回答する

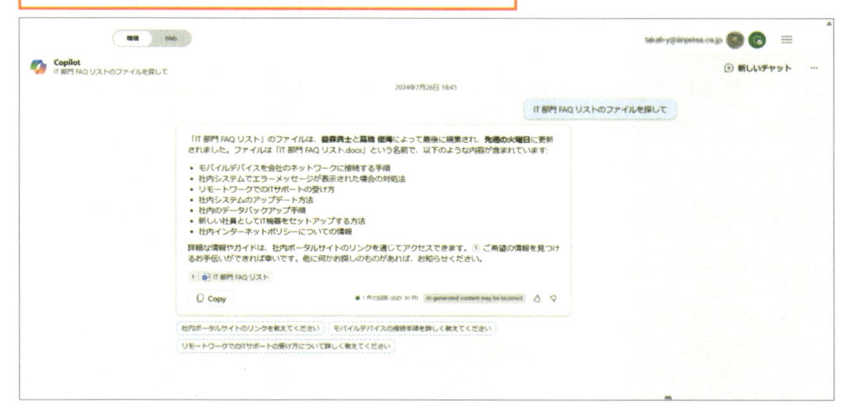

Copilotを利用することで、マイクロソフトの各サービスを利用した業務の生産性がより向上します。常に進化もしているため、積極的に、継続的に使い倒していきましょう。

LESSON 02

Microsoft Copilot Studioとは

Power Platform、Copilot、Copilot for Microsoft 365等のサービスを踏まえ、Copilot Studioがどのようなことができるサービスなのか説明します。

01 Copilot Studioができること

Copilot Studio には多くの機能がありますが、大きく分けると2つに分類できます。1つ目は、独自のCopilotの作成です。例えば、特定のWebサイトの情報を基に回答するCopilotや、特定の組織内のファイルの情報を基に回答するCopilotを作成できます。本書では、**この独自のCopilotを「Copilot」**と表現し、**マイクロソフトがサービスとして提供しているCopilotは、「製品版Copilot」または「Copilot for Microsoft 365」**のようにサービスの名称で呼ぶことにします。2つ目は、製品版Copilotの拡張です。例えば、Copilot for Microsoft 365のチャット機能にて、プラグインとしてサードパーティのクラウドサービスと連携することができます。本書では、独自のCopilotの作成をメインとし、第2章から第5章にかけてさまざまなCopilotを作成し、第6章でCopilotの展開方法を説明します。

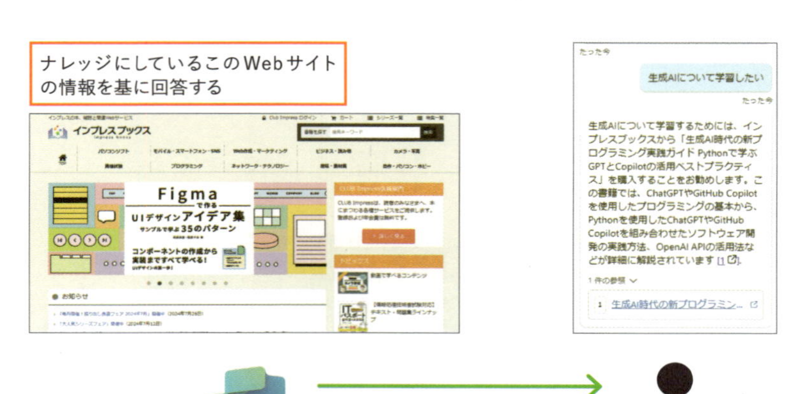

02 Copilot Studioのライセンス

Copilot Studioを使ってCopilotを作成するには、別途ライセンスが必要です。また、AI Builder やPower Automateなど、Platformのサービスと連携したCopilotを作る場合、これらのサービスが使えるライセンスも必要になります。加えて、Copilotの作成と製品版Copilotの拡張で必要なライセンスの種類が異なるため、注意しましょう。マイクロソフトのライセンスに関するより詳しい内容は、Webサイト、ドキュメント等をご確認ください。

■Copilot Studioのライセンス概要

機能	必要ライセンス	説明
Copilotの作成	Copilot Studio ライセンス	テナントレベルで取得するライセンスは、作成したCopilotとやり取りするメッセージ数に応じて購入する必要があります。組織でCopilotの数が増え、Copilotと利用者がやり取りするメッセージの数が増える場合、必要なライセンス数も増えます。執筆時点では、1ライセンスで月25,000件までのメッセージ数が許可されています。
	Copilot Studioユーザーライセンス	Copilot StudioでCopilotを作成するユーザーに対して必要なライセンスです。このライセンス自体は無償です。
製品版Copilotの拡張 ※Copilot for Microsoft 365の場合	Copilot for Microsoft 365のライセンス	Copilot for Microsoft 365に はCopilot Studioの利用権が含まれています。Copilot Studioを使って、Copilot for Microsoft 365を拡張するためのプラグインを作成し、公開することができます。

■Microsoft Power Platform ライセンスの概要

https://learn.microsoft.com/ja-jp/power-platform/admin/pricing-billing-skus

ライセンスは複雑ですし、変更されることがあります。そのため、常に最新の情報を確認することが重要です。

03 Copilot StudioでどんなCopilotを作成できるか

Copilot StudioでどのようなCopilotを作成できるかを理解するために、いくつかの作成例を紹介します。まず、**Copilot Studioの強みは、独自のデータを基にしたCopilotの作成や、さまざまなサービスと連携したCopilotを、ノーコードまたはローコードで作成できる点**です。これにより、開発経験がない方でも簡単に業務シナリオに応じた独自のCopilotを作成することが可能です。実際に、以下の表の通り、さまざまな業務シナリオにおいてCopilotが作成されており、時間の削減や顧客体験の向上が期待できます。いくつかのシナリオについては、第2章以降作成していきます。

■Copilot StudioによるCopilotの作成例

シナリオ	説明とメリット
情報収集自動化Copilot	業界のトレンド、最新ニュース、競合他社の活動、関連する法規則に関する情報など、定期的にWebサイトを訪問して情報収集する業務の時間を削減できる
製品推薦Copilot	Webサイトのコンテンツを基にして、顧客の質問に対して最適な製品を推薦する。顧客探検の向上、顧客満足度の向上、製品推薦作業の効率化が可能
問い合わせ対応Copilot	総務部門や人事部門など、組織内の問い合わせ対応を行う業務において、Copilotが組織の既存のナレッジを基に回答する。問い合わせ対応の時間を削減できる
申請プロセス簡素化Copilot	Copilotに情報を伝えると、Power Automateと連携して申請書を自動的に作成する。申請プロセスの簡素化が可能
郵便サービス提供Copilot	郵便製品やサービスに関する質問、配送状況の追跡確認ができるCopilot。顧客体験の向上や顧客サポートの迅速化が可能
お客様の声受付Copilot	オンラインショッピングサイトにおいて、お客様の声を受け付け、データベースへの登録、感情分析、カテゴリ分け、返答文の自動生成などを自動で行う。情報収集の効率化、収集したデータを分析してビジネスの改善につなげることが可能

04 Copilot作成のステップを確認しよう

第2章よりCopilotを作成していきますが、まずはCopilotの作成から運用までの大まかなステップを押さえておきましょう。単にナレッジを用意して作成するだけではなく、既定で存在する会話の変更なども必要なことや、一度利用者に展開して終わりではなく、分析、改善を行っていくことも重要です。

本書を読んでいく上で、また、作業計画を立てる際などにこちらの大まかなステップを参考にしてください。

まず、ナレッジを基に回答するCopilotを作成する場合は、ナレッジの用意をしてCopilotを作成します。次に、ナレッジの追加や会話の作成を行い評価、検証をします。そして、既定で存在する会話、例えば、あいさつをしたときや会話を開始したときの会話の無効化や変更を行います。また、必要に応じて、会話を終了したときにアンケートの依頼をするよう変更を行います。その上でCopilotを利用者に展開し、分析をして改善をしていきます。

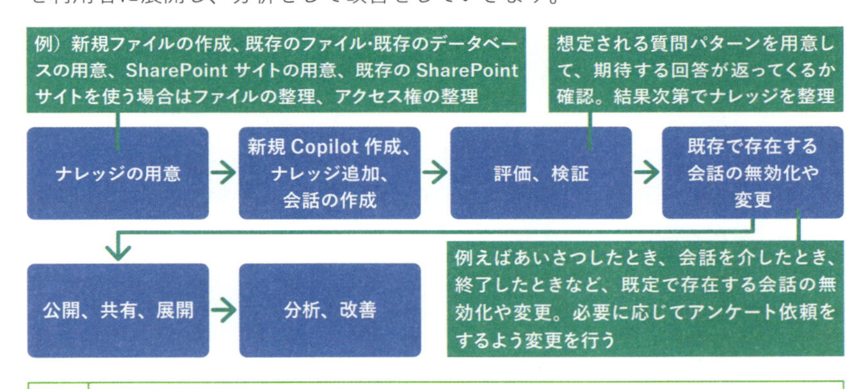

05 Copilot Studio利用時の留意事項

独自のデータを基にしたCopilotを簡単に作成できることにより、データがAIの学習に利用されて情報が漏洩しないか、また、生成されたデータについて著作権に抵触しないかなど気になる方も多いはずです。そのため、Copilot Studio利用時における留意事項について説明いたします。

■責任あるAI

マイクロソフトが提供するAIは、「責任あるAI」の原則に基づいて開発されています。責任あるAIとは、公平性、信頼性と安全性、プライバシーとセキュリティ、包括性、透明性、説明責任の6つの原則に従い、安全かつ信頼性のある倫理的な方法でAIシステムを開発、評価、導入するためのアプローチです。Copilot Studioもこの原則に沿って開発されているため、マイクロソフトのAI機能を初めて利用する場合は、一読することをおすすめします。

■責任あるAIとは？

https://learn.microsoft.com/ja-jp/azure/machine-learning/concept-responsible-ai?view=azureml-api-2

■データの学習

独自のデータを基にしたCopilotが生成する回答や、利用者がCopilotと会話する際に提供する情報は、大元のLLM の学習には利用されません。LLMとは、Large Language Modelの略で、大量のテキストデータを学習して自然な言葉を理解し生成する人工知能の一種です。代表的な例として、ChatGPTで利用されているGPTモデルがあります。

■第三者が知的財産権を持つ著作物の取り込み

Copilot Studioでは、さまざまなナレッジを取り込んで回答を生成するCopilotを作成することができます。しかし、例えば第三者が知的財産権を持つ著作物を取り込み、自社のサービスとして提供する場合、知的財産権の侵害が発生する可能性があります。そのため、**第三者が知的財産権を持つ著作物の使用については十分な注意が必要です**。

■プレビュー

Copilot Studioには、多くのプレビュー機能が搭載されています。新しい機能を正式リリース前に試用するためのもので、まだ開発中のため、不安定な動作やバグが含まれる可能性があり、本番環境での使用は推奨されていません。ただし、今後一般提供されると広く利用されることが予測される機能もあるため、本書でいくつか紹介します。

ここもポイント!

Microsoft 365試用版テナントを用意するには

業務環境のMicrosoft 365でCopilot Studioが使えない場合、Microsoft 365の試用版テナントを作成することで評価・検証が可能です。マイクロソフトのサイトにアクセスし、[1カ月無料で試す]より、試用版テナントを作成します。評価、検証を終えたら、課金が発生しないよう、期限が切れる前に、サブスクリプションをキャンセルしてください。キャンセルしていないと1年間サブスクリプション料が発生します。試用版テナントを作成したら、Microsoft 365のホームへアクセスし、作成したユーザー名とパスワードを利用してサインインします。

基本編

第2章

簡単なCopilotを作ってみよう

まずは、簡単なCopilot を作ってみます。Copilot Studioを用いると、ノーコードで簡単に、独自URLを基に回答を返すCopilotや独自のファイルを基に回答を返すCopilotを作成することができます。

LESSON 03

作成したCopilotが保存される環境を用意する

Copilot Studioで作成したCopilotは、Power AppsのアプリやPower Automateのフローと同様に、Power Platformの環境に保存されます。そのため、まず、環境を作成して、次に、Copilot StudioでCopilotを作成します。

01 新しく環境を作成する

以下のURLより、Power Platform 管理センターにアクセスし、新規環境を作成します。今回は、実運用を行う本番環境という位置付けである、[実稼働] という種類の環境を [Dataverseストアを追加します] のトグルを [はい] にして作成します。なお、**Dataverseを利用する環境の作成は、Power Platformの管理者など特定の権限を持つ管理者にのみ制限されている場合があります**。このような場合には、環境の作成が可能なテナントで実施する、管理者に相談して権限を得る、または後述する開発者環境を利用することを検討してください。

■Power Platform admin center

https://admin.powerplatform.microsoft.com/home

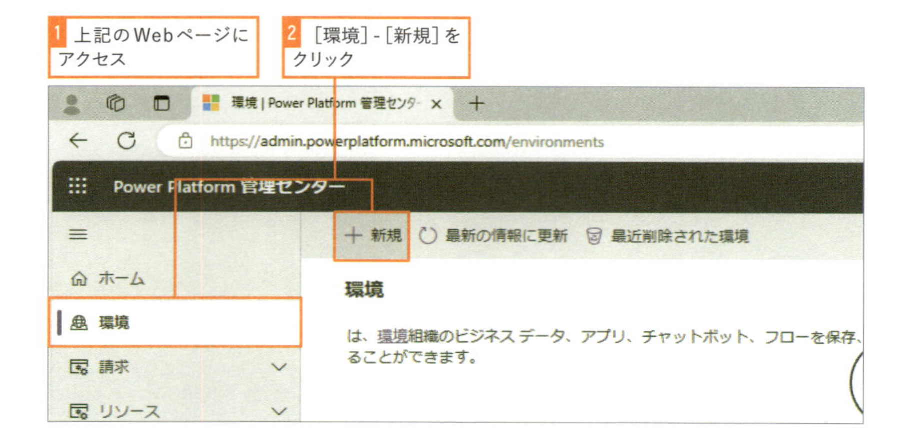

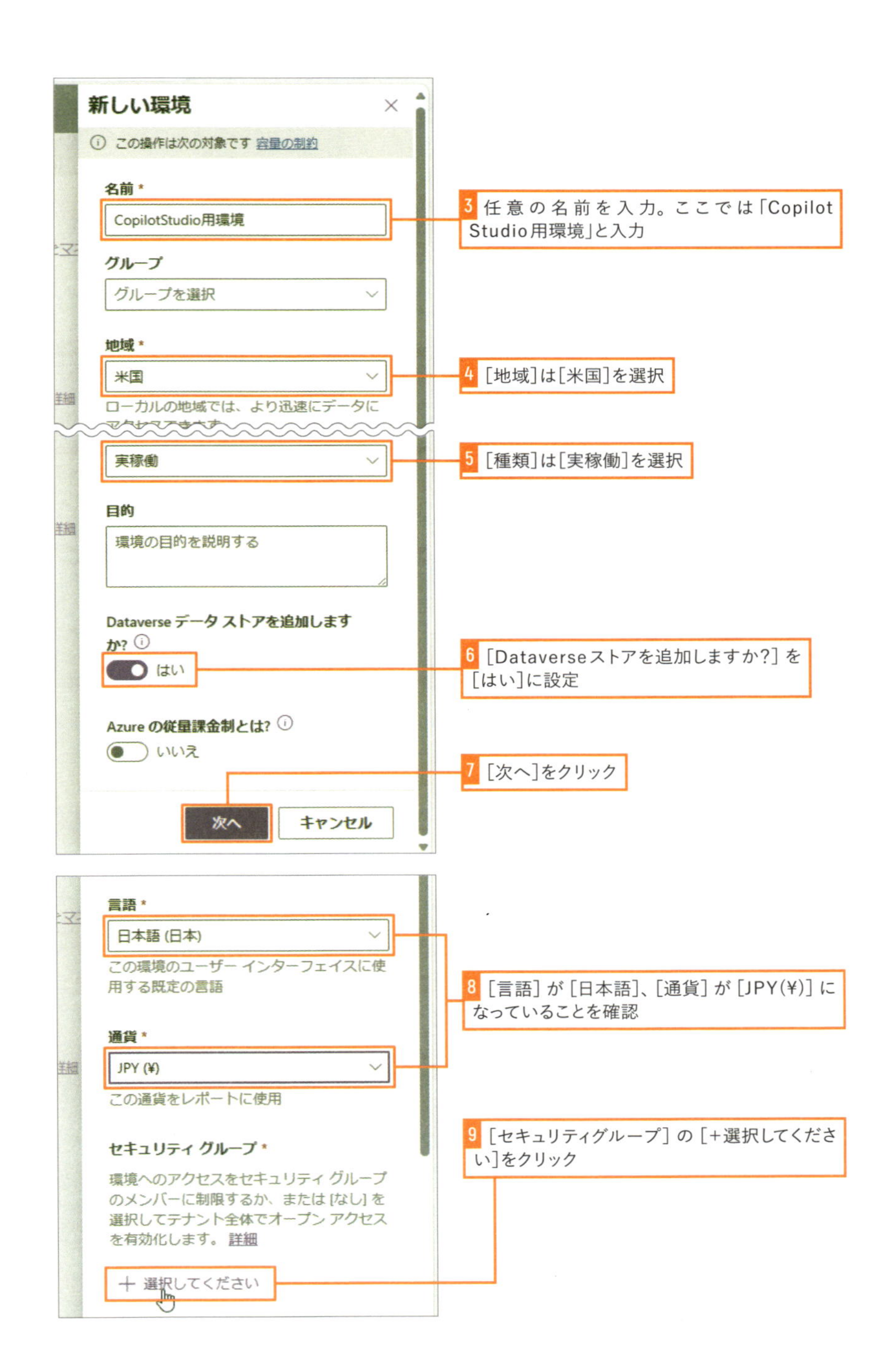
新しい環境
この操作は次の対象です 容量の制約
名前 *
CopilotStudio用環境
グループ
グループを選択
地域 *
米国
ローカルの地域では、より迅速にデータに
実稼働
目的
環境の目的を説明する
Dataverse データ ストアを追加しますか?
はい
Azure の従量課金制とは?
いいえ
次へ
キャンセル
3 任意の名前を入力。ここでは「Copilot Studio用環境」と入力
4 [地域]は[米国]を選択
5 [種類]は[実稼働]を選択
6 [Dataverseストアを追加しますか?]を[はい]に設定
7 [次へ]をクリック
言語 *
日本語 (日本)
この環境のユーザー インターフェイスに使用する既定の言語
通貨 *
JPY (¥)
この通貨をレポートに使用
セキュリティ グループ *
環境へのアクセスをセキュリティ グループのメンバーに制限するか、または [なし] を選択してテナント全体でオープン アクセスを有効化します。 詳細
＋ 選択してください
8 [言語]が[日本語]、[通貨]が[JPY(¥)]になっていることを確認
9 [セキュリティグループ]の[＋選択してください]をクリック

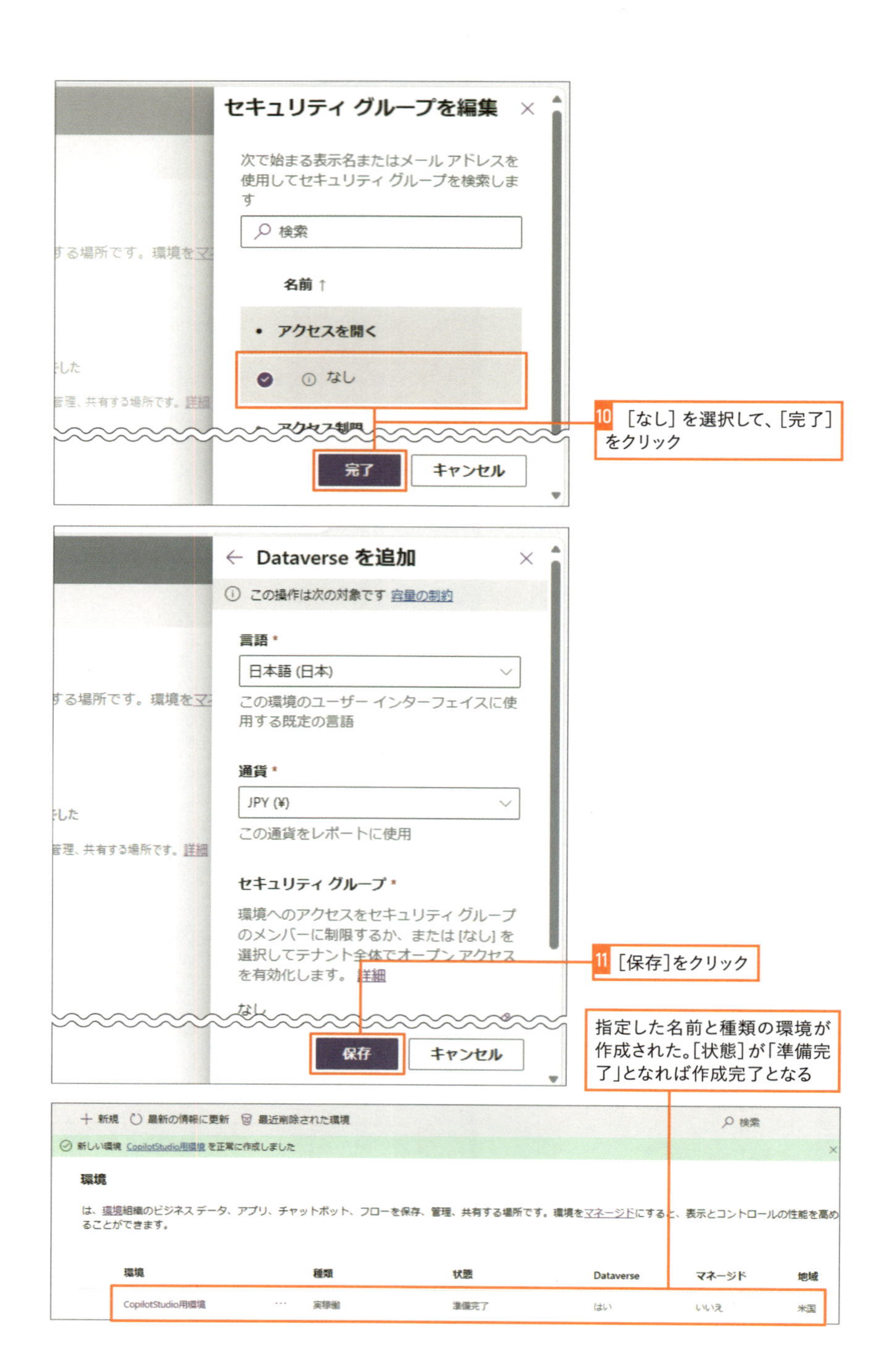
セキュリティ グループを編集
次で始まる表示名またはメール アドレスを使用してセキュリティ グループを検索します
検索
名前 ↑
アクセスを開く
なし
完了
キャンセル
10 [なし]を選択して、[完了]をクリック
Dataverse を追加
この操作は次の対象です 容量の制約
言語 *
日本語 (日本)
この環境のユーザー インターフェイスに使用する既定の言語
通貨 *
JPY (¥)
この通貨をレポートに使用
セキュリティ グループ *
環境へのアクセスをセキュリティ グループのメンバーに制限するか、または [なし] を選択してテナント全体でオープン アクセスを有効化します。 詳細
保存
キャンセル
11 [保存]をクリック
指定した名前と種類の環境が作成された。[状態]が「準備完了」となれば作成完了となる
新規
最新の情報に更新
最近削除された環境
検索
新しい環境 CopilotStudio用環境 を正常に作成しました
環境
は、環境組織のビジネス データ、アプリ、チャットボット、フローを保存、管理、共有する場所です。環境をマネージドにすると、表示とコントロールの性能を高めることができます。
環境
種類
状態
Dataverse
マネージド
地域
CopilotStudio用環境
実稼働
準備完了
はい
いいえ
米国

地域を［米国］にした理由って？

地域を日本で作成しても問題ありませんが、言語の特性上、米国の方が新しい機能の展開が早い場合があるため、今回は、米国で作成しています。仮に日本で作成をした場合は、［リージョン間でデータを移動する］が許可されている必要があります。こちらは、Copilotと生成AI機能は、すべての地域と言語で利用できるわけではなく、環境がホストされている場所によっては、Copilotと生成AI機能を利用すると、入力であるプロンプトと出力である結果がリージョン外、つまり、日本以外に移動する場合があるためです。 もちろん、この場合においても、データは、トレーニング、再トレーニング、または改善には使用されません。

ライセンスがない場合「開発者環境」で検証できる

環境の種類として［実稼働］を選択し、作成しました。この環境を作成するためには、Microsoft Dataverse の容量が必要です。組織で利用できる Microsoft Dataverse の容量を確保するためには、Power Apps、Power Automate、Copilot Studio 等の有償ライセンスを購入するか、Dataverse のキャパシティアドオンを購入する方法があります。もし、Microsoft Dataverse の容量を今すぐ確保するのが難しい場合でも、Copilot Studio の機能を評価、検証したいのであれば、開発者環境を作成して利用する方法があります。環境作成時に、環境の［種類］にて、［開発者］を選択することで、開発者環境を作成できます。ただし、この開発者環境で作成した Copilot は本番用途では使用できないため、注意が必要です。

種類 ⓘ *

サンドボックス

開発者

実稼働

試用版

サンドボックス

Dataverse データ ストアを追加しますか? ⓘ

［開発者］を選択すると開発者環境を作成できる

02 作成した環境へアクセスする

作成をした環境にアクセスします。Power Appsにアクセスし、環境選択画面を開くと、作成した環境が表示されるため、そちらを選択します。作成後間もない場合、まだ表示されないことがあるため、その際は少し時間をおいて、再度試してください。なお、実際の運用では、IT管理者等により、組織に複数の環境が作成され、用途に合わせて適切なアクセス権を設定した上でアプリ、フロー、Copilot等の作成者に環境を開放しています。作成者は、用途に応じて環境を切り替えてリソースを作成します。

■Microsoft 365のホーム画面

https://www.microsoft365.com/

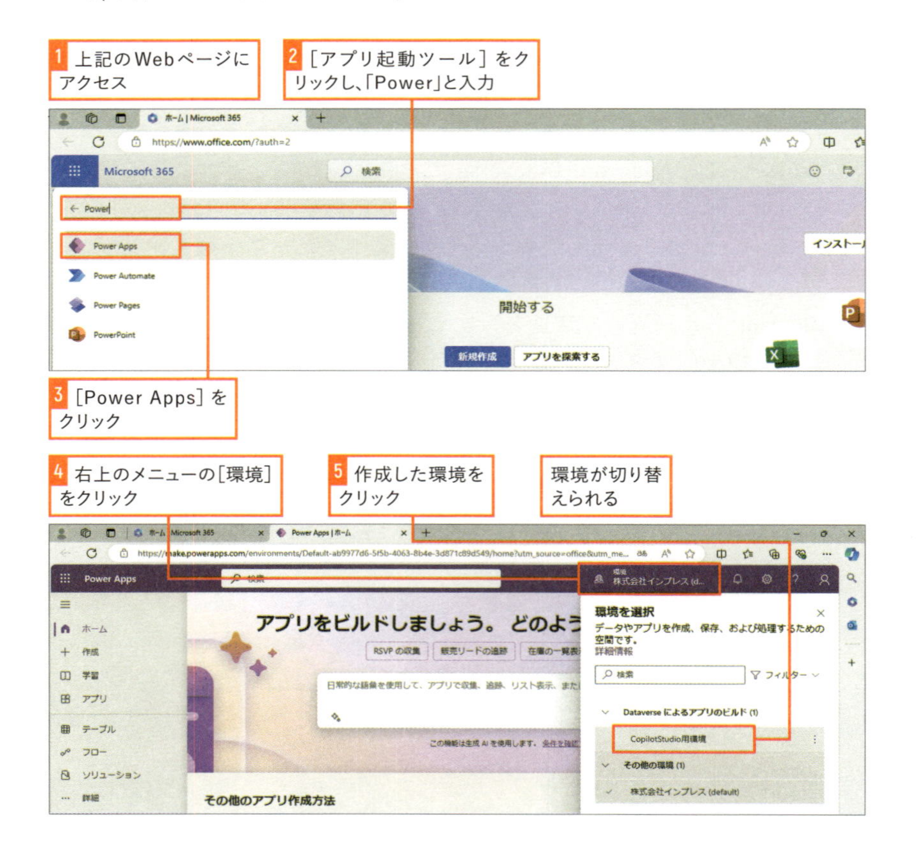

LESSON 04

公開Webサイトの情報を基に回答するCopilotを作成

Copilot Studioでは、インターネットに公開されているWebサイトのURLを指定するだけで、そのWebサイト内の情報を基にAIが回答するCopilotを作成することが可能です。非常に簡単に作成できるため、早速作成してみましょう。

01 Webサイトの情報を基に回答するCopilotを作る

今回はインプレスのWebサイト「インプレスブックス」を使って、Copilotを作成しましょう。業界のトレンド、最新ニュース、競合他社の活動、関連する法規制に関する情報などを、定期的にWebサイトを訪問し、収集するような業務を行っている人もいるでしょう。また、場合によっては、異なる言語のWebサイトから情報収集するようなケースもあるはずです。今回はおすすめの書籍を返答するCopilotを作成しましたが、そのような業務にも応用可能です。

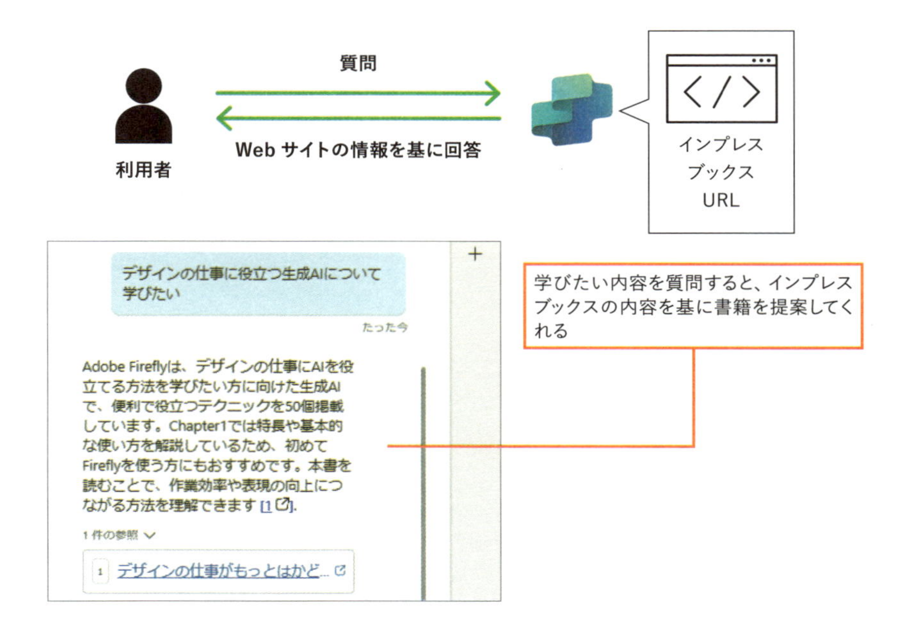

02 Copilot Studioの開発画面を表示する

まずは、Copilot Studioを起動し、Copilotの開発画面を開きます。URLを直接指定する、または、Power Appsから開くことが可能です。今回は、Power Appsから起動をします。

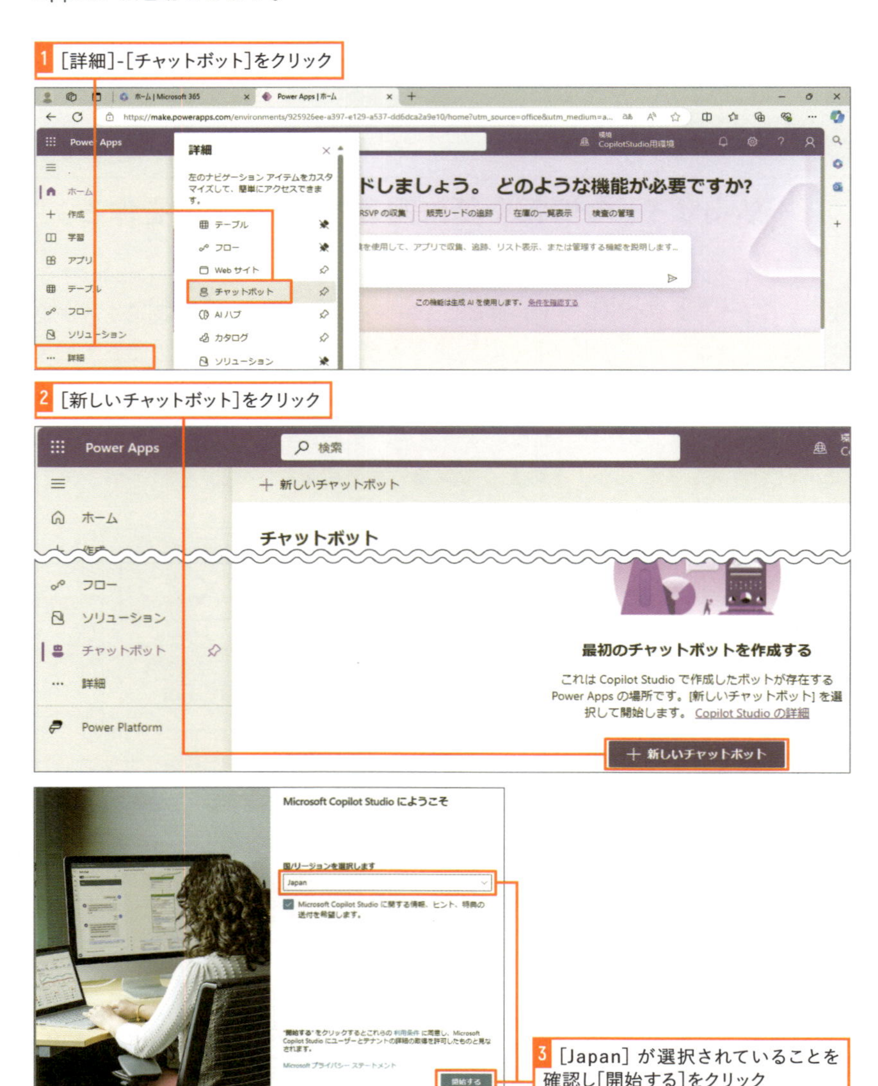

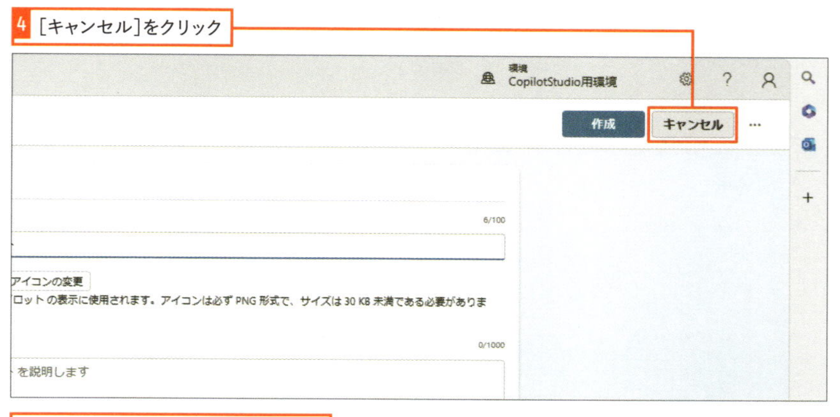

Copilot Studioの画面が表示された

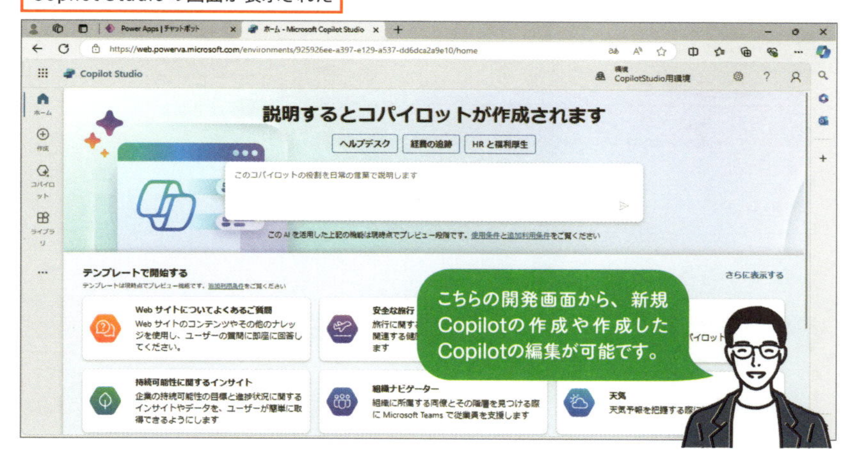

03 新しいCopilotを作成する

「インプレスブックス」のURLを使い、新しいCopilotを作成します。**作成時、または、作成後にWebサイトのURLを指定するだけで、Webサイト内の情報を基に回答をするCopilotを作成することができます**。また、今回は、追加したURLから書籍のおすすめを提案することが目的のため、作成後、[AIが備える一般ナレッジの使用をAIに許可します(プレビュー)]の設定をオフにします。なお、第1章LESSON02で説明した通り、Copilot Studioについては、Copilotに入力した情報は大元のLLMの学習に使用されません。

■インプレスブックスのURL

https://book.impress.co.jp/

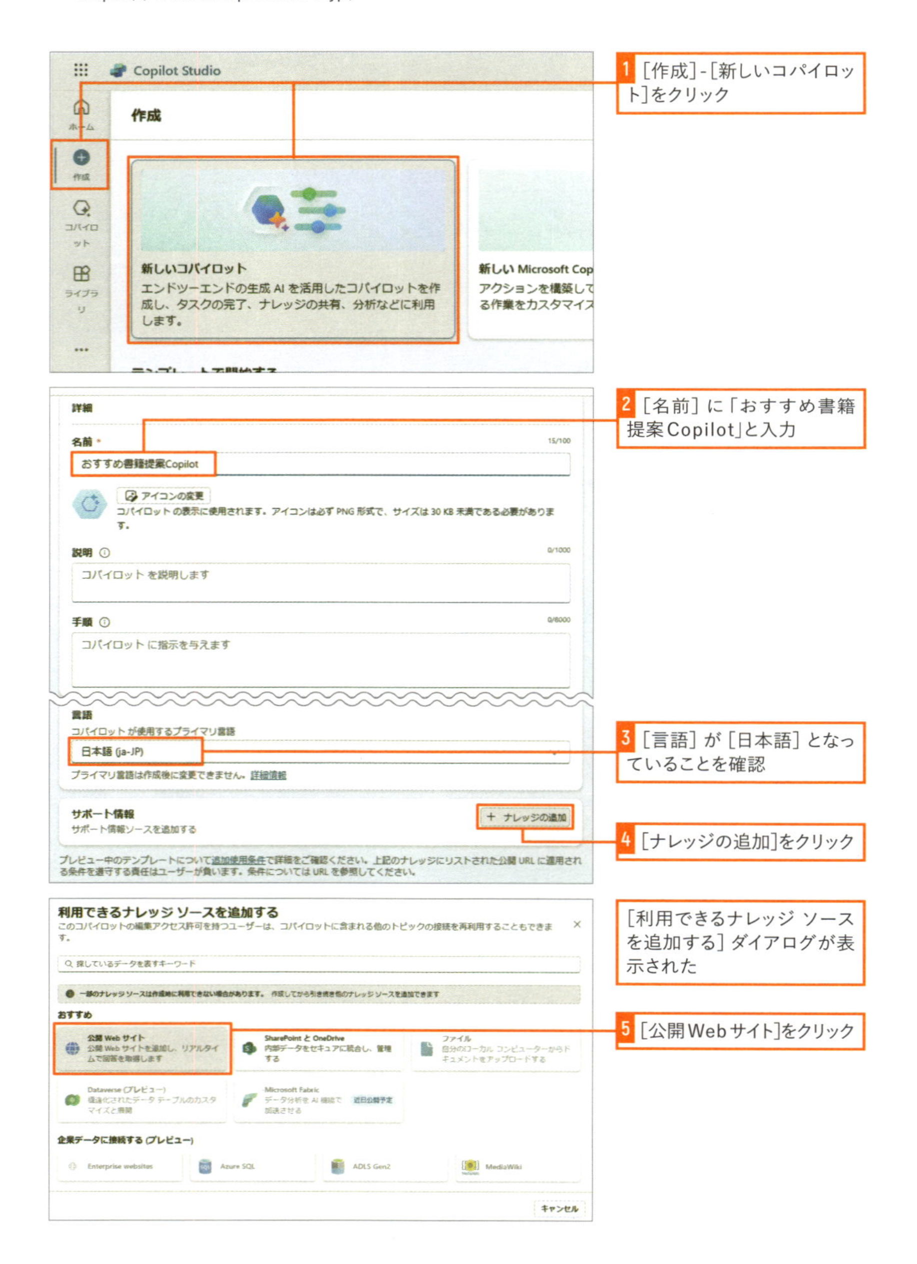

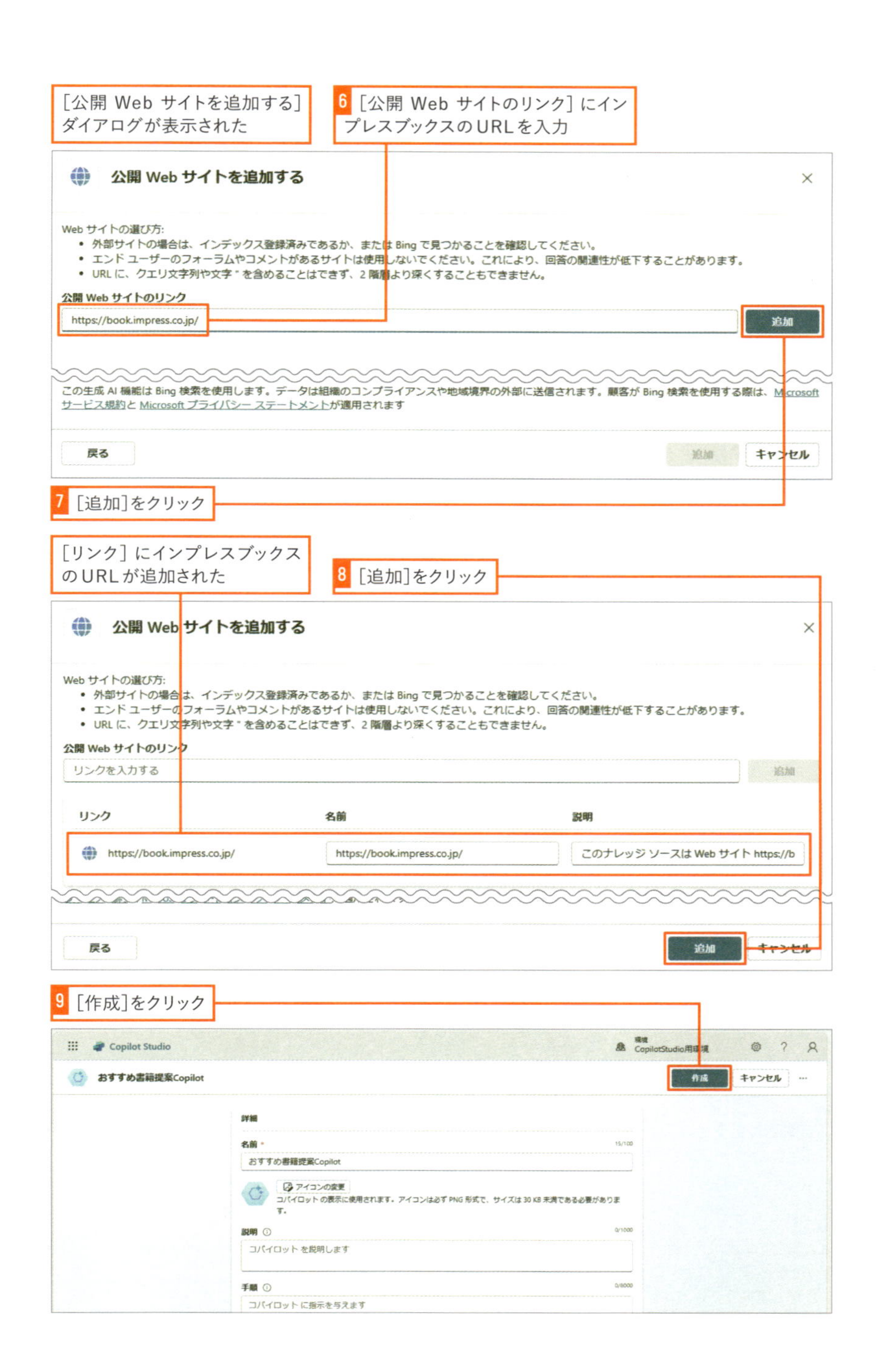

[公開 Web サイトを追加する] ダイアログが表示された
6 [公開 Web サイトのリンク] にインプレスブックスのURLを入力
公開 Web サイトを追加する
Web サイトの選び方:
• 外部サイトの場合は、インデックス登録済みであるか、または Bing で見つかることを確認してください。
• エンド ユーザーのフォーラムやコメントがあるサイトは使用しないでください。これにより、回答の関連性が低下することがあります。
• URL に、クエリ文字列や文字 " を含めることはできず、2 階層より深くすることもできません。
公開 Web サイトのリンク
https://book.impress.co.jp/
追加
この生成 AI 機能は Bing 検索を使用します。データは組織のコンプライアンスや地域境界の外部に送信されます。顧客が Bing 検索を使用する際は、Microsoft サービス規約と Microsoft プライバシー ステートメントが適用されます
戻る
追加
キャンセル
7 [追加]をクリック
[リンク] にインプレスブックスのURLが追加された
8 [追加]をクリック
公開 Web サイトを追加する
Web サイトの選び方:
• 外部サイトの場合は、インデックス登録済みであるか、または Bing で見つかることを確認してください。
• エンド ユーザーのフォーラムやコメントがあるサイトは使用しないでください。これにより、回答の関連性が低下することがあります。
• URL に、クエリ文字列や文字 " を含めることはできず、2 階層より深くすることもできません。
公開 Web サイトのリンク
リンクを入力する
追加
リンク
名前
説明
https://book.impress.co.jp/
https://book.impress.co.jp/
このナレッジ ソースは Web サイト https://b
戻る
追加
キャンセル
9 [作成]をクリック
Copilot Studio
CopilotStudio用環境
おすすめ書籍提案Copilot
作成
キャンセル
詳細
名前 *
15/100
おすすめ書籍提案Copilot
アイコンの変更
コパイロット の表示に使用されます。アイコンは必ず PNG 形式で、サイズは 30 KB 未満である必要があります。
説明
0/1000
コパイロット を説明します
手順
0/8000
コパイロット に指示を与えます

少し待つとCopilotが作成された

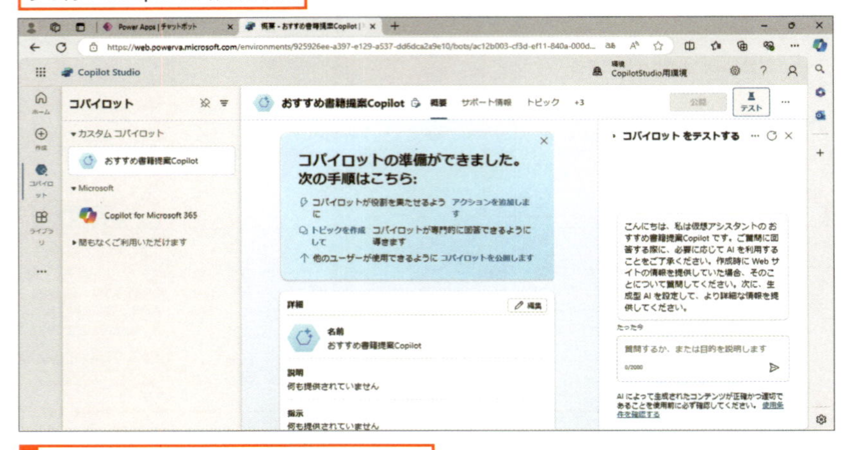

10 [AIが備える一般ナレッジの使用をAIに許可します(プレビュー)]のトグルをクリック

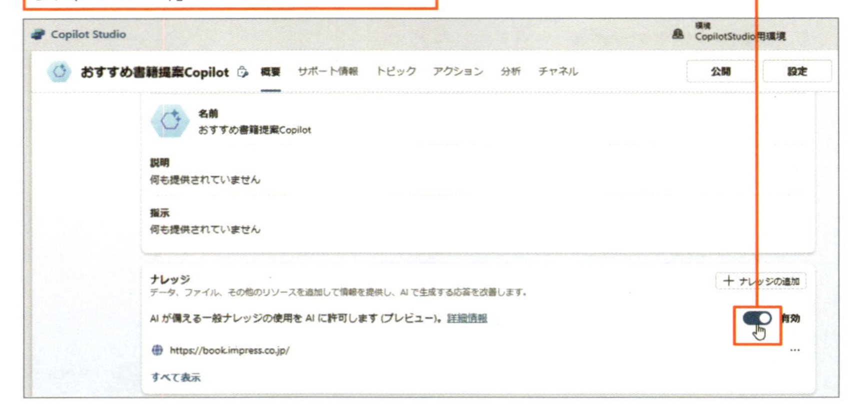

確認画面が表示された

11 [続行]をクリック

既定の AI ナレッジを無効化します

無効化すると、コパイロットは既定の AI ナレッジを使用せず、ナレッジの下にリストされたソースのみを参照します。

続行　キャンセル

[AIが備える一般ナレッジの使用をAIに許可します(プレビュー)]が無効になった

［AIが備える一般ナレッジの使用をAIに許可します］って?

執筆時点では、この機能はプレビュー段階ですが、［AI が備える一般ナレッジの使用をAIに許可します］という設定をオンにすることで、AIが持つ学習済みナレッジから情報を引き出し、回答を得ることが可能になります。このナレッジに関して、使用されているAIモデルの詳細情報は公開されていませんが、この機能を利用することで、一般的な質問にはAIのナレッジを基に回答し、それ以外の質問には独自のナレッジを用いるCopilotを作成することが可能です。

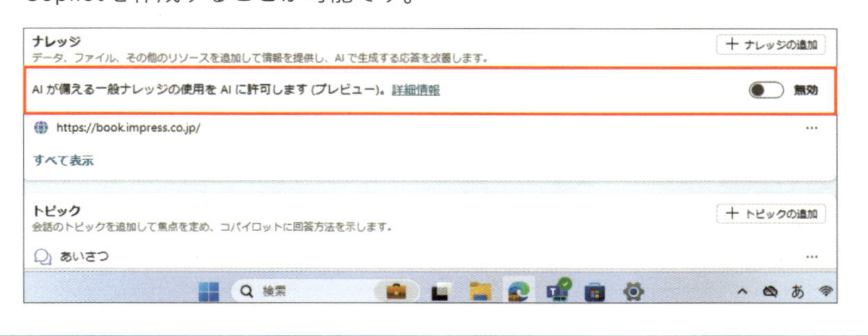

指定できるURLやWebサイトの注意点

指定するURLは、2階層以下にする必要があります。2階層以上のURLを指定した場合はエラーメッセージが表示され、追加できません。URLの階層の考え方は以下の通りです。また、公開Web サイトは Microsoft Bing によってインデックス化される必要があります。URLにアクセスするために、認証やアクセス権限が必要な場合、Copilotの作成に使用できません。

ここもポイント!

後からURLを指定するには

Copilot作成時にURLを指定しない場合は、[概要] メニューや [サポート情報] メニューから追加可能です。

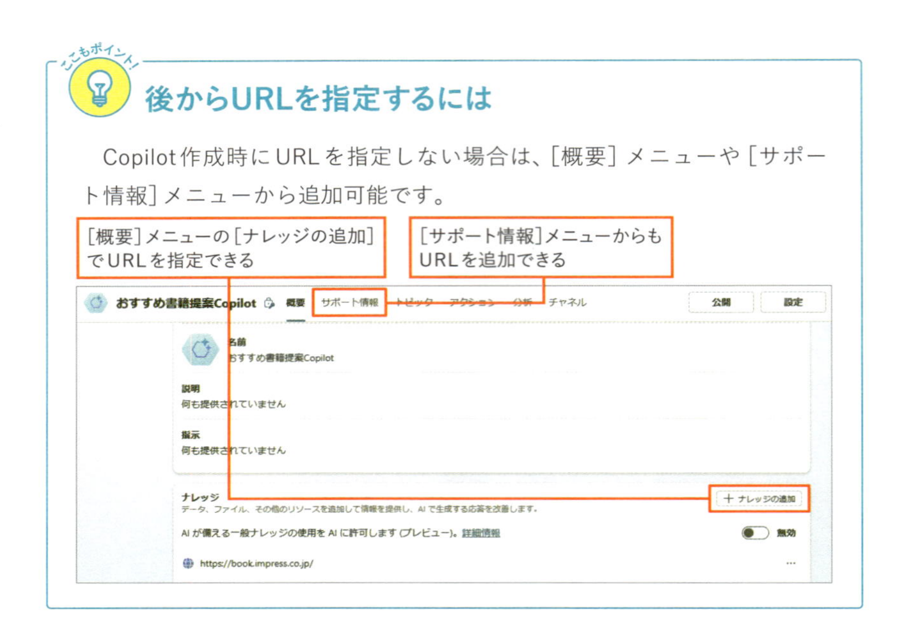

04 Copilotをテストする

Copilot Studioでは、Copilotを作成しながらテストをすることができます。早速、学習したい内容を入力してみて、回答が返ってくるか確認します。回答にリファレンスがある場合、クリックすると、おすすめされた書籍のWebページを参照できます。また、書籍をおすすめできない場合、つまりCopilotが追加したURL内の情報から利用者の質問に関連する情報を見つけられず、回答を生成できなかった場合には、「申し訳ございません、お問い合わせ内容を理解できません。別の言い方をお試しください。」という返答が返ってきます。

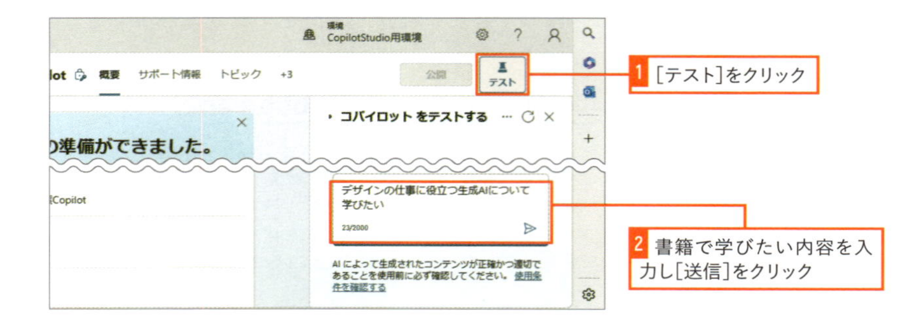

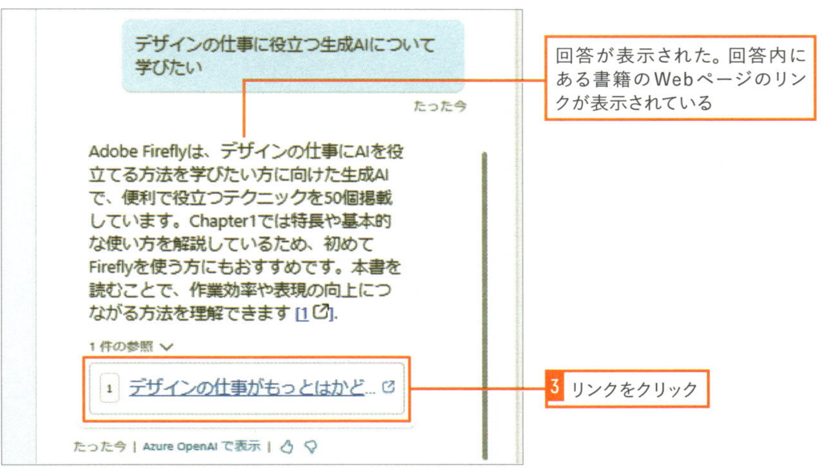

■質問に関連する情報を見つけられなかった場合

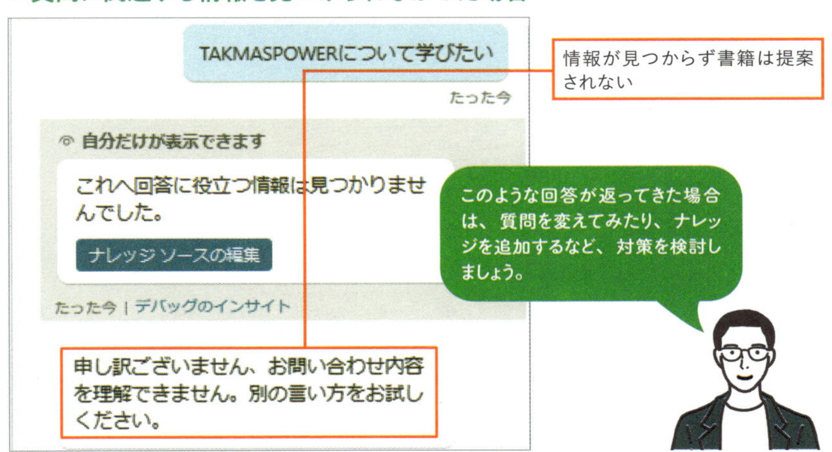

期待した通りに回答が返ってこない場合は

まず、Copilotは、利用者が入力した質問について、内部的にクエリの書き換えを行います。追加したナレッジ、今回の場合は公開Webサイト内の情報を基に検索を行い、ナレッジごとに上位3件の結果を取得します。そして、取得したコンテンツから、回答の要約や引用を生成します。また、各ステップにおいて、有害・悪意があると判断された情報はフィルタリングされます。

このロジックについては、作成者が細かいチューニングを行うことはできません。しかし、[Conversational boosting] システムトピックの [生成型の回答を作成する] ノードのコンテンツモデレーション設定により、情報の関連性を調整することが可能です。この設定は「高」「中」「低」の3段階があり、モデレーションのレベルが高くなるほど、Copilotの応答の関連性が高くなります。そのため、例えば、ナレッジに追加したURL内に情報があるにもかかわらず回答が返ってこない場合は、コンテンツモデレーションのレベルを下げてみる、また、関連性の低い回答が返ってくる場合は、コンテンツモデレーションのレベルを上げてみて、期待した回答が返ってくるか確認してみてください。

また、Copilotにリクエストする際のプロンプトをカスタマイズすることができます。これにより、Copilotの回答を調整できます。ChatGPTなどでボットのキャラクターを変更するアプローチが流行りましたが、そのような使い方も可能です。以下の手順は試しに、関西弁でフランクに回答するようにプロンプトをカスタマイズしてみた例です。

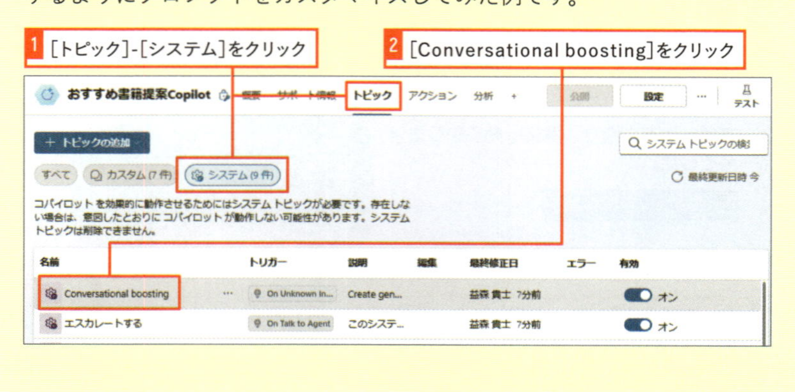

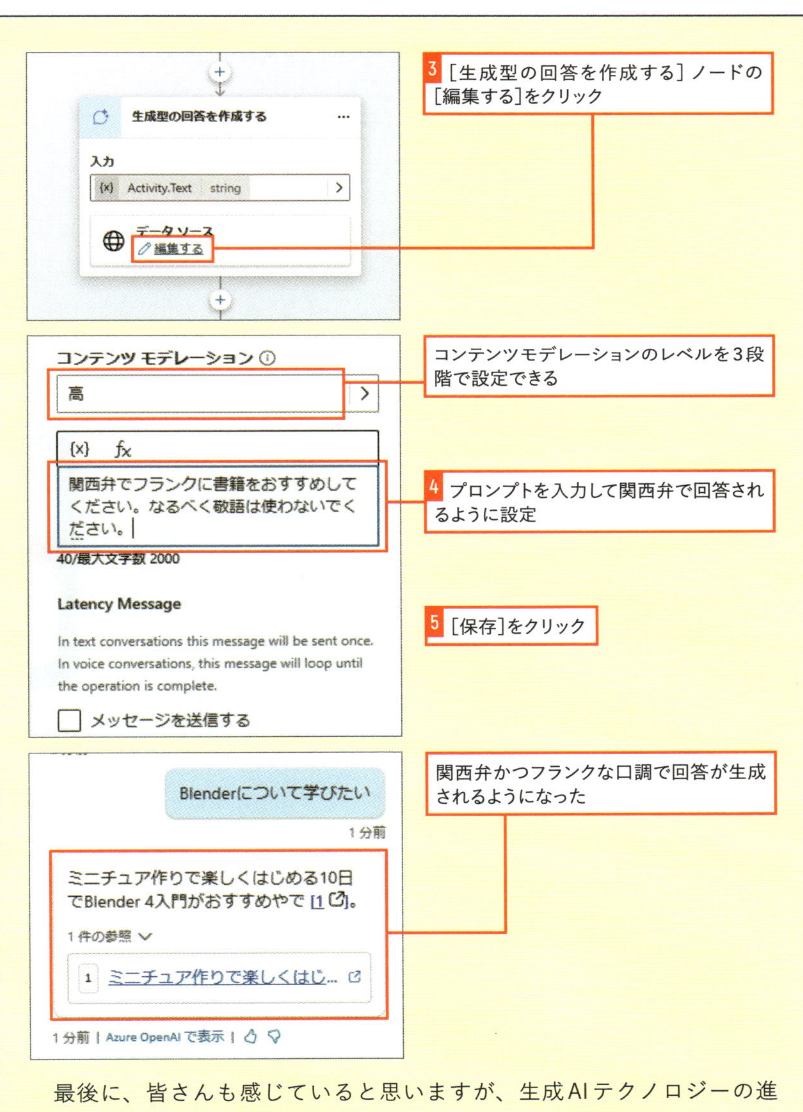

最後に、皆さんも感じていると思いますが、生成AIテクノロジーの進化は非常に速いです。もちろん、Copilot Studio も日々新しい機能が追加され、裏で動作する AIモデルも新しくなっていきます。それに伴い、回答の精度も高まっていきます。そのため、一度の検証で評価を下さず、定期的に評価・検証を行うことをおすすめします。

LESSON 05

独自データを利用したCopilotの作成

独自データを基にした生成AIチャットボットの需要は非常に高いです。Copilot Studioでは、独自データを基に回答するCopilotを簡単に作成し、新サービスの開発や既存サービスの品質･付加価値向上、QA業務の負担軽減等に活用できます。

01 人によるQA対応業務の負担を軽減する

例えば、IT部門に勤めており、パスワードのリセット方法、ソフトウェアのインストール方法、簡易的なシステムトラブルの相談などの問い合わせについて、常に電話やメールで対応しているとします。この場合、**代わりにチャットボットが回答することができれば、本来の業務に専念することや、残業時間を減らすことにつながります**。似たような課題は、総務部門、人事部門など、多くの部署に存在するはずです。今回は、そのような業務の負担を軽減するアシスタントを作成してみましょう。今回は、Microsoft 365に含まれるサービスの一つである、SharePoint Online内に、以下のようなIT部門に対するFAQをまとめているサンプルのPDFファイルを格納し、そちらのPDFファイルを基に回答をするCopilotを作成します。

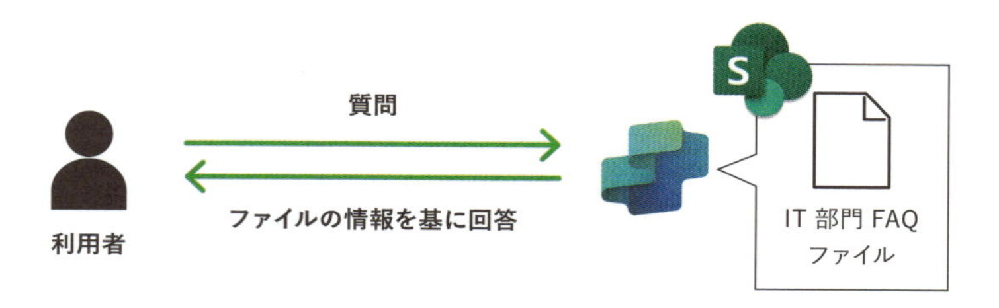

02 SharePoint のサイトにサンプルをアップロードする

新規にSharePoint Onlineのサイトを作成し、サンプルのファイルを格納します。今回は、SharePointサイトにメンバーを加えていませんが、**最終的にCopilotを利用するユーザー、または、ユーザーを含むグループをメンバーに追加しましょう**。そうすることで、Copilotの利用者は、Copilotから、格納したファイルを基にした回答を得られます。既定では、サイトに追加されたメンバーは、サイト内に格納されたファイルに対して読み取りのアクセス権があるためです。

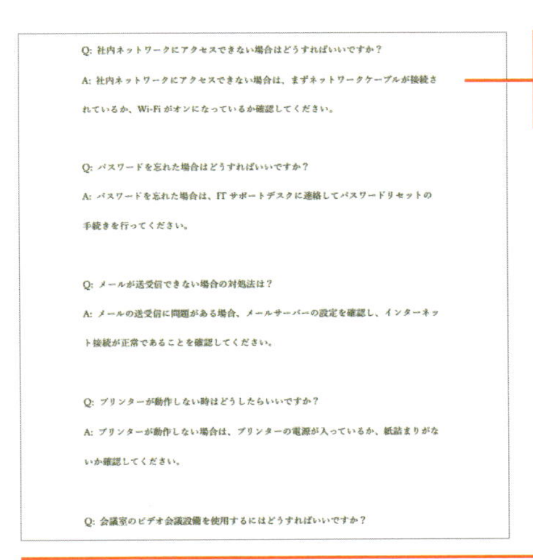

Q: 社内ネットワークにアクセスできない場合はどうすればいいですか？

A: 社内ネットワークにアクセスできない場合は、まずネットワークケーブルが接続されているか、Wi-Fiがオンになっているか確認してください。

Q: パスワードを忘れた場合はどうすればいいですか？

A: パスワードを忘れた場合は、ITサポートデスクに連絡してパスワードリセットの手続きを行ってください。

Q: メールが送受信できない場合の対処法は？

A: メールの送受信に問題がある場合、メールサーバーの設定を確認し、インターネット接続が正常であることを確認してください。

Q: プリンターが動作しない時はどうしたらいいですか？

A: プリンターが動作しない場合は、プリンターの電源が入っているか、紙詰まりがないか確認してください。

Q: 会議室のビデオ会議設備を使用するにはどうすればいいですか？

SharePointにアップロードするファイル。IT部門に対するよくある質問とその回答がまとめられている

任意のライブラリを作成しておく。ここでは［ITヘルプデスクチームサイト］というサイトに［FAQファイルライブラリ］というライブラリを作成した

1 ［IT Department FAQ List.pdf］をアップロード

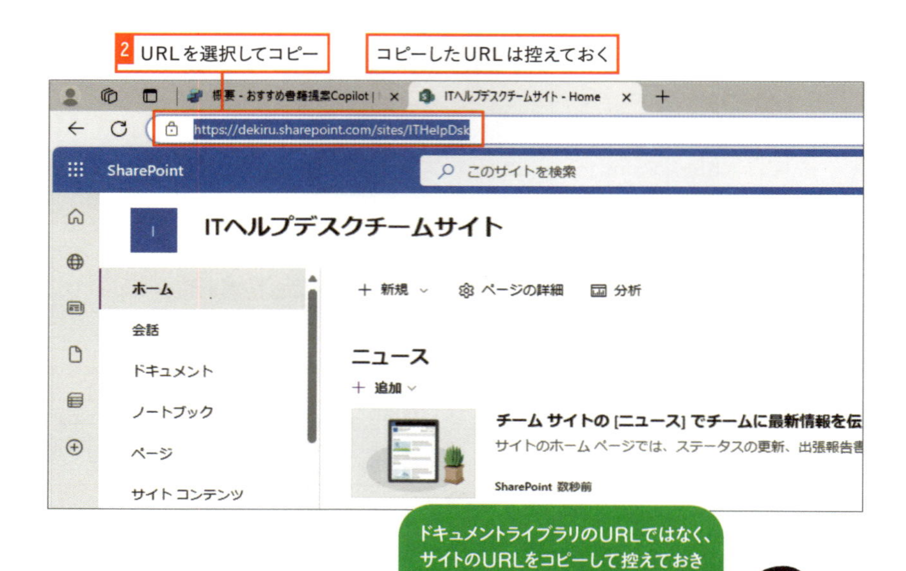

ドキュメントライブラリのURLではなく、サイトのURLをコピーして控えておきましょう。［ホーム］を選択するとサイトのURLが表示されます。

ここもポイント！

サポートされているコンテンツの形式は？

本書執筆時点でCopilotがSharePointのサイトのURLを指定して回答を生成する際にサポートされているコンテンツの形式は以下です。それ以外の形式のコンテンツがSharePointに保存されていたとしても、回答の生成には使用されません。最新の情報はマイクロソフトの公式情報から確認してください。

種類	拡張子
SharePointページ	aspx
Word文書	docx
PowerPointドキュメント	pptx
PDFドキュメント	pdf

03 新しいCopilotを作成する

作成したSharePointサイトをベースに回答を返すCopilotを作成します。公開URLを指定するときと同様に、作成時にURLを指定するだけで作成することができます。前回と同様の手順で、新しいCopilotを作成します。今回は、控えておいたSharePointのサイトを指定します。また、独自データを基に回答するCopilotの作成が目的のため、こちらについても、作成後、[AIが備える一般ナレッジの使用をAIに許可します(プレビュー)]の設定をオフにします。

LESSON04を参考に、「IT部門FAQ Copilot」という名前のCopilotを作成しておく

1 [ナレッジの追加]をクリックして、[利用できるナレッジ ソースを追加する]ダイアログを表示

2 [SharePointとOneDrive]をクリック

3 [SharePointまたはOneDriveのリンク]にSharePointサイトのURLを入力

4 [追加]をクリック

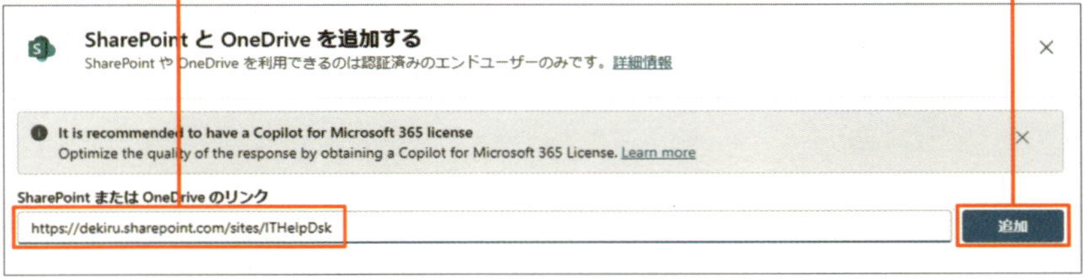

SharePointサイトのURLが追加された

5 [追加]をクリック

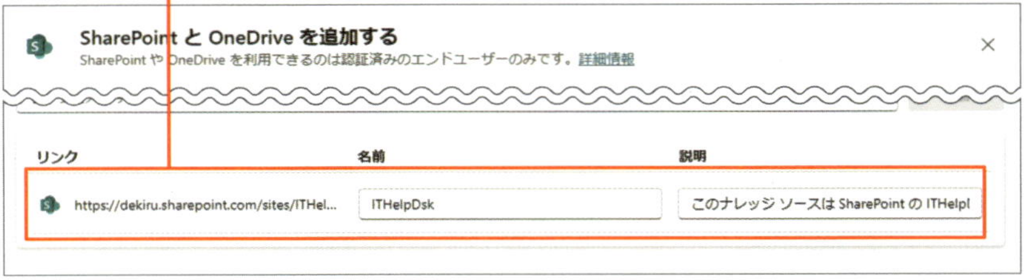

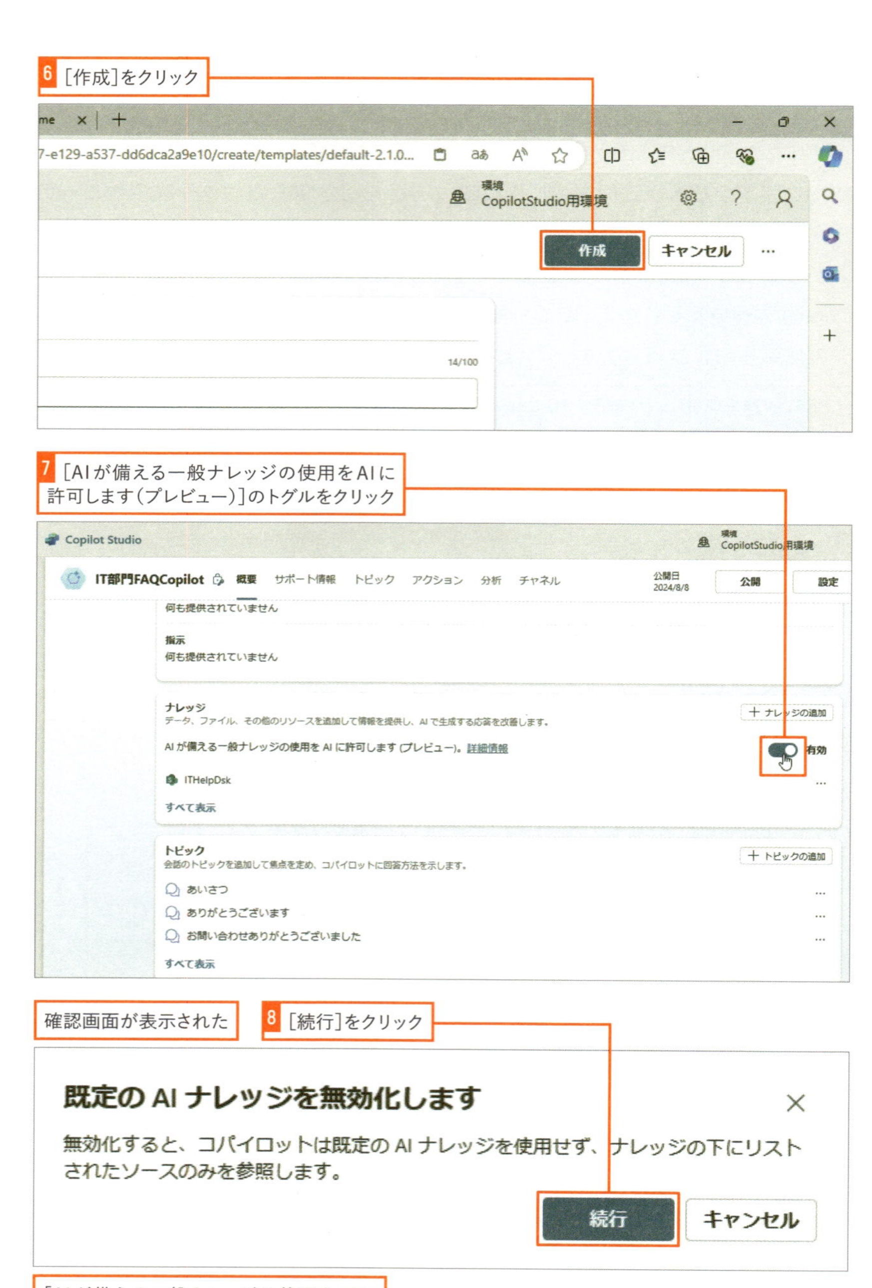
6 [作成]をクリック
7-e129-a537-dd6dca2a9e10/create/templates/default-2.1.0...
環境
CopilotStudio用環境
作成
キャンセル
14/100
7 [AIが備える一般ナレッジの使用をAIに許可します(プレビュー)]のトグルをクリック
Copilot Studio
IT部門FAQCopilot
概要
サポート情報
トピック
アクション
分析
チャネル
公開日
2024/8/8
公開
設定
何も提供されていません
指示
何も提供されていません
ナレッジ
データ、ファイル、その他のリソースを追加して情報を提供し、AI で生成する応答を改善します。
+ ナレッジの追加
AI が備える一般ナレッジの使用を AI に許可します (プレビュー)。詳細情報
有効
ITHelpDsk
すべて表示
トピック
会話のトピックを追加して焦点を定め、コパイロットに回答方法を示します。
+ トピックの追加
あいさつ
ありがとうございます
お問い合わせありがとうございました
すべて表示
確認画面が表示された
8 [続行]をクリック
既定の AI ナレッジを無効化します
無効化すると、コパイロットは既定の AI ナレッジを使用せず、ナレッジの下にリストされたソースのみを参照します。
続行
キャンセル
[AIが備える一般ナレッジの使用をAIに許可します(プレビュー)]が無効になった

04 Copilotをテストする

作成できたら早速テストをしてみましょう。作成直後にテストをして回答が上手く返ってこない場合は、少し時間を空けて再度テストしてみます。回答が返ってくること、**リファレンスをクリックすると、SharePoint内に格納したファイルを開けることを確認します**。また、ファイルに記載がない質問をした際は、公開Webサイトを利用した際と同様に、「申し訳ございません、お問い合わせ内容を理解できません。別の言い方をお試しください。」という返答が返ってきます。

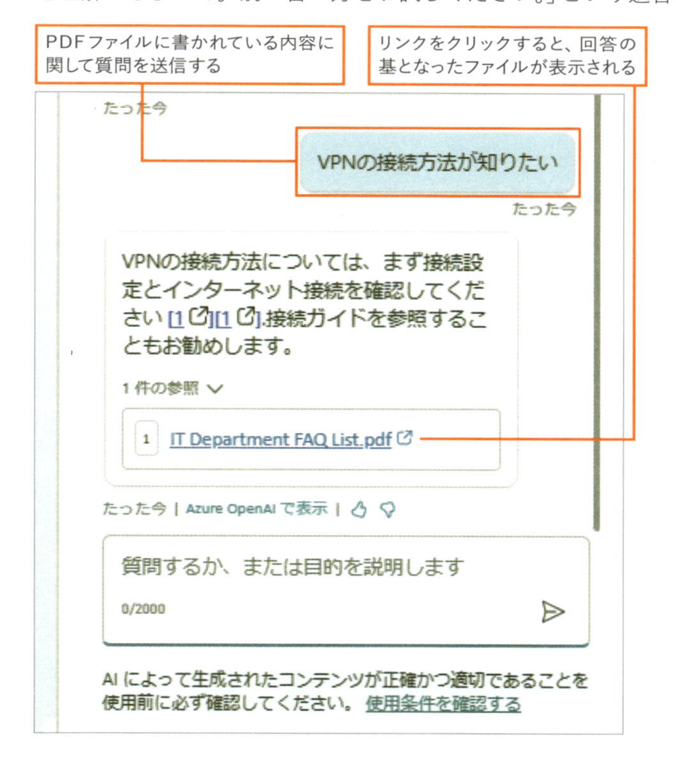

実際にこの方法でCopilotを作る際の注意点

既にSharePoint Onlineを利用していて、情報を蓄積している場合は、そのサイトのURLを指定するだけで、蓄積した情報をベースに生成AIが質問に回答をするCopilotを作成できます。ただし、例えば、類似のファイルが沢山あり、その中には下書きという位置付けのファイルがある場合、意図せずそのファイルを基にCopilotが回答してしまう可能性があります。そのため、事前に、不要なファイルは削除する、Copilot利用者がファイルにアクセスできないようアクセス権を変更するなどの対応が必要です。

また、SharePoint Onlineを利用して生成AIを利用して回答をする機能では、本書執筆時点で3MB未満のファイルのみを使用できます。サイズが3MBを超えるファイルから回答が生成されるようにしたい場合は、該当のファイルについて、複数の小さいファイルに分割することを検討してください。

利用するファイルには、Copilot利用者が質問する内容、キーワードを可能な限り含めておくと回答を得やすくなります。もちろん、一言一句一致している必要はなく、類似の用語を用いて質問した場合においても回答を得ることができます。そのため、テストをして、上手く回答を得ることができなかった場合は、コンテンツモデレーションのレベルを下げてみる、または、Copilot利用者が質問する内容、キーワードを踏まえ、ファイルの情報をアップデートします。

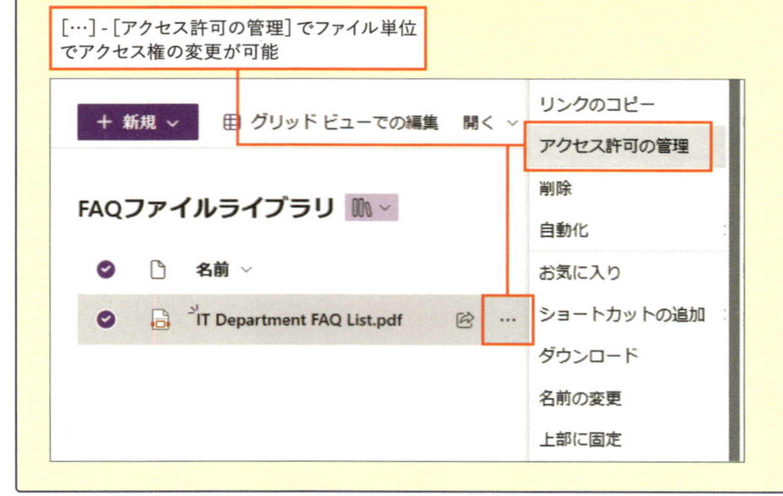

ファイルをMicrosoft Dataverseにアップロードする

SharePointのサイトに直接ファイルをアップロードして、そちらのファイルを基に回答を得る方法もあります。この場合、Microsoft Dataverseにファイルが保存されます。例えば、ファイルの数が1つなど、数が少ない場合は、このためだけにSharePoint サイトを構築し、メンバーを追加し、ファイルをアップロードするより、この方が簡単に実装できます。

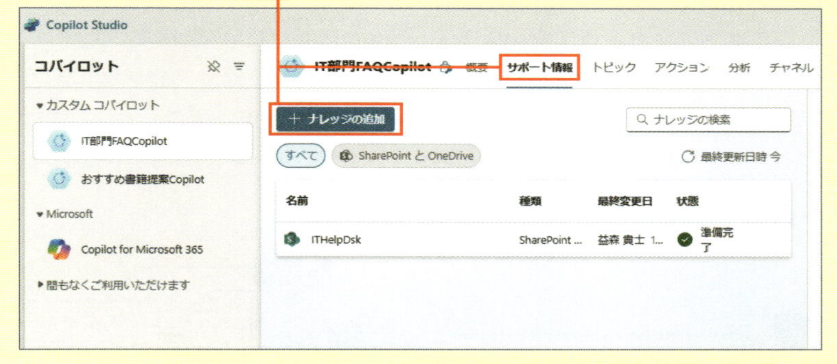

[利用できるナレッジソースを追加する] ダイアログが表示された

2 [ファイル]をクリック

利用できるナレッジ ソースを追加する

このコパイロットの編集アクセス許可を持つユーザーは、コパイロットに含まれる他のトピックの接続を再利用することもできます。

閉じる

探しているデータを表すキーワード

おすすめ

- 公開 Web サイト — 公開 Web サイトを追加し、リアルタイムで回答を取得します
- ファイル — 自分のローカル コンピューターからドキュメントをアップロードする
- SharePoint と OneDrive — 内部データをセキュアに統合し、管理する
- Dataverse (プレビュー) — 構造化されたデータ テーブルのカスタマイズと展開
- Microsoft Fabric — データ分析を AI 機能で加速させる　近日公開予定

企業データに接続する (プレビュー)

- Enterprise websites
- Azure SQL
- ADLS Gen2
- MediaWiki
- Salesforce
- ServiceNow Knowledge
- File share
- SharePoint Server

キャンセル

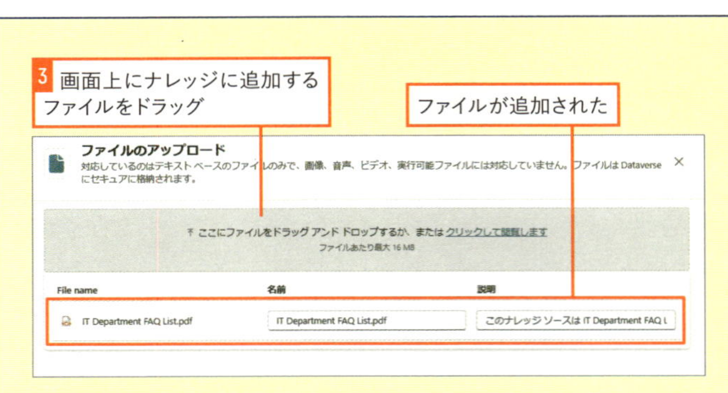

SharePointサイトを指定する際との違いとして認識しておく必要があることは、アクセス権についてです。SharePointサイトを指定した際は、Copilotの利用者がファイルやサイトに対して持つアクセス権を基に回答が生成されます。Microsoft Dataverseにファイルをアップロードした際は、アップロードしたすべてのファイルが回答を生成する際に利用されます。

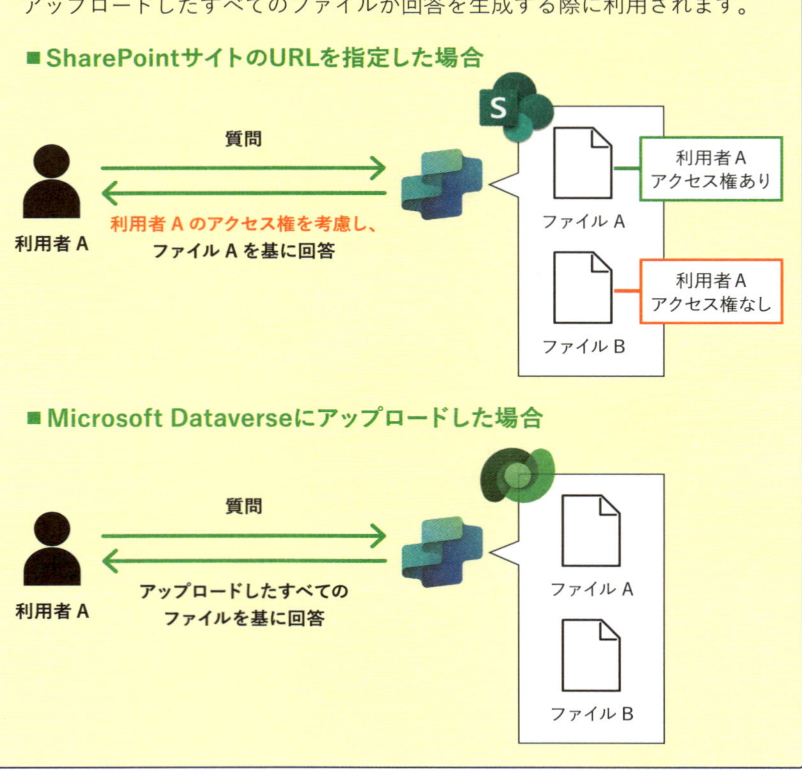

LESSON 06

作成したCopilotの構造を覗いてみよう

これまでに2つのCopilotを作成しました。URLを指定するだけで簡単にできましたが、その構造や設定が気になります。設定変更やカスタマイズが必要な場合もあるため、次の章でカスタマイズを進める前に、作成したCopilotの構造を確認しましょう。

01 Copilot Studioの画面構成

まずは、Copilot Studioの［ホーム］画面と［コパイロット］画面を見てみます。［ホーム］画面には、最近作成や編集をしたCopilotが表示されます。また、執筆時点でプレビュー機能ですが、Copilotの役割を説明することでCopilotを作成する機能やCopilotのテンプレートが表示されています。［コパイロット］画面には、作成したCopilotの一覧が表示されます。新規Copilotの作成や別の環境で作成したCopilotのインポートも可能です。

■［ホーム］画面

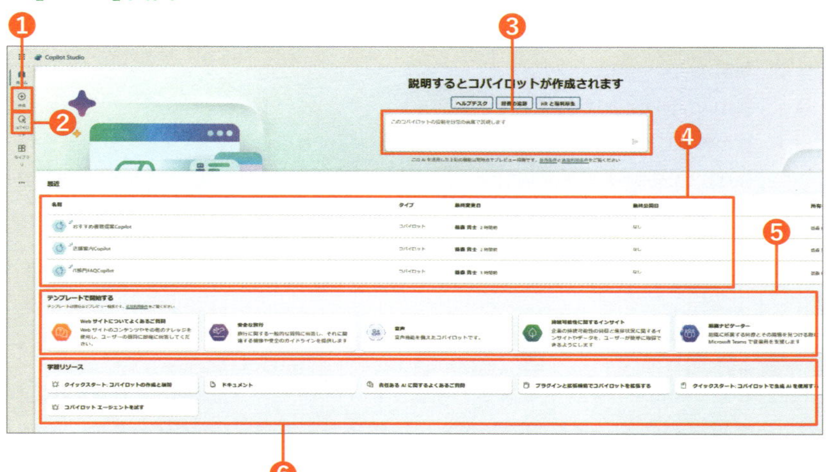

番号	説明
❶	Copilotの作成画面へ移動できる
❷	作成したCopilotの一覧画面へ移動できる
❸	Copilotの役割を説明することでCopilotを作成できる
❹	最近作成や変更を行ったCopilotの一覧が表示される
❺	Copilotのテンプレート。テンプレートを選ぶことでCopilotの作成ができる
❻	Copilot Studio学習用リソースのリンク

■［コパイロット］画面

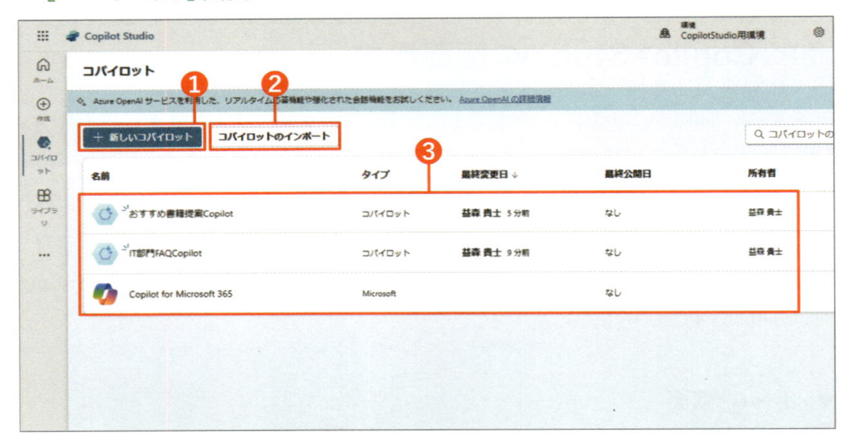

番号	説明
❶	新しいCopilotを作成できる
❷	他の環境で作成したCopilotをインポートできる
❸	作成したCopilotの一覧が表示される。Copilotを選択すると、選択したCopilotの編集画面に移動する

02 作成したCopilot の設定画面

作成したCopilotの設定を確認してみます。［コパイロット］画面で、作成した［おすすめ書籍提案Copilot］を選択します。概要メニューに、Copilotの名前、説明、追加されているナレッジ等が表示されています。［サポート情報］メニューに移動すると、インプレス社のWebサイトのURLが追加されていることを確認できます。

1 [コパイロット]-[おすすめ書籍提案Copilot]をクリック

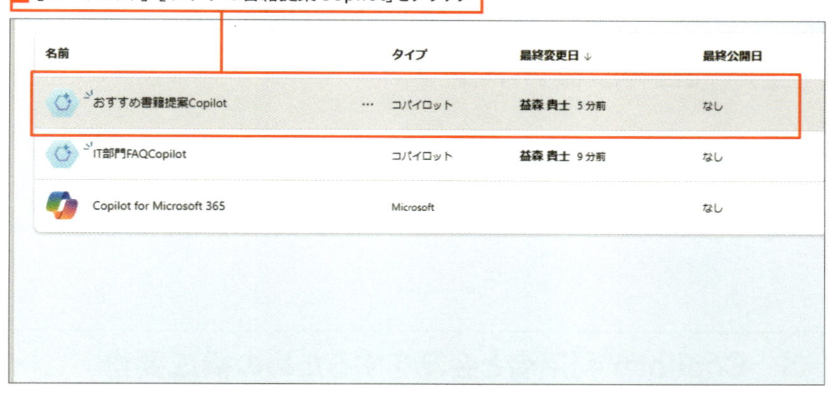

作成したCopilotの概要が表示された

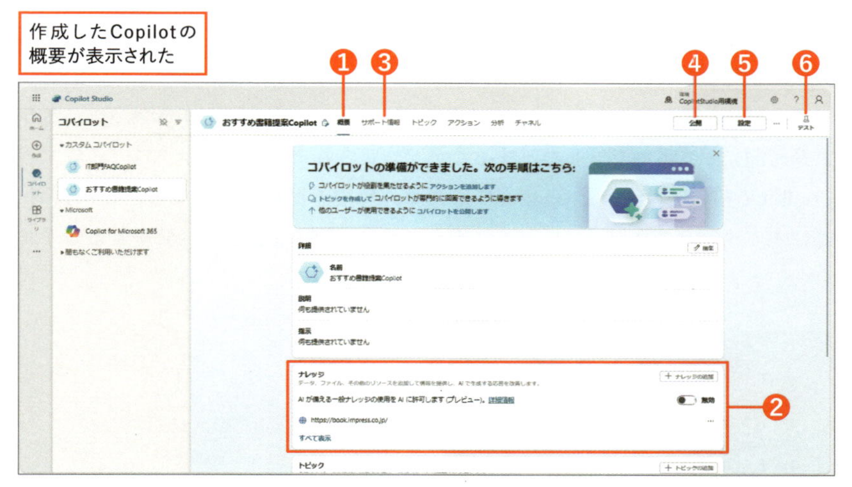

番号	説明
❶	Copilotの概要。Copilotの名前、説明、追加されているナレッジ等が表示される。名前や説明の変更、ナレッジの追加も可能
❷	Copilotに追加されているナレッジの表示、追加画面に移動する
❸	Copilotのトピックの設定画面に移動する。トピックについては、LESSON07で解説
❹	作成したCopilotを公開する。作成したCopilotを他の人が利用するためには、Copilotを公開する必要がある。公開の詳細については第6章で解説
❺	セキュリティ設定等、Copilotのその他の設定に移動する
❻	作成しているCopilotのテスト画面の表示・非表示を切り替える

Copilot Studio開発の基礎を知ろう

URLを指定して簡単にCopilotを作成できますが、他システム連携などの複雑な動作を実現するためには、トピック、トリガーフレーズ、会話ノードなどの基礎を理解する必要があります。今後のLESSONで頻出するため、ここで基礎を学んでおきましょう。

01 Copilotが利用者と会話をするための構成要素

まず、Copilotが利用者と会話をするためには、「トピック」が必要です。**トピックは、利用者とCopilotが会話をする分野**です。

例えば、店舗案内をするCopilotであれば、アクセス方法に関する会話をしたり、営業時間に関する会話をしたりすることが想定されます。トピックは、作成するCopilotの目的を踏まえ、Copilot作成前に、利用者が尋ねる可能性が高い質問、達成するべきタスク、提供すべき情報や自動化の種類を整理し、分野ごとに作成していきます。

店舗案内 Copilot

- トピック：アクセス方法
- トピック：営業時間
- トピック：施設情報
- トピック：イベント情報

また、**トピックには、会話を開始する引き金となるフレーズ、キーワード、質問を定義する「トリガーフレーズ」と具体的な会話の内容を定義する「会話ノード」が含まれます**。例えば、店舗案内Copilotの利用者が、「最寄りの店舗を探す」と入力すると、「アクセス方法」トピックがトリガーされ、会話が開始されます。そして、会話ノードに定義された内容に沿って会話が行われます。

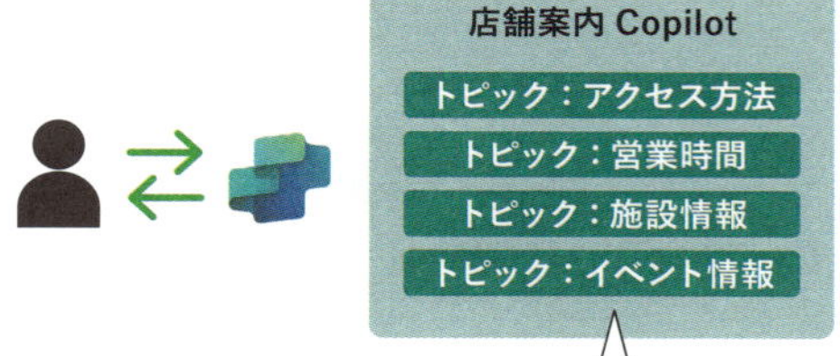

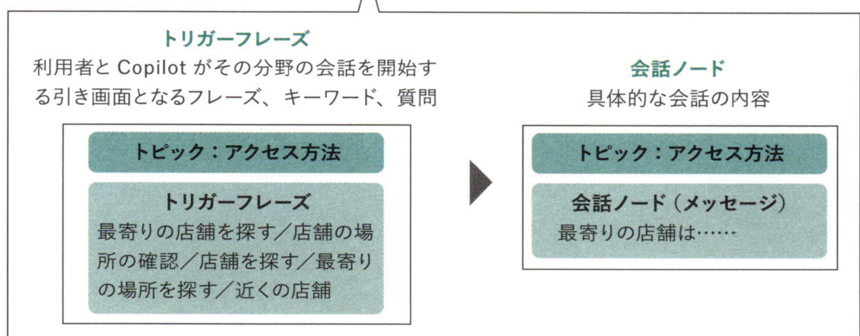

02 トリガーフレーズを設定する

前述で解説したとおり、トリガーフレーズは、トピックを開始する引き金となるワードです。例えば、店舗のアクセス方法に対して問い合わせをしたい場合、利用者はどんなワードを入力するでしょうか？ 人によってさまざまな表現を用いることが想定されます。そのため、想定されるワードを踏まえ、トリガーフレーズの設定を行います。今回は、実際に、店舗案内Copilotのアクセス方法に関するトピックを作成し、トリガーフレーズを設定してみましょう。

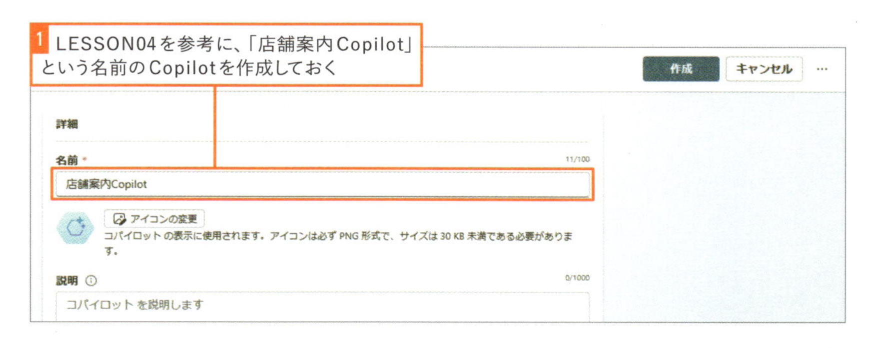

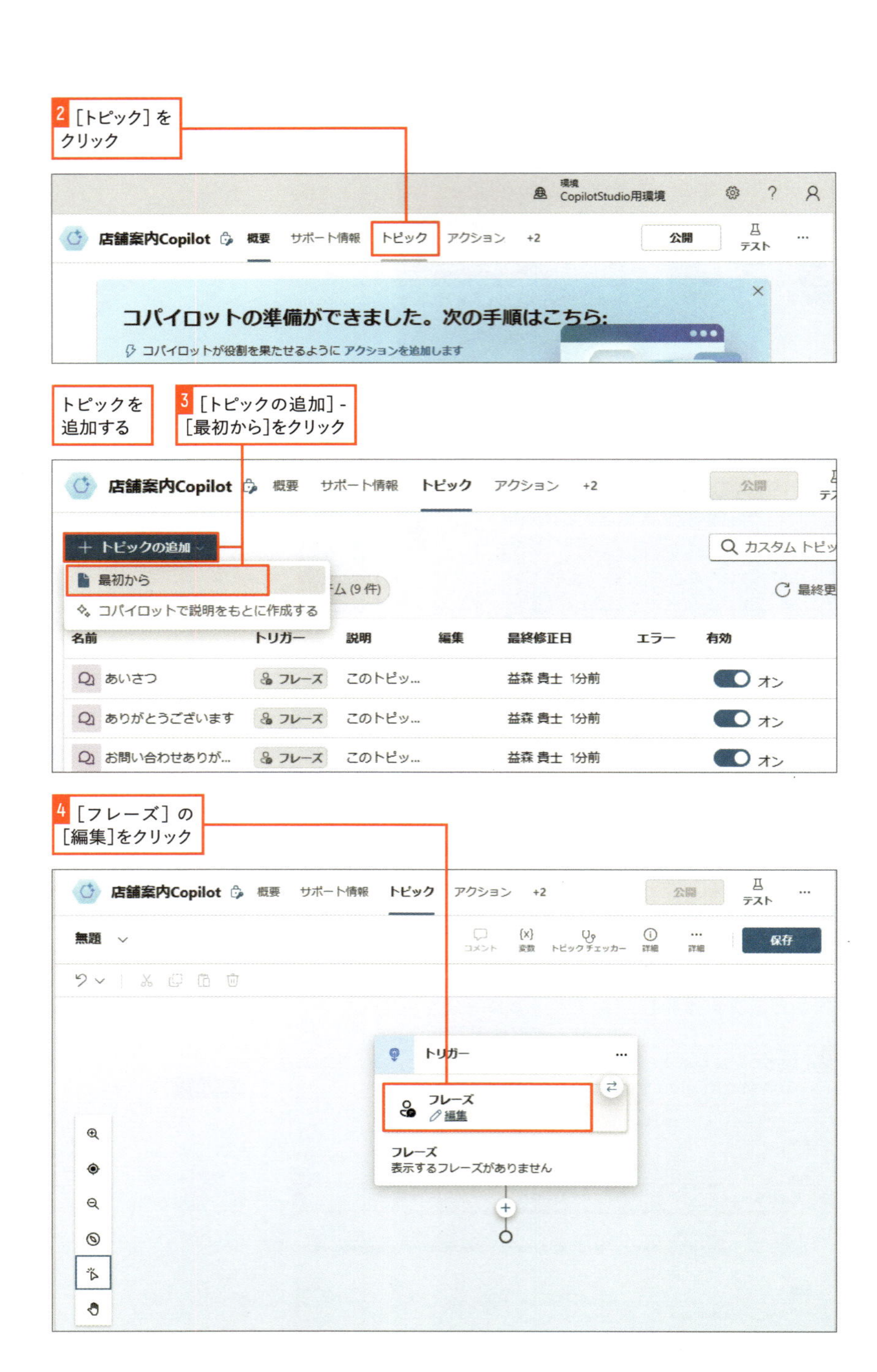
2 [トピック] をクリック
環境
CopilotStudio用環境
店舗案内Copilot
概要
サポート情報
トピック
アクション
+2
公開
テスト
コパイロットの準備ができました。次の手順はこちら:
コパイロットが役割を果たせるように アクションを追加します
トピックを追加する
3 [トピックの追加] - [最初から]をクリック
トピックの追加
最初から
コパイロットで説明をもとに作成する
カスタム トピッ
名前
トリガー
説明
編集
最終修正日
エラー
有効
あいさつ
フレーズ
このトピッ...
益森 貴士 1分前
オン
ありがとうございます
お問い合わせありが...
4 [フレーズ] の[編集]をクリック
無題
コメント
変数
トピック チェッカー
詳細
保存
トリガー
フレーズ
編集
表示するフレーズがありません

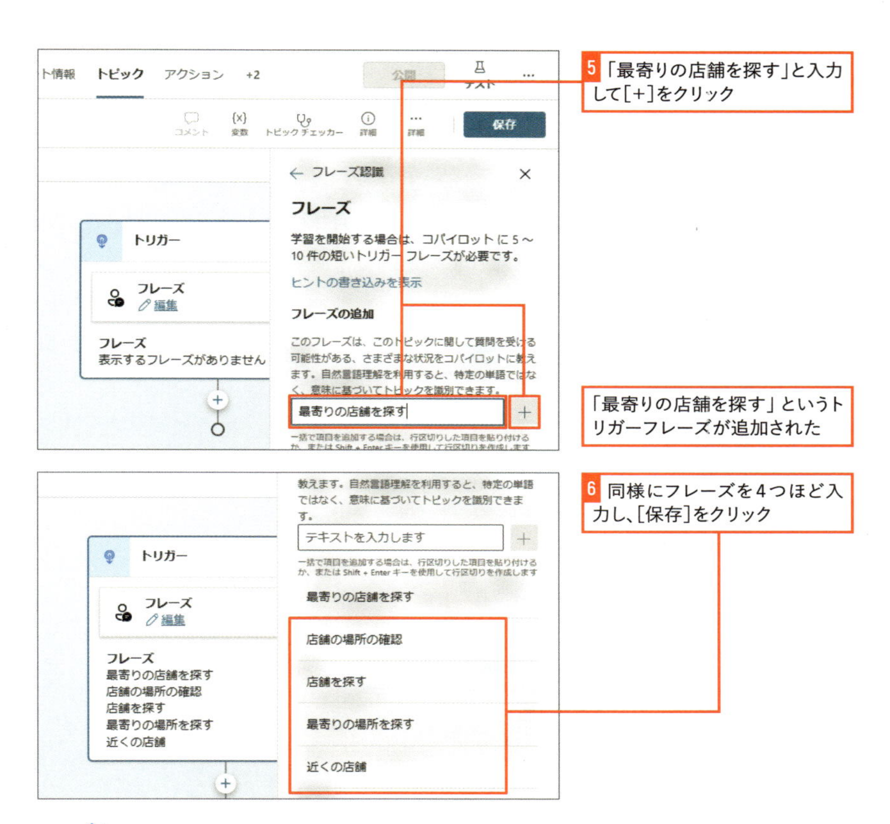

トリガーフレーズはすべて網羅しなくてもOK

トリガーフレーズは、自然言語理解（NLU）モデルという、人間が日常的に使う言葉の意味をコンピュータが理解し、適切に応答するための技術を使用しています。この技術を使用することで、利用者が入力する文言を一語一句すべて網羅してトリガーフレーズを定義しなくても、利用者の意図を理解し、最適なトピックを見つけることができます。このような技術が使われていることを踏まえ、想定したトピックの会話が適切に開始されるようにするために、マイクロソフトからは、少なくとも5～10個のトリガーフレーズを用意することが推奨されています。また、「ストア」などの単一単語のフレーズは避け、「営業日はいつですか」のように10語以内のフレーズにすることが推奨されています。

03 既定のトピックについて知ろう

改めてトピックの画面を見ると、既にいくつかのトピックが存在することが確認できます。いくつかは、レッスン用、つまりトピックに関して学習するために用意されているもので、それ以外は、あいさつやお礼に対する返事など、基本的な会話の分野に関するトピックとなります。例えば、親しみを込めて、あいさつをしたりするケースがあるでしょう。そのようなあいさつがあった際の返事を設定することが可能です。Copilot Studioでは、こういったトピックが既定で用意されています。必要であれば利用し、必要に応じて修正してもいいですし、不要なトピックをオフにすることができます。今回は、レッスン用のトピックをオフにしてみます。

■トピックをオフにする

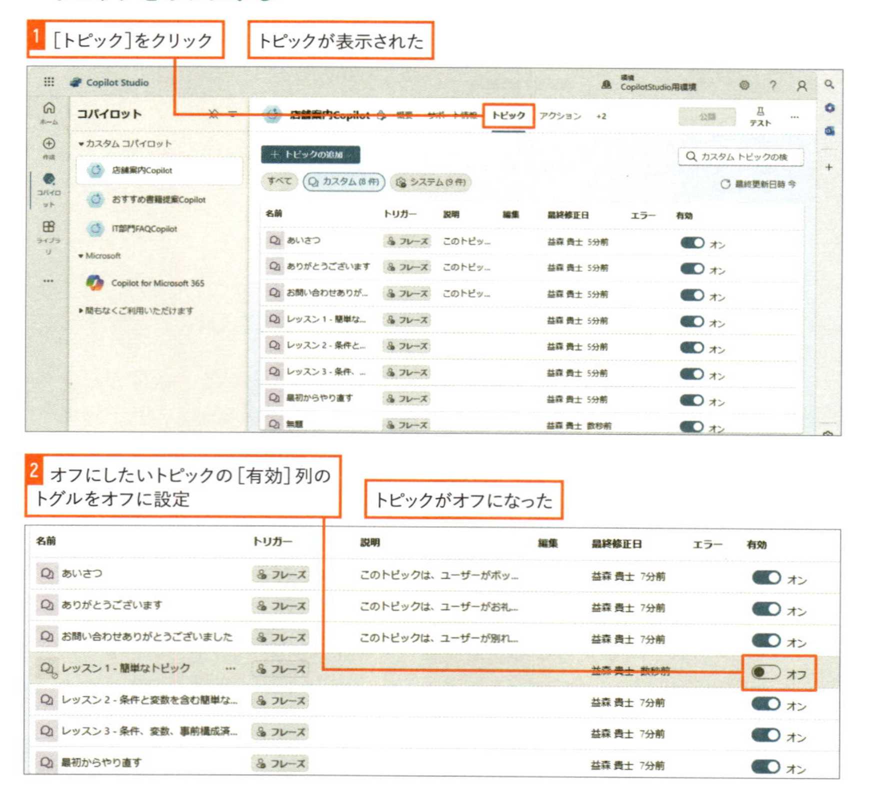

同様にレッスンのトピックをオフに設定

オフになったトピックはグレーアウトする

お問い合わせありがとうございました	フレーズ	このトピックは、ユーザーが別れ...	益森 貴士 7分前	オン
レッスン 1 - 簡単なトピック	フレーズ		益森 貴士 数秒前	オフ
レッスン 2 - 条件と変数を含む簡単な...	フレーズ		益森 貴士 数秒前	オフ
レッスン 3 - 条件、変数、事前構成済...	フレーズ		益森 貴士 数秒前	オフ
最初からやり直す	フレーズ		益森 貴士 7分前	オン

04 「システムトピック」とは?

[おすすめ書籍提案Copilot]の[トピック]メニューの[システム]側を見てみましょう。こちらにも既にいくつかトピックがあることが確認できます。**「システムトピック」とは、会話開始時のメッセージ、利用者の入力内容をハンドリングできなかった場合の処理など、Copilotの動作上必要なトピック**です。無効化も可能ですが、Copilotの動作に影響を与える可能性があるため、無効化には注意が必要で、削除はできません。変更を加えることは可能なため、[会話の開始]システムトピックに変更を加えてみましょう。そうすると、テストの画面から確認できる通り、会話を開始する際のメッセージ内容が変わります。Copilotが会話を開始する際に送信するメッセージは、利用者にとって、このCopilotがどのようなことを支援してくれるのか知る上で重要です。作成するCopilotの目的に応じて変更することをおすすめします。

■システムトピックに変更を加える

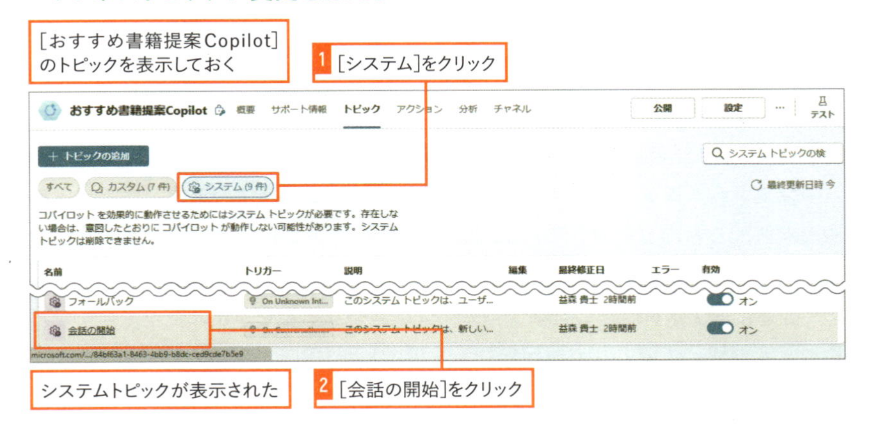

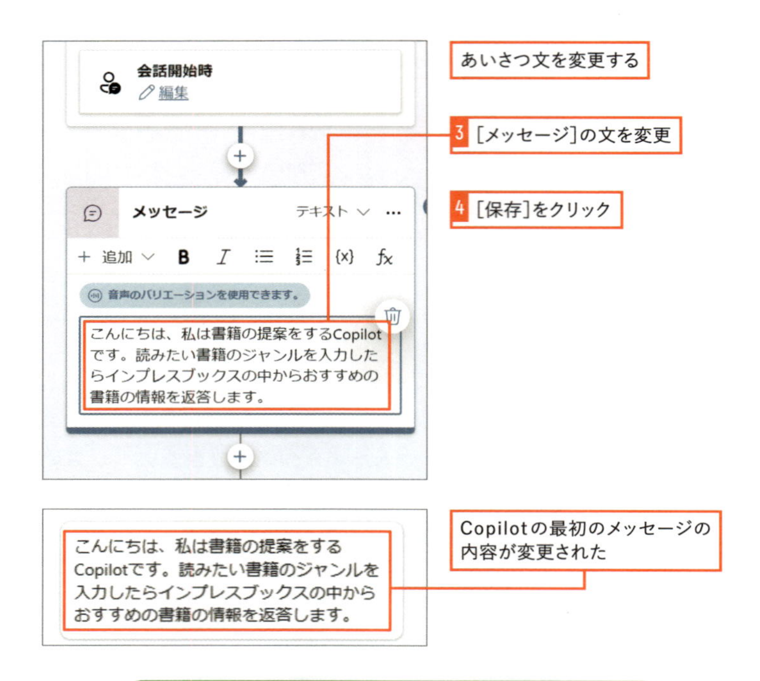

トリガーの［会話開始時］は、「会話を開始したとき」という意味です。このように、システムトピックのトリガーは、そのトピックの意味を踏まえた特殊なトリガーとなっています。

05 Conversational boostingシステムトピック

［おすすめ書籍提案Copilot］の［Conversation boosting］システムトピックを開きましょう。実は、こちらのシステムトピックが、Copilotが追加したナレッジ、今回の場合は、インプレス社のWebサイトから回答を返す設定の詳細となります。このシステムトピックのトリガーは、［意図不明時］となっています。つまり、利用者が質問した内容に対して、Copilotが適切な応答を見つけられなかった際に動作します。例えば、店舗案内をするCopilotに対して、生成AIに関するおすすめの書籍に関する質問をした場合、Copilotは適切な応答を返すことができません。このような際、このトリガーが動作し、指定したURLから回答を作成しようとします。

■システムトピックのトリガーを確認する

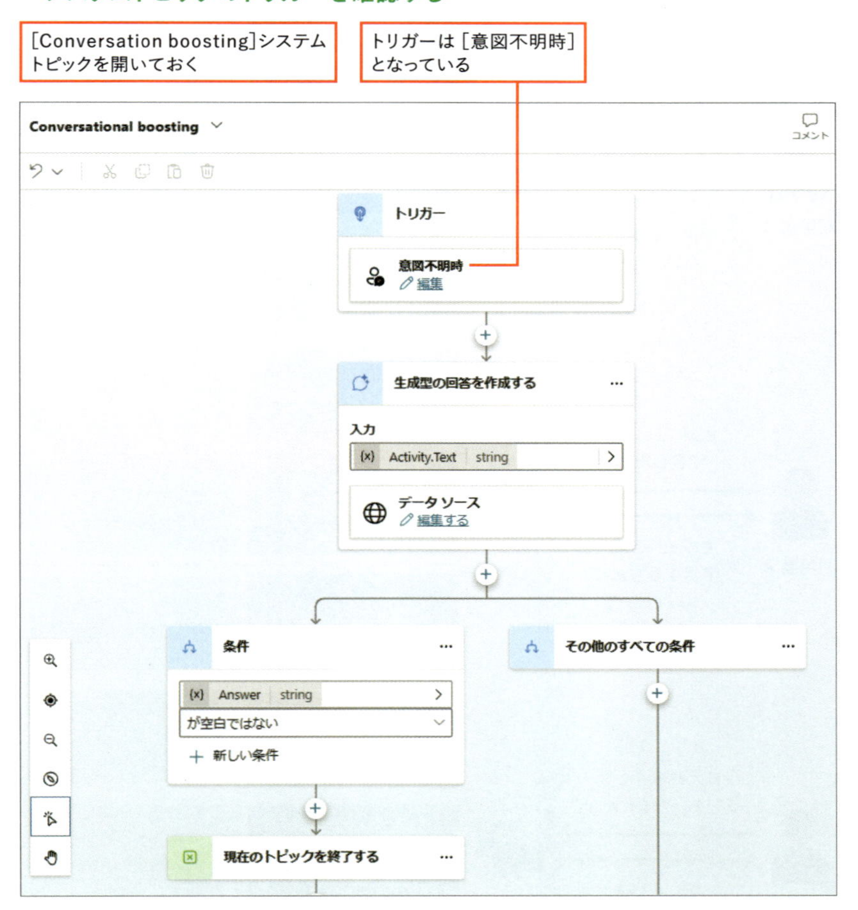

また、[フォールバック]システムトピックについても、[意図不明時]がトリガーとなっています。通常は［Conversation boosting］システムトピックが先に動作して、入力内容を踏まえた回答を生成できなかったときは、[フォールバック］システムトピックが開始されます。つまり、利用者が質問した内容に対して、Copilotが適切な応答を見つけられなかった際に［Conversation boosting］システムトピックで設定しているナレッジからの回答を試み、設定しているナレッジから適切な回答をすることができなかった場合、[フォールバック］システムトピックが動作します。

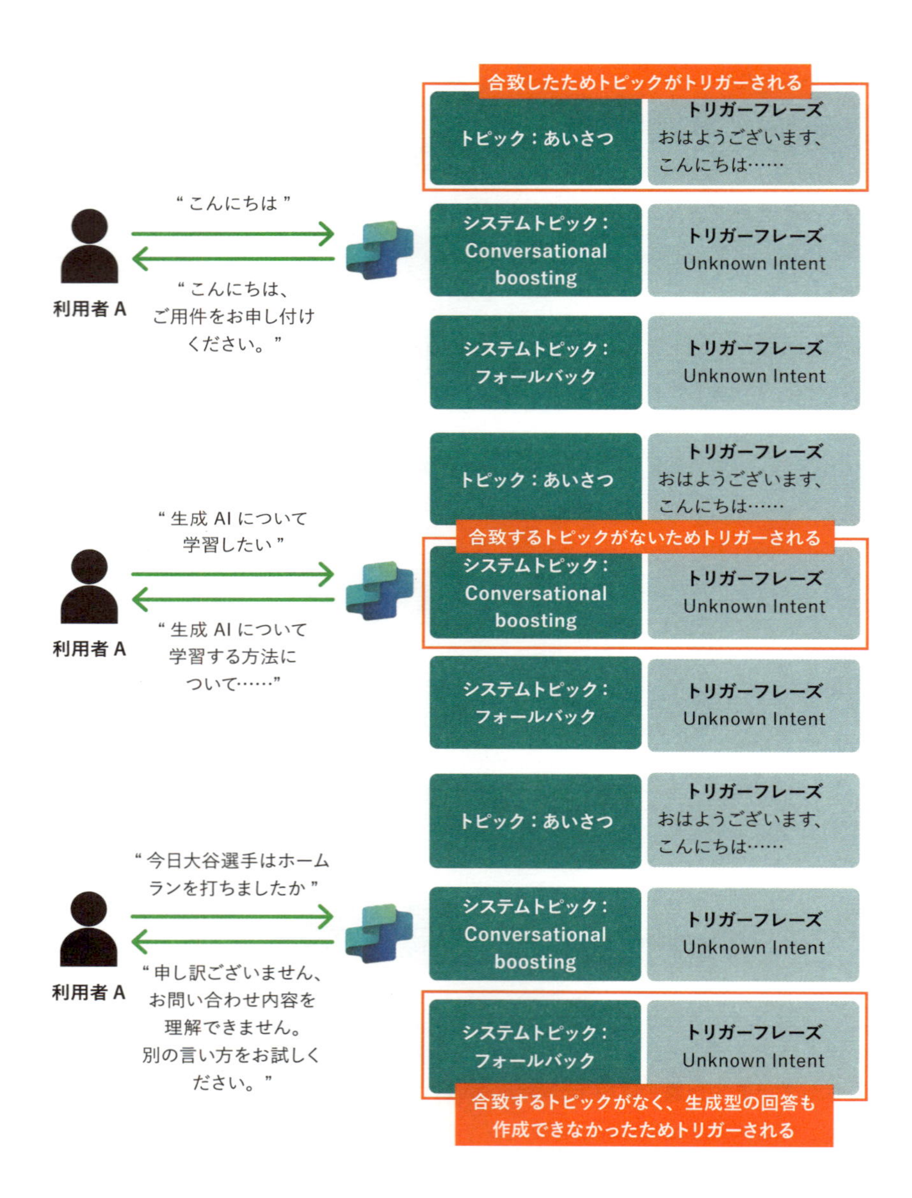
合致したためトピックがトリガーされる
トピック：あいさつ
トリガーフレーズ
おはようございます、
こんにちは……
“こんにちは”
“こんにちは、
ご用件をお申し付け
ください。”
利用者 A
システムトピック：
Conversational
boosting
トリガーフレーズ
Unknown Intent
システムトピック：
フォールバック
トリガーフレーズ
Unknown Intent
トピック：あいさつ
トリガーフレーズ
おはようございます、
こんにちは……
“生成 AI について
学習したい”
“生成 AI について
学習する方法に
ついて……”
利用者 A
合致するトピックがないためトリガーされる
システムトピック：
Conversational
boosting
トリガーフレーズ
Unknown Intent
システムトピック：
フォールバック
トリガーフレーズ
Unknown Intent
トピック：あいさつ
トリガーフレーズ
おはようございます、
こんにちは……
“今日大谷選手はホーム
ランを打ちましたか”
“申し訳ございません、
お問い合わせ内容を
理解できません。
別の言い方をお試しく
ださい。”
利用者 A
システムトピック：
Conversational
boosting
トリガーフレーズ
Unknown Intent
システムトピック：
フォールバック
トリガーフレーズ
Unknown Intent
合致するトピックがなく、生成型の回答も
作成できなかったためトリガーされる

［Conversation boosting］って?

生成AIが回答を作成する、［Conversation boosting］システムトピックは、［意図不明時］というトリガーフレーズにより、生成型の回答を試みます。このため、従来型のチャットボットのように、手動でトピックやトリガーフレーズを作成して回答を用意する必要がありません。「良い感じに入力を解釈し、良い感じに回答を生成してくれる」といったイメージです。

06 「システム変数」を確認しよう

［Conversation boosting］システムトピックに戻ってみます。［生成型の回答を作成する］の入力に指定されている［Activity.Text］は、システム変数と呼ばれるCopilotがあらかじめ用意してくれている変数です。［Activity.Text］は、利用者が最後に送信したメッセージを意味します。つまり、システム変数のおかげで、Copilotの作成者は、利用者が最後に送信したメッセージを保存しておく変数を自分で用意する必要がなくなります。**［Conversation boosting］システムトピックでは、利用者が最後に送信したメッセージである、［Activity.Text］システム変数の内容を基に、追加したナレッジを基に回答の作成を試みています**。もちろん、システム変数とは別にCopilotの作成者自身で変数を作成することもできますが、こちらは今後のLESSONで説明します。

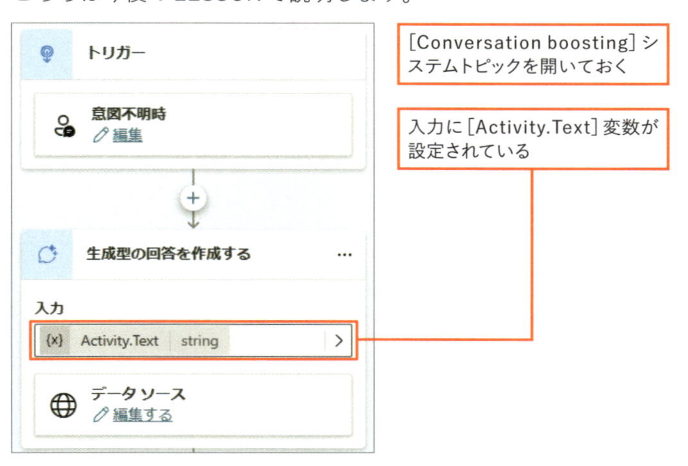

■システム変数の例

名前	説明
Activity.Text	ユーザーが最後に送信したメッセージ
Bot.Name	Copilotの名前
User.DisplayName	サインイン ユーザーの表示名
User.Email	サインイン ユーザーのメールアドレス

「変数」とは何か知ろう

変数とは、再利用可能な値を入れる箱のようなものです。アプリで同じデータを何度も利用する場合、変数を利用した方が、処理効率が良くなります。Copilot Studioにも変数があり、今後のLESSONでも変数を利用する箇所があります。

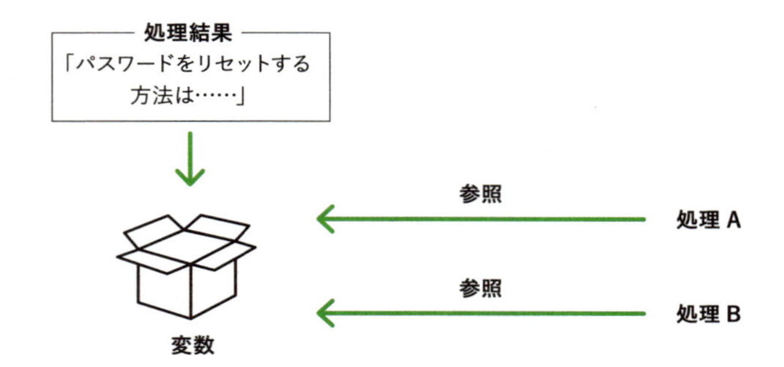

なお、Copilot Studioで用意されているシステム変数の一覧については、以下のMicrosoft Learnから確認可能です。

■システム変数

https://learn.microsoft.com/ja-jp/microsoft-copilot-studio/authoring-variables?tabs=webApp#system-variables

07 会話ノードの種類を知ろう

例えば、最寄りの店舗を案内する場合で考えてみましょう。Copilotがユーザーに現在の場所を質問して、受け取った情報を基に、最寄りの店舗を回答するといったように、トピックが開始されると、その後具体的な会話が始まります。これらの**トピック開始後のアクションを「会話ノード」といいます**。会話ノードには、メッセージの送信、質問、条件の追加、変数管理など、さまざまな種類があります。

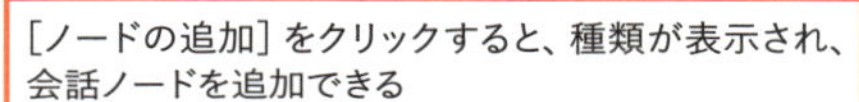

■会話ノードの種類

種類	説明
メッセージを送信する	ユーザーにメッセージを送信します。テキストメッセージだけでなく、画像、ビデオ、アダプティブカードなども送信可能です
質問する	ユーザーに質問します。テキストを入力させるだけでなく、選択肢から選択させることも可能です
アダプティブカードで質問する	アダプティブカード形式で質問します。入力した情報が変数に格納されます
条件を追加する	質問で選択した結果や変数等を利用して条件分岐します
変数管理	変数に値を設定するなど、変数の管理をします
トピック管理	別のトピックへの移動、現在のトピックの終了、会話の終了など、トピックの管理をします
アクションを呼び出す	Power Automateクラウドフロー等を呼び出します
詳細	生成型の回答アクション、HTTP要求の送信等の高度なアクションを呼び出します

08 「エンティティ」とは何か

例えば、利用者が入力した日付を抽出したい場合、利用者がどんな風に日付に関する情報を入力するか分からないことがあります。このような悩みを解決するのが「エンティティ」と呼ばれる機能です。**エンティティを使用することで、さまざまなパターンの入力から後続の処理で再利用しやすい形式で日付情報を抽出できます**。

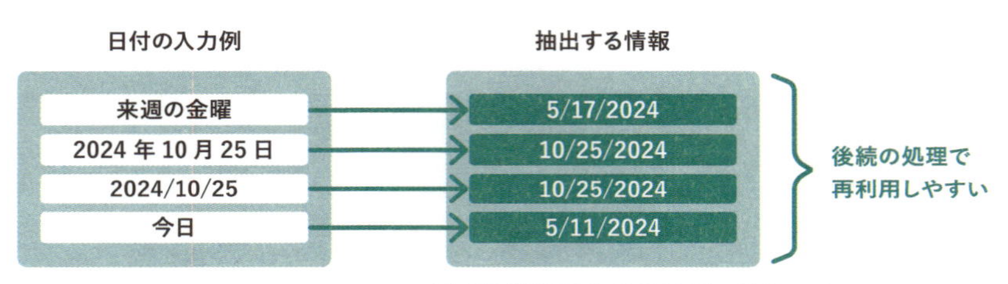

日付を例に説明しましたが、日付以外にも、事前に構築されたエンティティが多数あります。例えば、[金額] エンティティの設定を見てみます。Copilot利用者が金額に関して入力する際、「1,000 ユーロかかります」、「1,500 かかります」のように、数字の後は通貨の単位にしたり、「かかります」というテキストを付与して入力したりする場合があります。この際に、「1000.00」、「1500.00」という金額の数値だけを抽出することが可能です。また、Copilot作成者が、新しいエンティティを作成することも可能です。

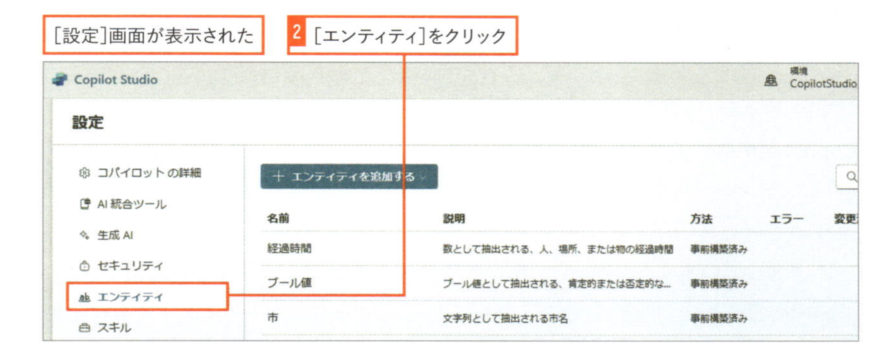

あらかじめ用意されているエンティティが表示された

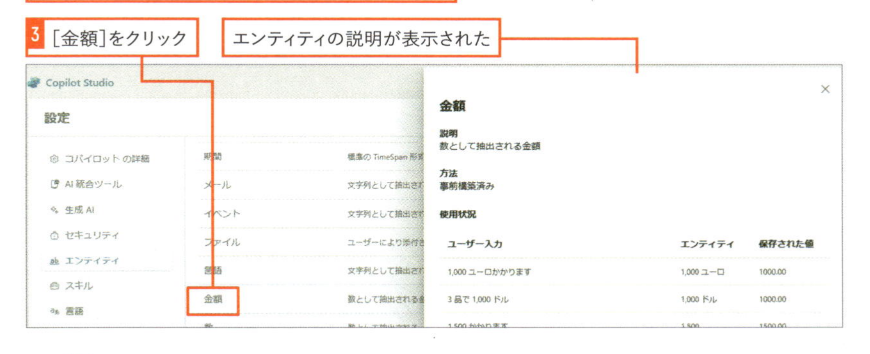

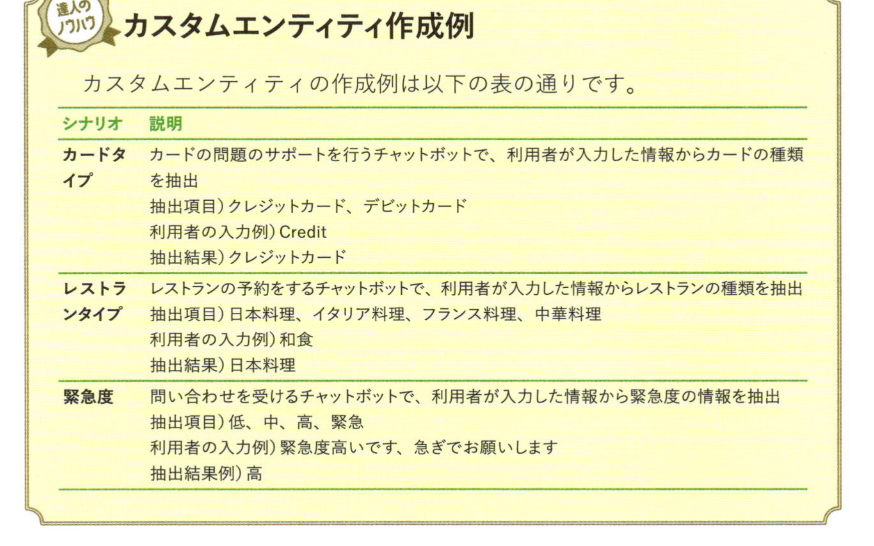

達人のノウハウ　カスタムエンティティ作成例

カスタムエンティティの作成例は以下の表の通りです。

シナリオ	説明
カードタイプ	カードの問題のサポートを行うチャットボットで、利用者が入力した情報からカードの種類を抽出 抽出項目）クレジットカード、デビットカード 利用者の入力例）Credit 抽出結果）クレジットカード
レストランタイプ	レストランの予約をするチャットボットで、利用者が入力した情報からレストランの種類を抽出 抽出項目）日本料理、イタリア料理、フランス料理、中華料理 利用者の入力例）和食 抽出結果）日本料理
緊急度	問い合わせを受けるチャットボットで、利用者が入力した情報から緊急度の情報を抽出 抽出項目）低、中、高、緊急 利用者の入力例）緊急度高いです、急ぎでお願いします 抽出結果例）高

09 エンティティの利用方法

エンティティの利用方法について説明します。この例では、[質問] ノードでCopilot利用者に質問をして、応答を受け取る際、応答を特定する情報として、[日付]エンティティを指定しています。抽出した日付が自動で変数に格納されるため、後続の処理で再利用することができます。今回は、抽出した日付をCopilot利用者に送信していますが、例えば、何かのシステムの予約を補助するCopilotの場合、予約開始日や終了日を利用者に入力してもらい、[日付] エンティティで日付を抽出し、その情報を利用してシステムの予約を行うようなことも可能です。

Copilotが利用者に質問して応答を受け取る際、利用者から受け取る情報を特定する設定として [日付] エンティティを指定している。日付情報が抽出され自動で変数に格納されるため、後続の処理で再利用できる

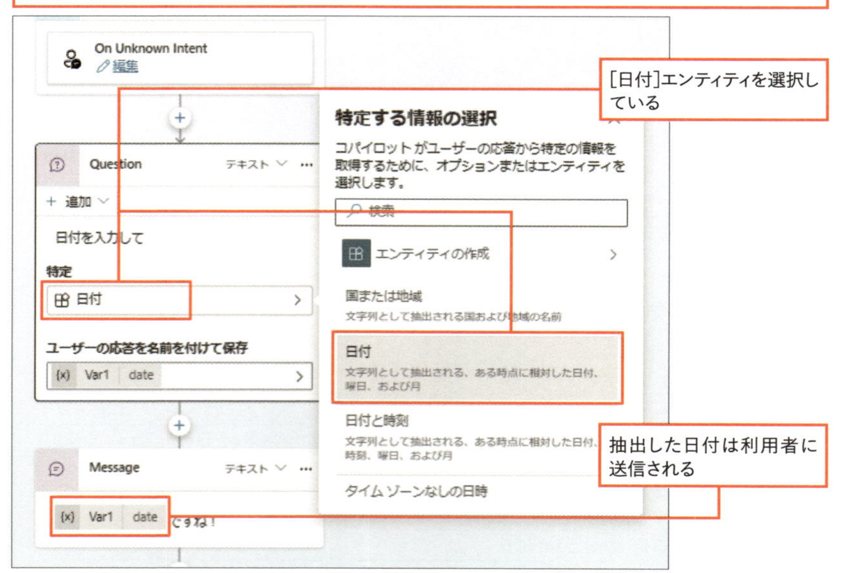

日付エンティティはよく使うエンティティのため、利用方法をしっかりと理解しておきましょう。

活用編

第 3 章

他システムと連携して注文状況を答えるCopilotを作成する

Microsoft 365やAzureなど他システムと連携するCopilotを簡単に作れることは、Copilot Studioの大きな強みの一つです。今回は、実際に、Power Automateのクラウドフローを介して注文状況を答えるCopilotを作成することで、他システムとの連携の基礎を学びます。

Power Automateについて知ろう

Power Automateを介して他システムと連携するCopilotを作成するためには、クラウドフローの基礎を学ぶことが重要です。この基礎を学ぶことで、作成できるCopilotの幅が大きく広がります。

01 クラウドフローとその例

Power Automate とは、ローコード/ノーコードで業務の自動化を可能にするサービスです。そして、Power Automateで作成する、さまざまなクラウドサービスと連携した自動処理のことを「クラウドフロー」といいます。クラウドフローの例を見てみましょう。以下は、SharePointリストを通じて休暇の申請がされたら、OutlookやTeamsを介して承認依頼を出し、承認結果をメールで通知する承認ワークフローの例です。Power Automateでは、このようなワークフローを簡単に作成できます。それ以外にも、あくまで一例ですが、データ連携して情報を転記したり、通知やリマインドを自動化したりすることにも向いています。

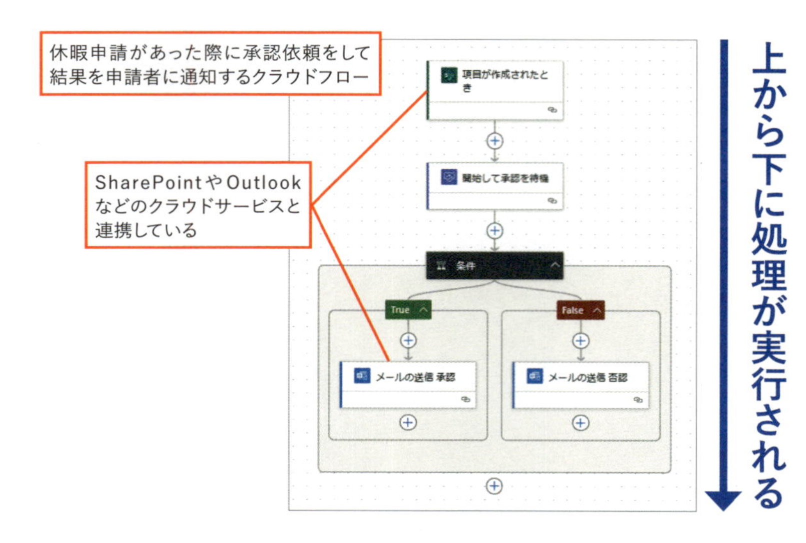

このように、クラウドフローを作成することで、さまざまな処理の自動化が可能です。**Copilot Studioで作成するCopilotはクラウドフローと連携することができる**ため、このような処理の自動化を組み込んだCopilotを作成することも可能になります。

■クラウドフローの例

情報の転記（データ連携）	通知、リマインド系	申請業務系	予約、貸出系	その他
・Power AppsやFormsを介して入力されたデータを別のシステムに転記 ・メールで受け取った情報をデータベースや別のシステムに転記	・在庫が不足したら通知 ・問い合わせの対応期限が近づいたらリマインド通知 ・Formsでアンケート回答があったら通知 ・出退勤、日報等をTeamsに通知	各種申請の承認ワークフロー ・出張申請 ・休暇申請 ・異動申請、管理 ・デバイス申請 ・ライセンス、アカウント申請 ・入館申請	各種予約処理フロー ※予約の重複有無を確認して予約処理を実施 ・トレーニング予約 ・会議室予約 ・座席予約 ・入館カード貸出	・日程を調整するアプリと連携し、Teams会議を作成するフロー ・勤務状況をシェアするアプリの裏でOutlookにも予定を登録するフロー

クラウドフローを介して他のシステムと連携することで、作成可能なCopilotの機能範囲が大幅に広がります。

02 コネクタの役割を知ろう

クラウドフローがさまざまなクラウドサービスと連携して業務の自動化を行う上で重要な機能がコネクタです。**コネクタとは、アプリケーションからクラウドサービスを操作するためのAPI(Application Programming Interface)を、ローコード/ノーコードで利用可能にする部品**です。コネクタは、接続するクラウドサービスごとに存在します。先ほどの承認ワークフローでは、SharePointやOutlookに接続する部分、承認依頼を行う部分、すべてがコネクタです。マイクロソフトのクラウドサービスはもちろん、多くのクラウドサービスと連携するためのコネクタが存在します。世の中のクラウドサービスが増えるにつれて、利用可能なコネクタの数も増加しています。

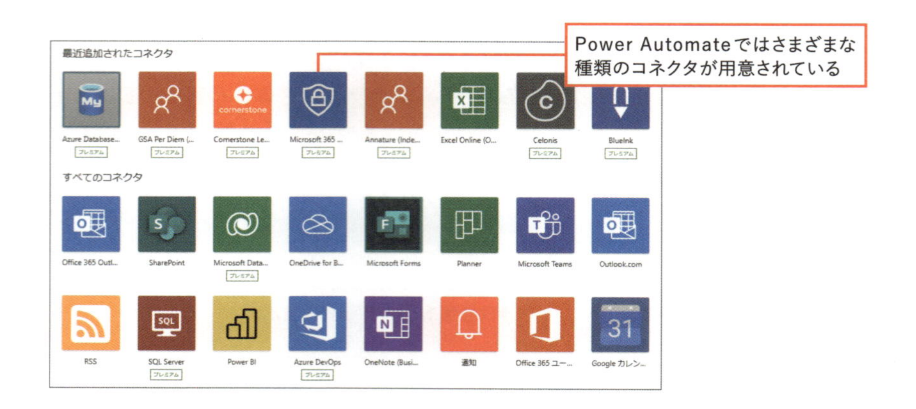

03 フローを構成する「トリガー」と「アクション」

クラウドサービスに対する具体的な操作は、トリガーとアクションによって実現されます。**トリガーは、特定のイベントが発生したときにクラウドフローを開始するためのきっかけ**です。例えば、[Office 365 Outlook] コネクタの場合、[新しいメールが届いたとき]というトリガーを設定できます。**アクションは、トリガーによって開始されたクラウドフロー内で実行される具体的な操作やタスク**です。例えば、[Office 365 Outlook] コネクタの場合、[メールの送信] や [メールの転送] というアクションを設定できます。そして、クラウドフローは、フローが動き出すトリガー1つと1つ以上のアクションで成り立ちます。トリガーの種類は、複数あり、Copilot Studio からクラウドフローを起動する際は、インスタントクラウドフローを使います。

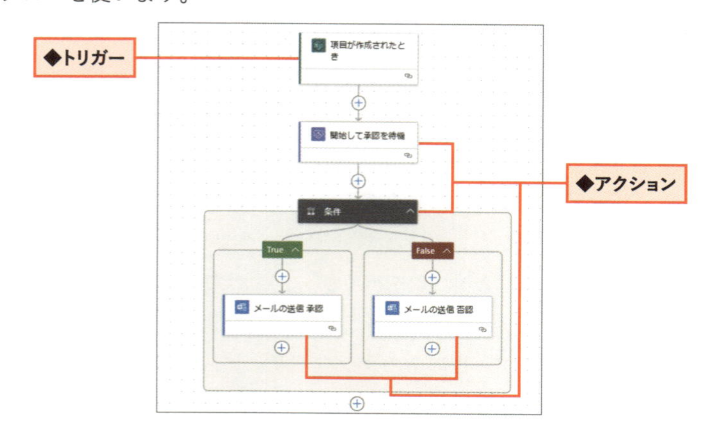

■クラウドフローのトリガーの種類

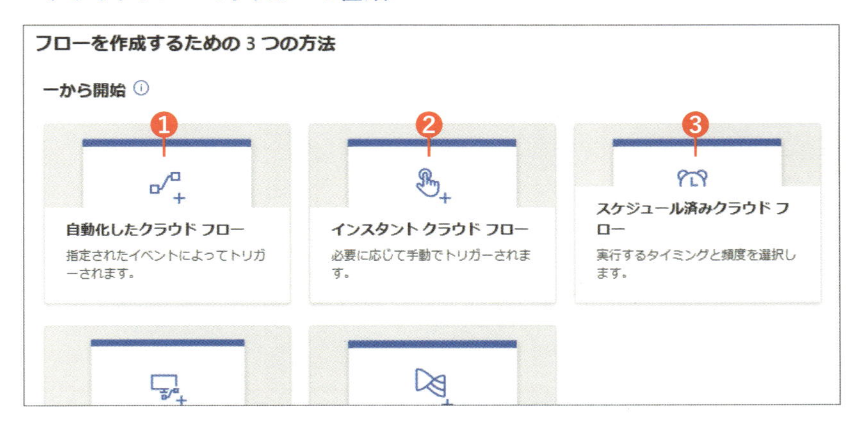

番号	種類	用途
❶	自動化したクラウドフロー	トリガーを満たした際に自動で起動する 例）メールを受信した際に起動、SharePointリストにデータが登録された際に起動
❷	インスタントクラウドフロー	手動で実行する 例）Power Appsでボタンを押した際、Power Automateホーム画面やPower Automateモバイルアプリからボタンを押した際、Copilot Studioから起動する際
❸	スケジュール済みクラウドフロー	スケジュールに沿って実行する 例）毎日一回起動してリマインド通知をするクラウドフロー

また、**Power Automateでは、トリガーによってフローが特定の条件で起動されたとき、またはアクションが実行されたときに出力された結果を、後続のアクションで使うことができます**。この仕組みを「動的なコンテンツ」といいます。アクションの設定欄にある［動的なコンテンツ］ボタンをクリックすると、一覧から選べます。

例えば、出張申請のためのデータをSharePointリストに入力したとします。このリストに新しい項目が追加されると、Power Automateがそれを検知して［項目が作成されたとき］トリガーが働き、クラウドフローを開始します。そして、例えば、出張の理由や出張の開始日、終了日など、申請者がSharePointリストに入力したデータを動的なコンテンツとして取得し、承認依頼メールの詳細など、次のアクションで使用することができます。

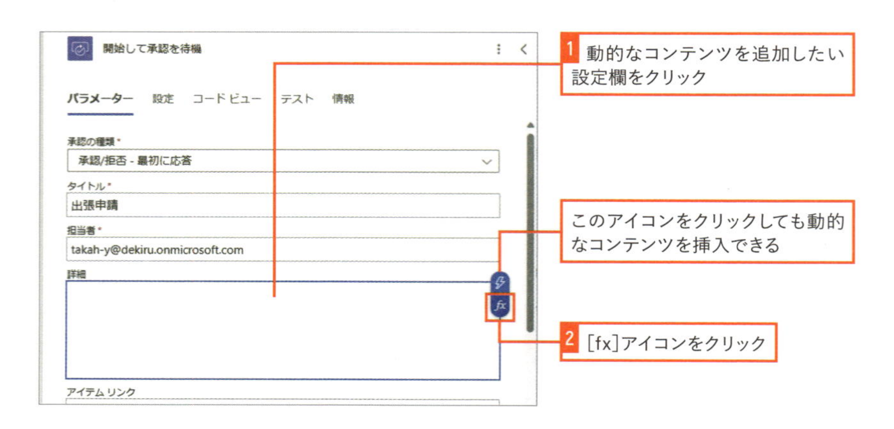
開始して承認を待機
パラメーター 設定 コードビュー テスト 情報
承認の種類*
承認/拒否 - 最初に応答
タイトル*
出張申請
担当者*
takah-y@dekiru.onmicrosoft.com
詳細
アイテム リンク
1 動的なコンテンツを追加したい設定欄をクリック
このアイコンをクリックしても動的なコンテンツを挿入できる
2 [fx]アイコンをクリック

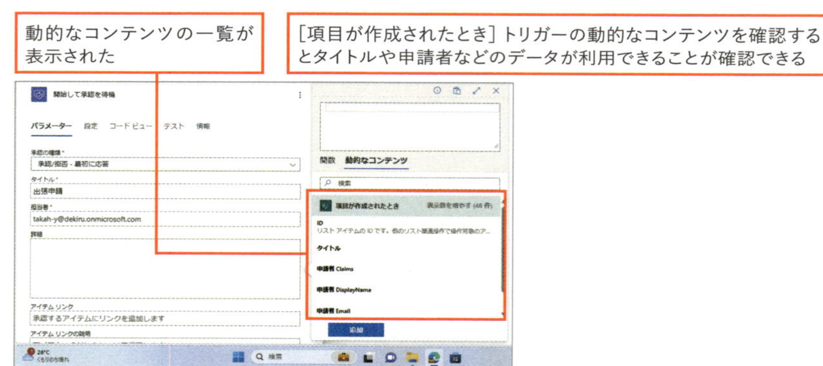
動的なコンテンツの一覧が表示された
[項目が作成されたとき]トリガーの動的なコンテンツを確認するとタイトルや申請者などのデータが利用できることが確認できる

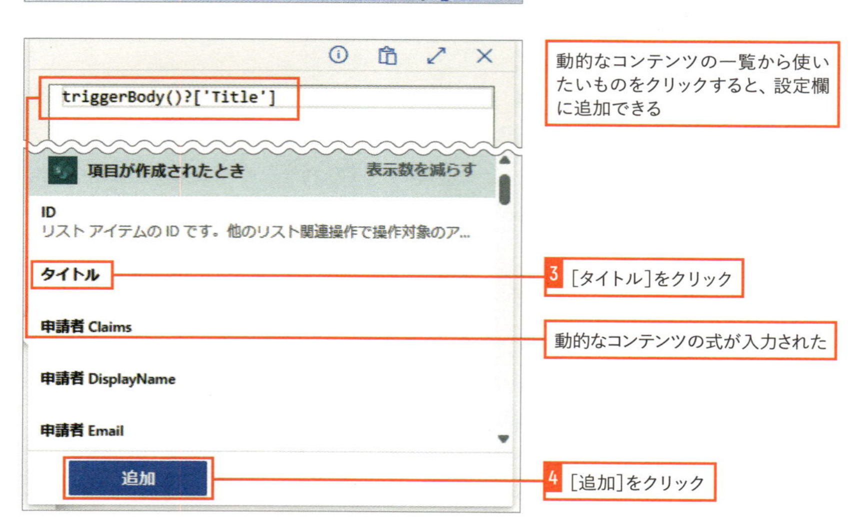
triggerBody()?['Title']
項目が作成されたとき
表示数を減らす
ID
リスト アイテムの ID です。他のリスト関連操作で操作対象のア...
タイトル
申請者 Claims
申請者 DisplayName
申請者 Email
追加
動的なコンテンツの一覧から使いたいものをクリックすると、設定欄に追加できる
3 [タイトル]をクリック
動的なコンテンツの式が入力された
4 [追加]をクリック

[項目が作成されたとき]トリガーの動的なコンテンツである[タイトル]が[詳細]の設定欄に追加された

承認/拒否 - 最初に応答
タイトル*
出張申請
担当者*
takah-y@dekiru.onmicrosoft.com
詳細
タイトル×
アイテム リンク
承認するアイテムにリンクを追加します
アイテム リンクの説明

04 Copilotからクラウドフローを呼び出すには

Copilotからクラウドフローを呼び出すことができます。この際、まず、クラウドフロー側で、Copilotから受け取る情報を定義することができます。この**クラウドフローがCopilotから受け取る情報を、入力といいます**。例えば、Copilotに注文状況を問い合わせた人のメールアドレスをCopilotから受け取るため、「Email」という入力の定義をします。

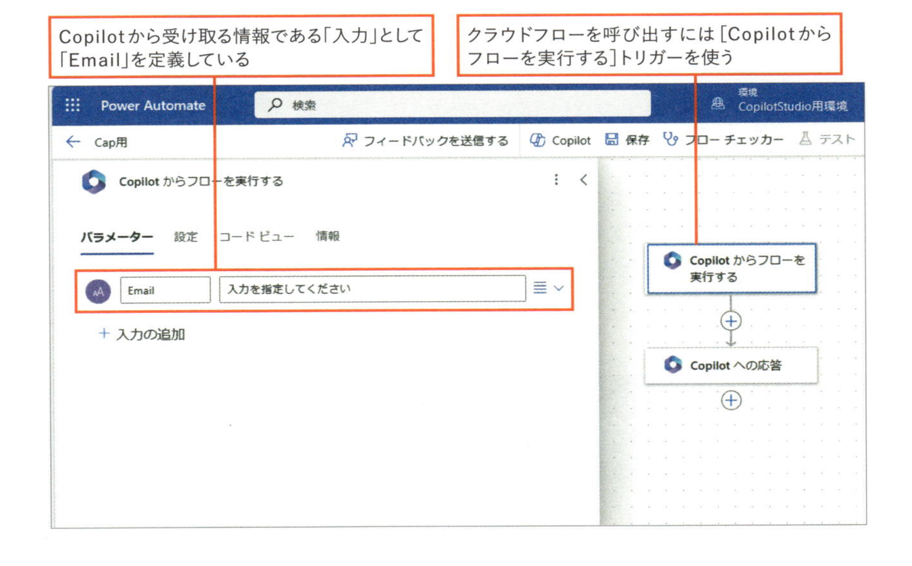

また、クラウドフローでコネクタを利用して他システムと連携して処理をしたのち、Copilotに対して情報を返すことができます。この**クラウドフローがCopilotに返す情報を出力といいます**。例えば、クラウドフローが他システムと連携して取得したCopilot利用者が注文した品物の配送状況の情報をCopilotに返すため、「配送ステータス」「配送予定日」「注文番号」という出力の定義をします。

この入力と出力を上手く使い、Copilotがクラウドフローを利用して他のシステムと連携して、Copilot利用者に応答を返すことができます。具体的な入力、出力の定義やコネクタを介して他システムと連携する処理の実装は、注文状況を答えるCopilotの作成を通じて学びます。

クラウドフローと連携する際は、何の情報を受け取り、何の情報を返すかをあらかじめイメージし、作成することが重要です。

LESSON 09

注文状況を答えるCopilotを作ろう

注文状況を答えるCopilotを作成するにあたって、まず、作成するCopilotのイメージ、作成全体の流れを説明し、準備作業として、注文情報データベースの作成、データの追加等を行います。

01 作成するCopilotと作成の全体の流れ

何かの商品を注文した際、配送状況などの注文状況を簡単に知りたくなることはありませんか？ Copilot Studioでは、Power Automateと連携し、他システムのデータベースを検索し、注文状況を返すCopilotを作成可能です。注文状況に限らず、予約システムにおける予約状況の確認など、他システムのデータベースと連携することで、さまざまな用途に応用が利きます。以下は作成するCopilotのイメージです。Copilotがクラウドフローを呼び出し、注文情報を管理するデータベースから情報を検索して、最終的に結果を利用者に返します。

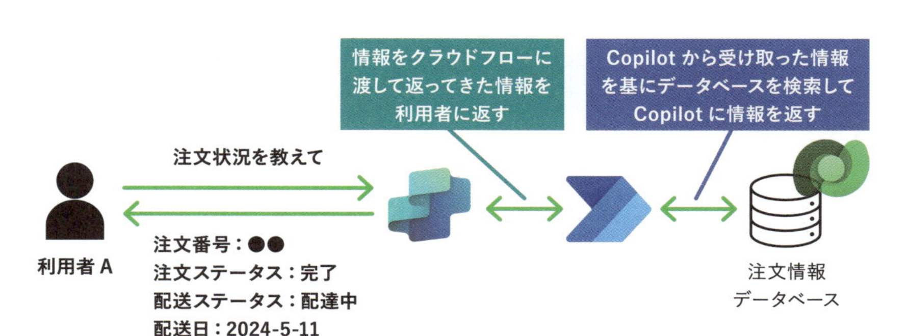

作成の流れは以下のようになります。まず、注文情報を問い合わせるにあたって、注文情報を管理する場所が必要です。今回は、注文情報を管理するために、データベースを作成します。本書では、データベースの作成作業を簡略化するため、練習用の注文情報データベースをインポートします。次に、注文情報データベースに注文データを追加し、そのデータベースから情報を取得するクラウドフローを作成し、最後に、Power Automateを呼び出すCopilotを作成します。

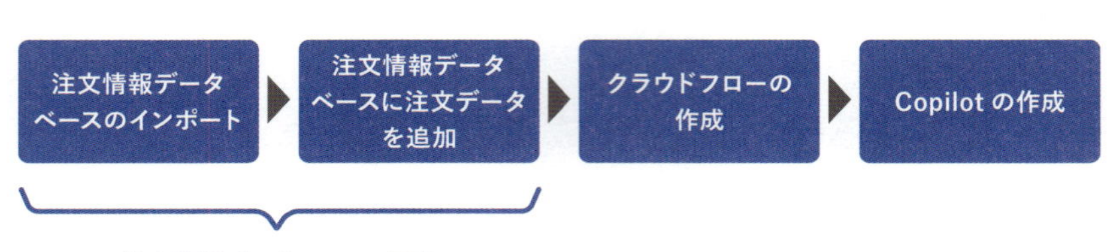

02 インポートする注文情報データベースの内容

サンプルのファイル「OrderManagementSolution_1_0_0_1」に注文情報データベースが含まれているため、このファイルをインポートします。構造は以下のようになっています。データベース内の行のデータ、つまり、注文情報に関するデータ自体はインポートされないため、インポート後に、手動で追加します。

■注文情報データベースの列

列名	例	説明
CustomerEmail	masumoritakashi@example.com	注文者のメールアドレス
CustomerName	Takashi Masumori	注文者の名前
DeliveryDate	2024/6/6	配送日
DeliveryStatus	配達中	配送のステータス。配達が完了すると配達完了となる
OrderID	Order-1000	注文番号
OrderDate	2024/6/6	注文日
OrderStatus	完了	注文ステータス。注文を受け付けて処理が完了したら完了となる

なお、注文情報データベースは、Power Platformのサービスの一つであるMicrosoft Dataverseというデータベースで作成しています。Microsoft Dataverseで作成されたデータベースを他のPower Platform環境にインポートする場合、ソリューションという仕組みを利用する必要があります。**ソリューションとは、簡単に言うと、フォルダーのようなもの**です。ソリューションを利用することで、データベースやPower Appsで作成したアプリ、Power Automateで作成したフローなどをまとめてエクスポート、インポートすることができます。今回は、注文情報データベースに加え、注文情報データベースにデータを追加する際に利用する「注文管理アプリ」もソリューションに加えています。

■ソリューションに含まれるもの

表示名	種類	説明
Order Information	テーブル	注文情報データベース。作成するPower Automateのクラウドフローでは、こちらのテーブルから情報を取得する
注文管理アプリ	サイトマップ	モデル駆動型アプリの全体の構造やページの配置を視覚的に示した図。モデル駆動型アプリを作成するとこちらも作成される。本書では使用しない
注文管理アプリ	モデル駆動型アプリ	注文情報データベースにデータを追加する時に使用するアプリ。モデル駆動型アプリというPower Appsで作成されたアプリ

開発用環境と本番用環境を分ける

ソリューションを利用することで、開発環境と本番環境を分けることが可能です。例えば、CopilotやPower Automateクラウドフロー、Dataverseテーブルを使用して開発を行い、そのソリューションをエクスポートして本番環境にインポート・展開することができます。これにより、バージョン管理や変更管理が容易になり、開発中の変更が本番環境に誤って影響するリスクを軽減することができます。

03 注文管理ソリューションのインポート

Power Appsを起動し、サンプルファイルの「OrderManagementSolution_1_0_0_1」をインポートします。インポートが完了したら、インポートした内容を利用できるようにするため、[すべてのカスタマイズの公開]を行います。

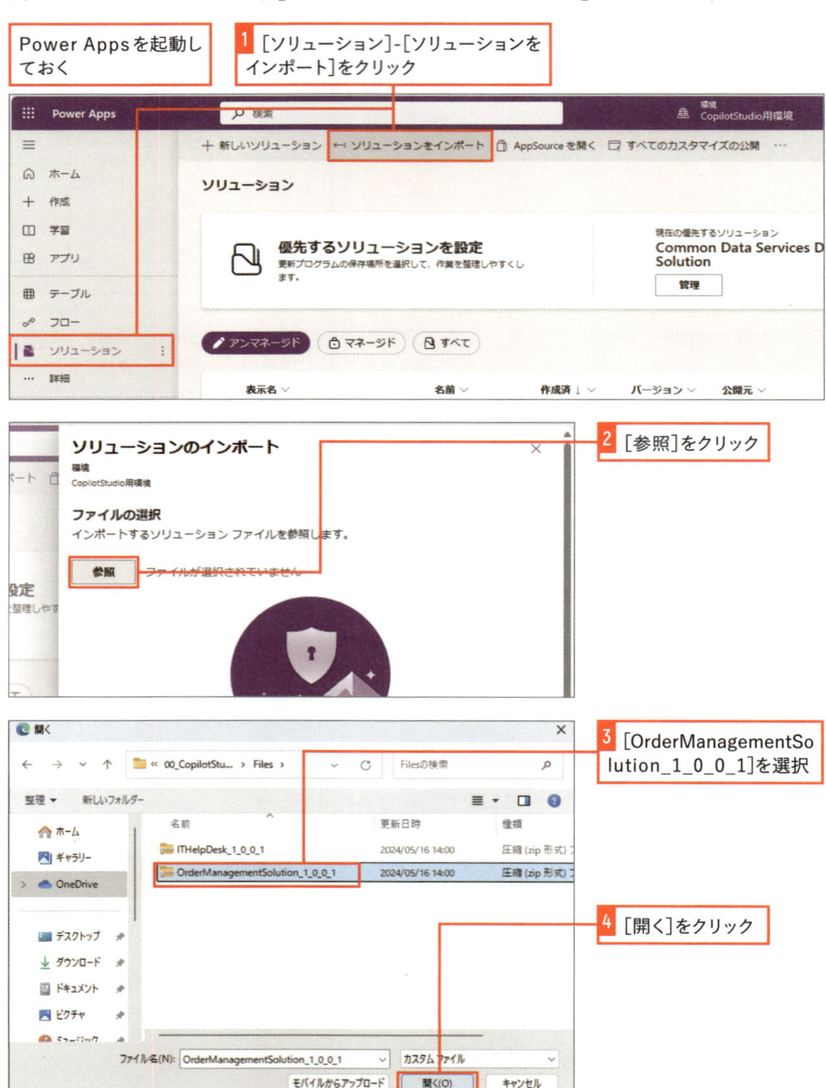

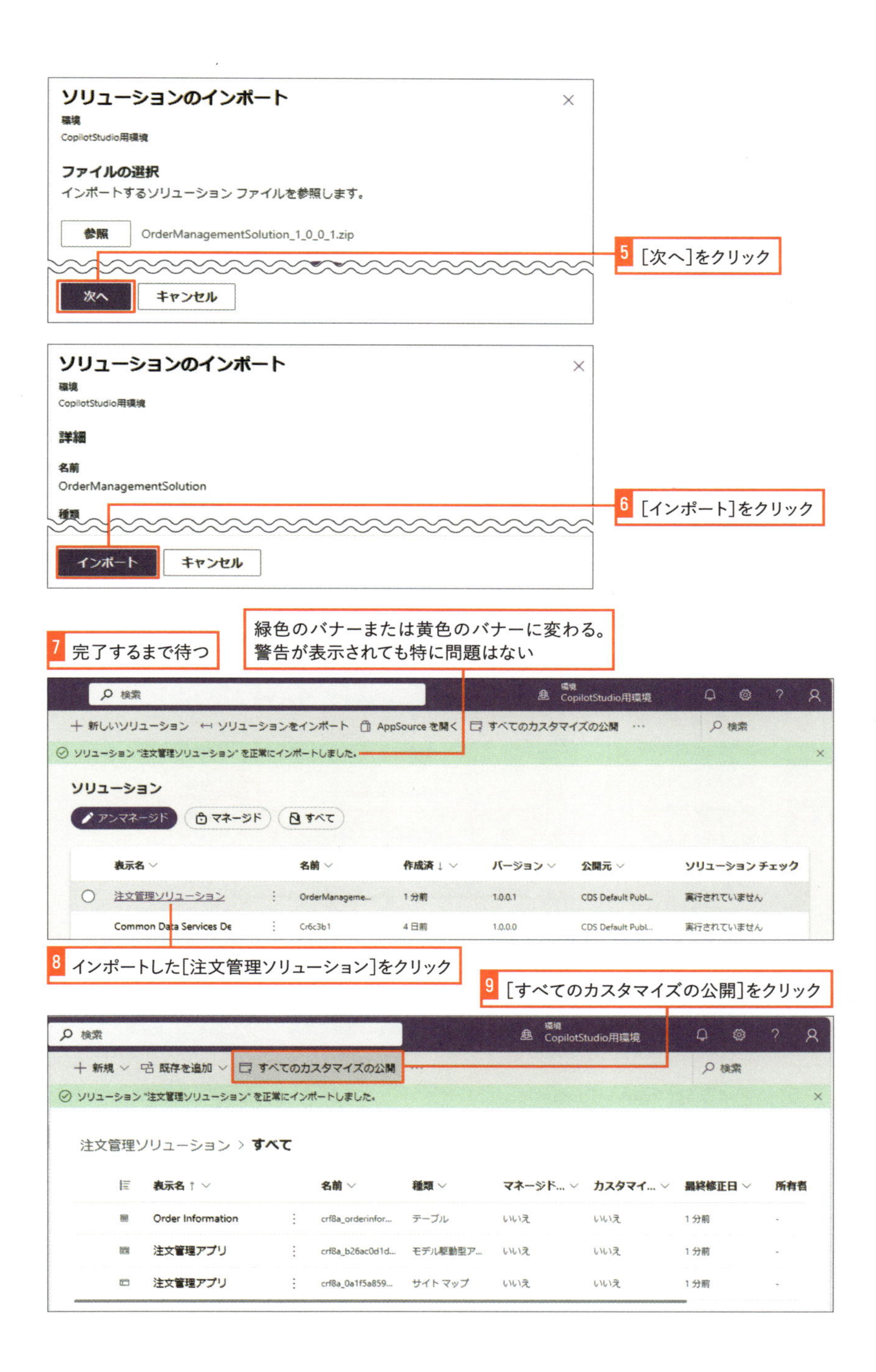
ソリューションのインポート
環境
CopilotStudio用環境
ファイルの選択
インポートするソリューション ファイルを参照します。
参照
OrderManagementSolution_1_0_0_1.zip
5 [次へ]をクリック
次へ
キャンセル
ソリューションのインポート
環境
CopilotStudio用環境
詳細
名前
OrderManagementSolution
種類
6 [インポート]をクリック
インポート
キャンセル
7 完了するまで待つ
緑色のバナーまたは黄色のバナーに変わる。
警告が表示されても特に問題はない
検索
CopilotStudio用環境
新しいソリューション
ソリューションをインポート
AppSource を開く
すべてのカスタマイズの公開
ソリューション "注文管理ソリューション" を正常にインポートしました。
ソリューション
アンマネージド
マネージド
すべて
表示名
名前
作成済
バージョン
公開元
ソリューション チェック
注文管理ソリューション
OrderManageme...
1 分前
1.0.0.1
CDS Default Publ...
実行されていません
Common Data Services De
Cr6c3b1
4 日前
1.0.0.0
8 インポートした[注文管理ソリューション]をクリック
9 [すべてのカスタマイズの公開]をクリック
新規
既存を追加
注文管理ソリューション > すべて
表示名
種類
マネージド...
カスタマイ...
最終修正日
所有者
Order Information
crf8a_orderinfor...
テーブル
いいえ
注文管理アプリ
crf8a_b26ac0d1d...
モデル駆動型ア...
crf8a_0a1f5a859...
サイト マップ

04 注文情報のデータを追加する

注文状況を答えるCopilotを作成するためには、回答の基となる注文情報のデータが必要です。このため、注文管理アプリを起動し、あらかじめデータを追加しておきます。Copilotは、クラウドフローを介して追加したデータを見つけ、Copilot利用者に返答をします。あくまで、テスト用の架空の注文情報のため、基本的には任意の日付やステータスを入力して問題ないです。ただし、**[CustomerEmail]には、Copilot利用者のメールアドレスを入力します**。今回は、自分のアカウントでテストをするため、自分のアカウントのメールアドレスを入力しましょう。

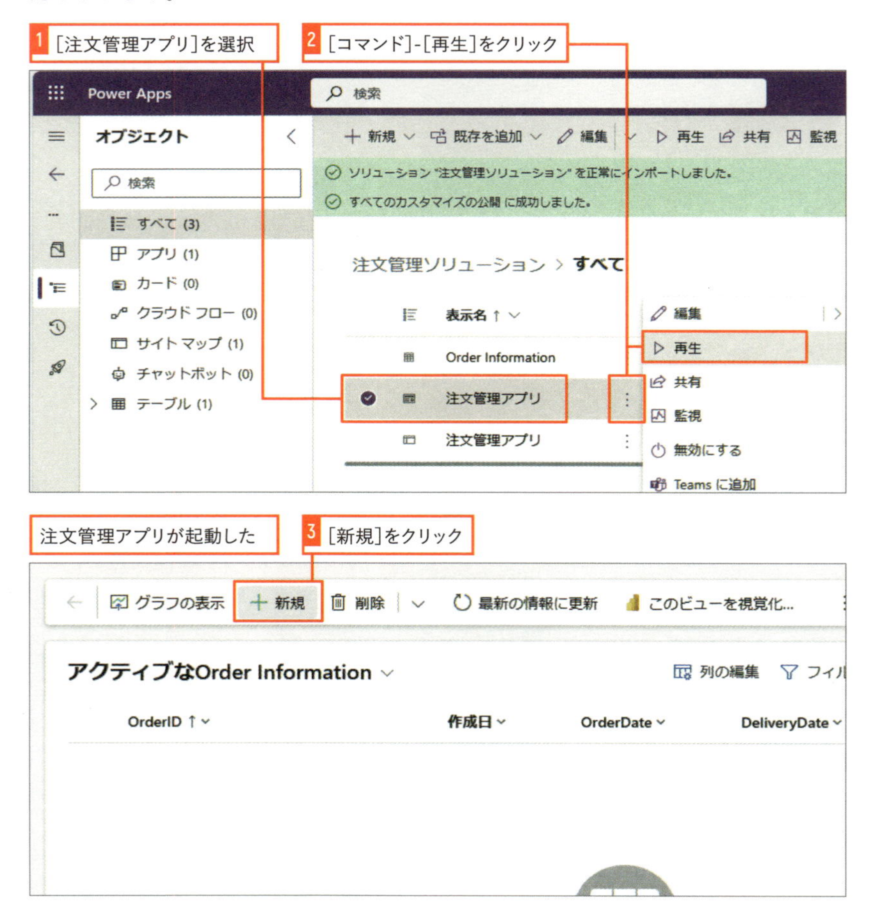

4 以下の通り1件分のデータを登録

[CustomerEmail]には自分のメールアドレスを入力する

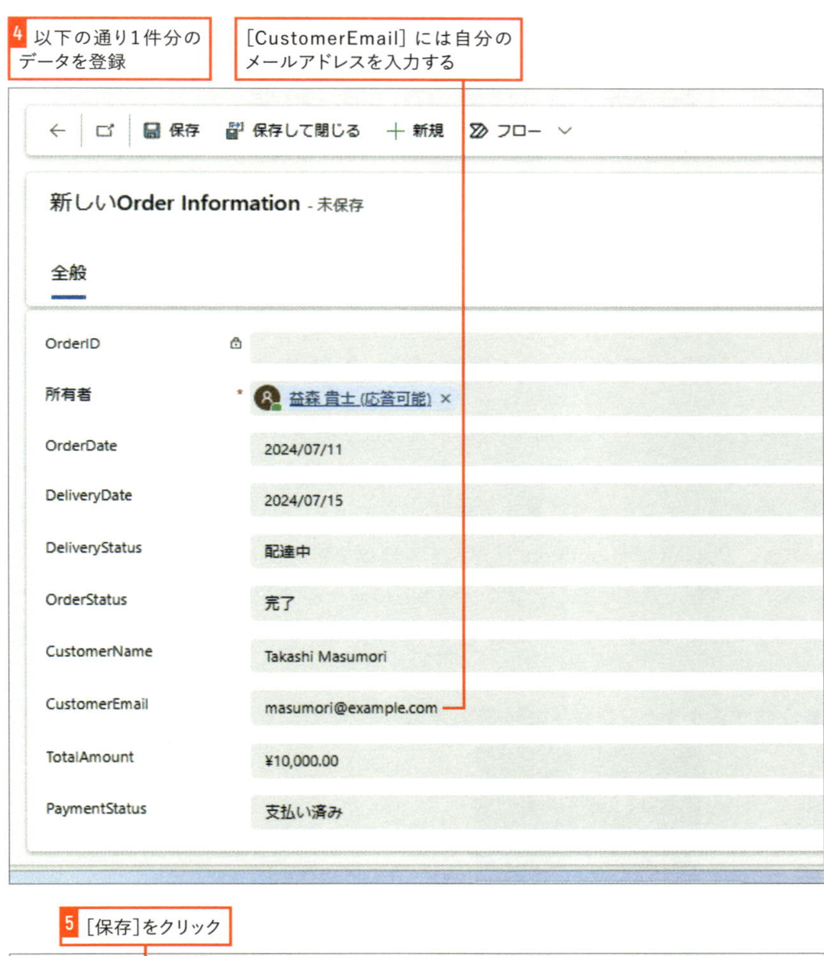

5 [保存]をクリック

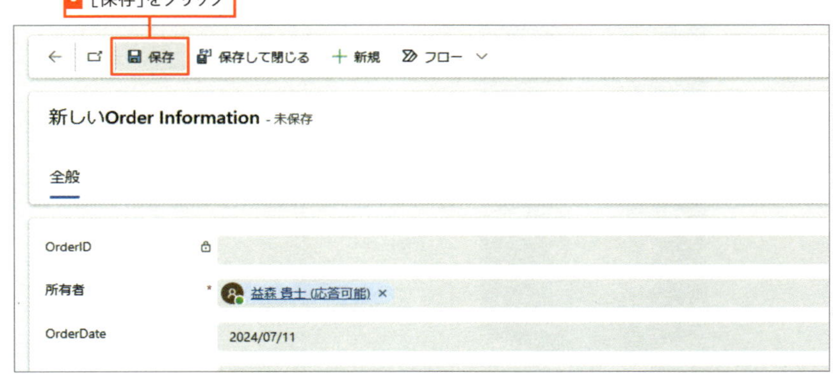

LESSON 10

クラウドフローで注文情報を取得する

Copilotから呼び出され、用意した注文情報データベースから注文情報を取得し、Copilotに情報を返すためのクラウドフローを作成します。フロー作成を通じて、Copilotとクラウドフローの情報の受け渡しのやり方を学びましょう。

01 作成するCopilotと作成の全体の流れ

作成するクラウドフローの処理の流れは以下の通りです。今回は、Copilotからメールアドレスを取得し、メールアドレスの情報を基に最新の注文情報を取得し、配送のステータス等の最新の状況をCopilotに返します。なお、後述いたしますが、Copilotは[User.Email]システム変数を利用して、Copilot利用者にメールアドレスを入力させることなく、利用者のメールアドレスを取得して、クラウドフローにメールアドレスの情報を渡します。

■作成するクラウドフローの処理の流れ

Copilot からメールアドレスを取得

メールアドレスを基に注文情報データベースから情報を取得

取得した情報をCopilot に返す

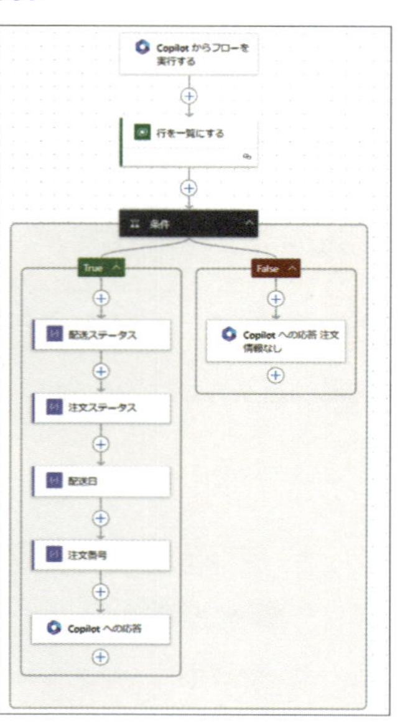

02 Copilotから情報を受け取る

Power Automateを起動し、[作成] メニューから [インスタントクラウドフロー] を選択し、[Copilotからフローを実行する] トリガーを選択します。Copilotからクラウドフローを呼び出す際は、このトリガーを選択する必要があります。フローは「注文情報取得フロー」という名前で作成します。

そして、Copilotからメールアドレスの情報を受け取るため、[入力の追加] を選択し、種類の選択で、[テキスト] を選択します。メールアドレスの情報はテキスト情報のためです。 受け取る情報がメールアドレスということが分かるよう、「Email」という名前を付けます。こちらの設定により、Copilotからメールアドレスの情報を受け取ることが可能です。注文情報データベースからCopilot利用者の最新の注文情報を取得する際、この [Email] を使います。

■Microsoft 365のホーム画面

https://www.microsoft365.com/

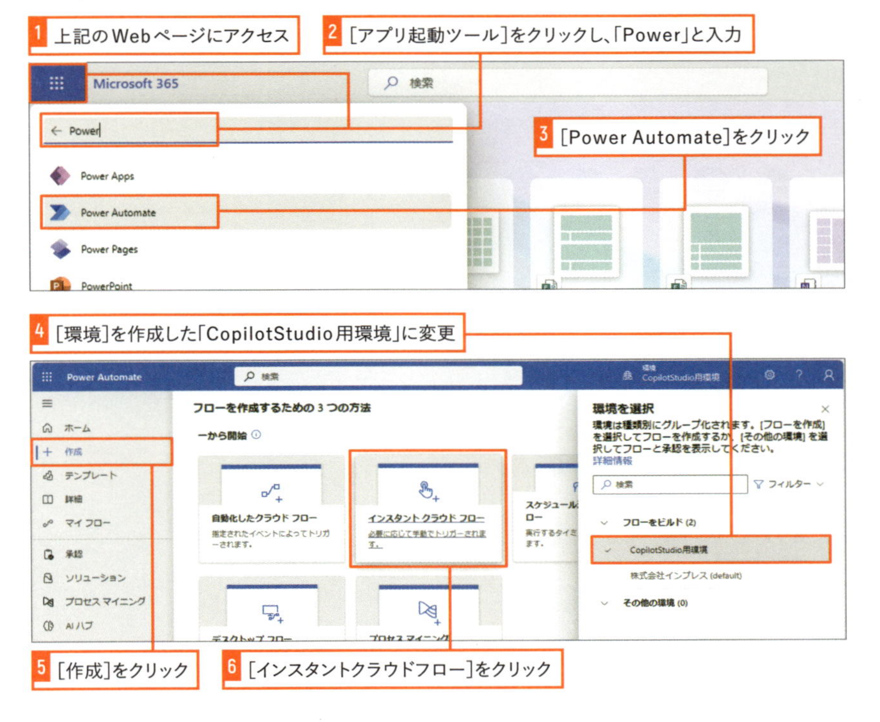

7 「注文情報取得フロー」と入力

8 [Copilotからフローを実行する]をクリック

9 [作成]をクリック

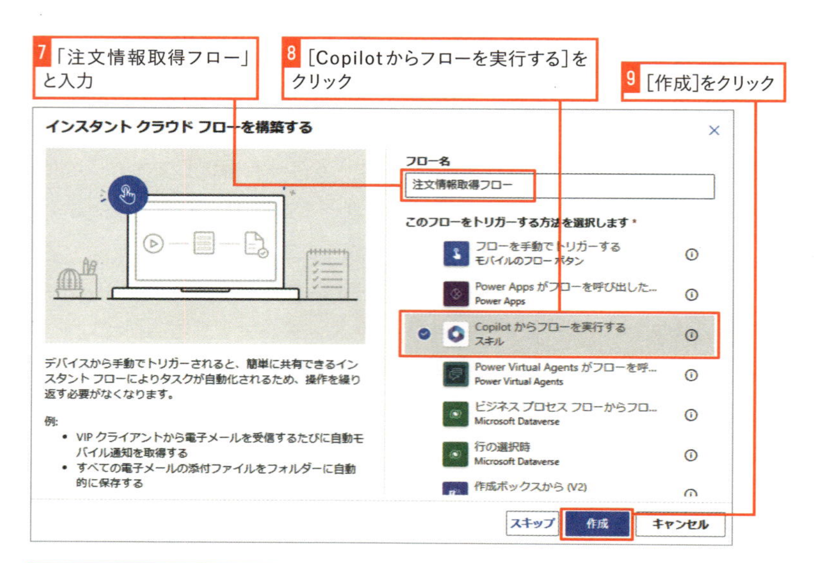

[Copilotからフローを実行する]トリガーが追加された

10 [入力の追加]-[テキスト]をクリック

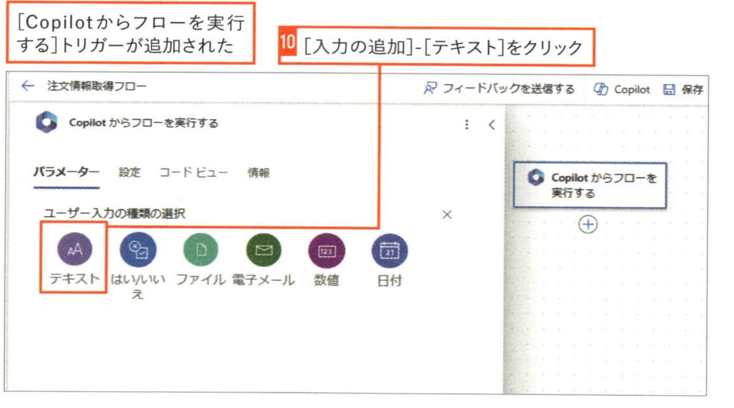

11 「Email」と入力

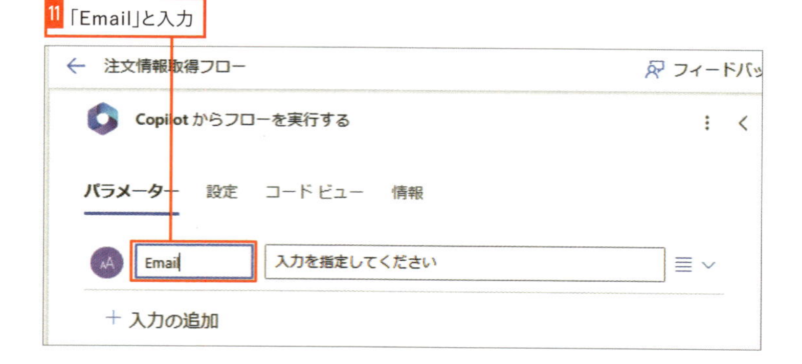

03 条件に一致する情報を取得するには

続いて注文情報データベースより情報を取得します。実際にアクションを追加する前に設定上のポイントを押さえておきましょう。注文情報データベースは、Microsoft Dataverseで作成しているため、情報を取得するために[Microsoft Dataverse]コネクタの[行を一覧にする]アクションを使います。 このアクションの設定項目でポイントとなるのが[行のフィルター]です。**[行のフィルター]を利用することで、条件に合致する情報だけ取得をすることが可能です**。今回は、Copilot 利用者の注文情報のみ取得するため、Copilot から受け取ったメールアドレスを基に、次のように指定して、情報を取得します。

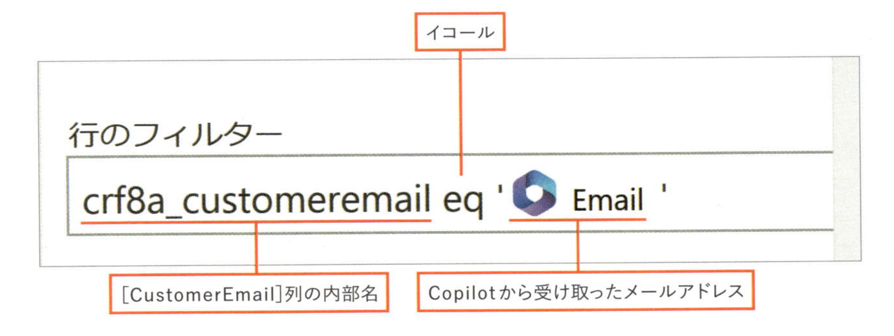

注文者のメールアドレスを意味する[CustomerEmail]列の内部の名前です。Microsoft Dataverseでは、列の表示名と内部名を持っており、今回利用する**[行のフィルター]で条件に合致する情報だけを取得する場合、列の内部名を指定する必要があります**。

「eq」はイコールを意味します。「crf8a_customeremail eq 'Copilotから取得したメールアドレス'」というフィルターにより、注文情報データベースにおいて、注文者のメールアドレスを保持する列の情報が、Copilotから受け取ったメールアドレスと一致する行だけ取得します。また、[行を一覧にする]アクションの[並べ替え順]で注文日の列を基に、新しい情報から取得するように設定し、[行数]を1に設定します。これにより、直近の注文情報1件だけ取得することが可能です。

例えば、以下のように、Copilot利用者が今まで複数の注文をしていた場合、注文日が最も新しい5/11の注文情報を取得するイメージです。

［行のフィルターで］Copilot 利用者のメールアドレスを基にフィルター
例）masumoritakashi@example.com

注文日を基に、新しい日付から古い日付の順に並べ替え

1件取得、つまり、直近の注文の情報を取得

注文番号	注文者メールアドレス	注文者名	注文日	注文ステータス	配送ステータス	配送日
Order-1000	masumoritakashi@example.com	Takashi Masumori	2024/5/11	完了	配達中	2024/5/13
Order-1001	masumoritakashi@example.com	Takashi Masumori	2024/5/5	完了	配達完了	2024/5/7
Order-1002	masumoritakashi@example.com	Takashi Masumori	2024/5/1	完了	配達完了	2024/5/4
Order-1003	masumoritakashi@example.com	Takashi Masumori	2024/4/24	完了	配達完了	2024/4/26

フィルター、並び替え、取得件数を上手く組み合わせることで、必要な情報だけを取得することができます。

フィルター演算子

フィルター機能を使用する際、「eq」は演算子と呼ばれます。「eq」以外にも以下のような演算子があります。また、複数の条件を設定するために、and や or を組み合わせることができます。この例では、「Email」が「masumoritakashi@example.com」であり、かつ「DeliveryStatus」が「配達完了」ではない条件を指定しています。

例）
Email eq 'masumoritakashi@example.com' and DeliveryStatus ne '配達完了'

演算子	説明
eq	等しい
ne	等しくない

演算子	説明
ge	以上
gt	より大きい

演算子	説明
le	以下
lt	より小さい

さらに上達!

列の内部名を確認するには

表示名は分かりやすさを重視して付けられ、人がデータを閲覧する際に役に立ちます。内部名はデータベース内で使用される名前でプログラム等から利用されます。内部名は、テーブルの列の情報から確認、コピーが可能です。

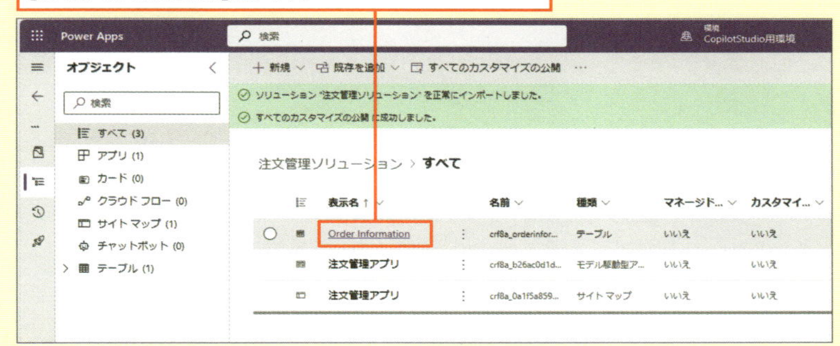

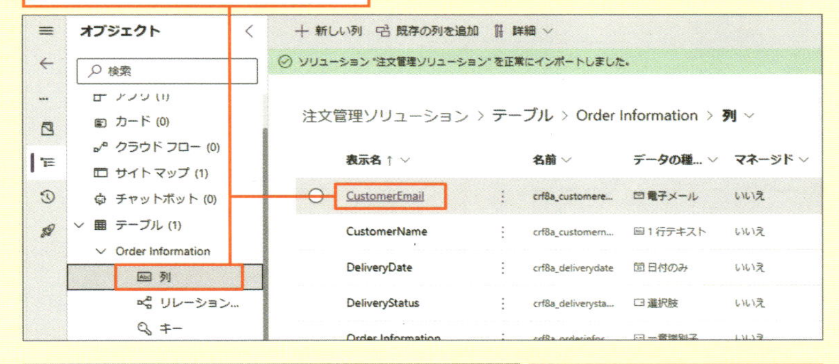

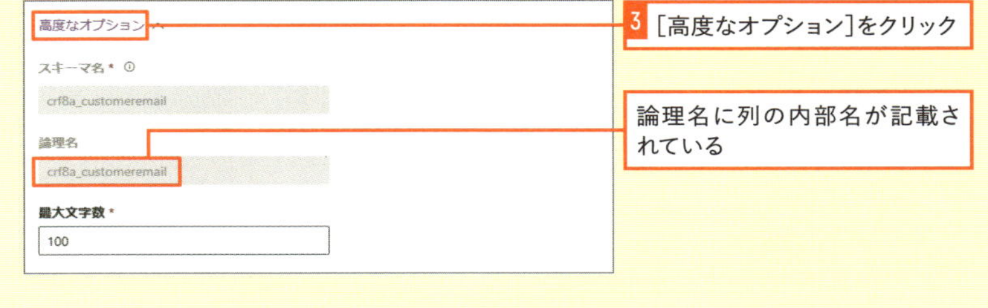

活用編 第3章 他システムと連携して注文状況を答えるCopilotを作成する

04 注文情報データベースから情報を取得する

[Microsoft Dataverse]コネクタの[行を一覧にする]アクションを追加しましょう。[テーブル名] は、ソリューションをインポートして作成した注文情報データベースである[Order Information]テーブルを選択します。また、[並び替え順]で、注文日の列の内部名を基に並べ替え順を設定します。**「desc」は降順を意味し、[crf8a_orderdate desc]は、[Order Information]テーブルにおいて、行が作成された日付を新しい順に並び替えるという意味です**。並べ替え順の取得する行数が1のため、Copilot利用者のメールアドレスを基に最新の注文情報を取得することになります。アクションを作成できたら、[保存] を選択してフローを保存します。

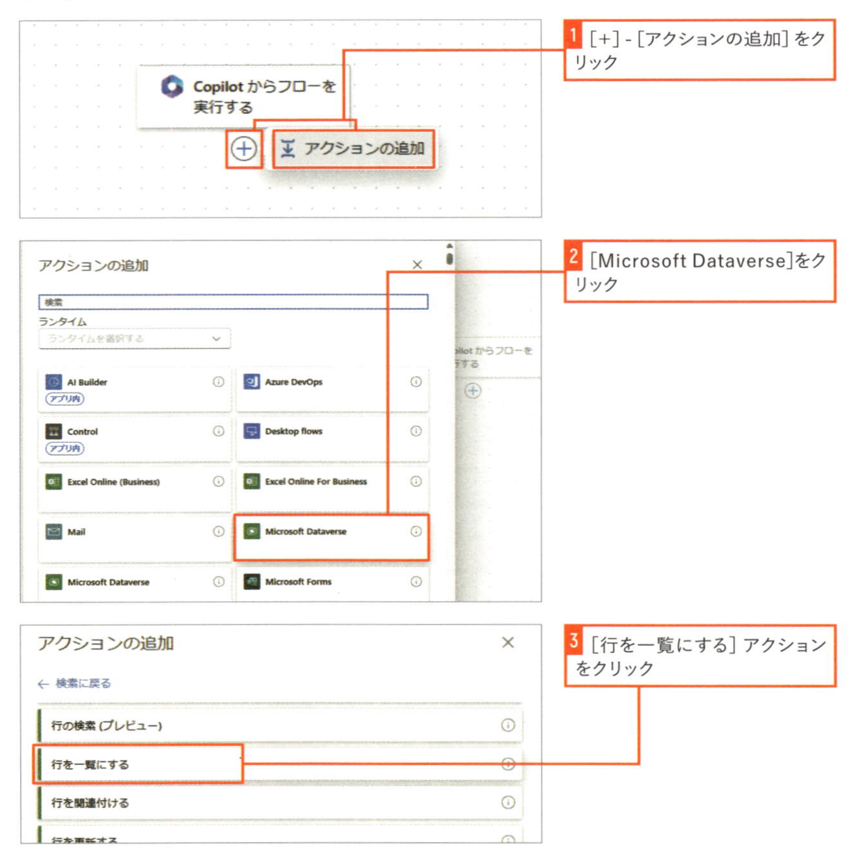

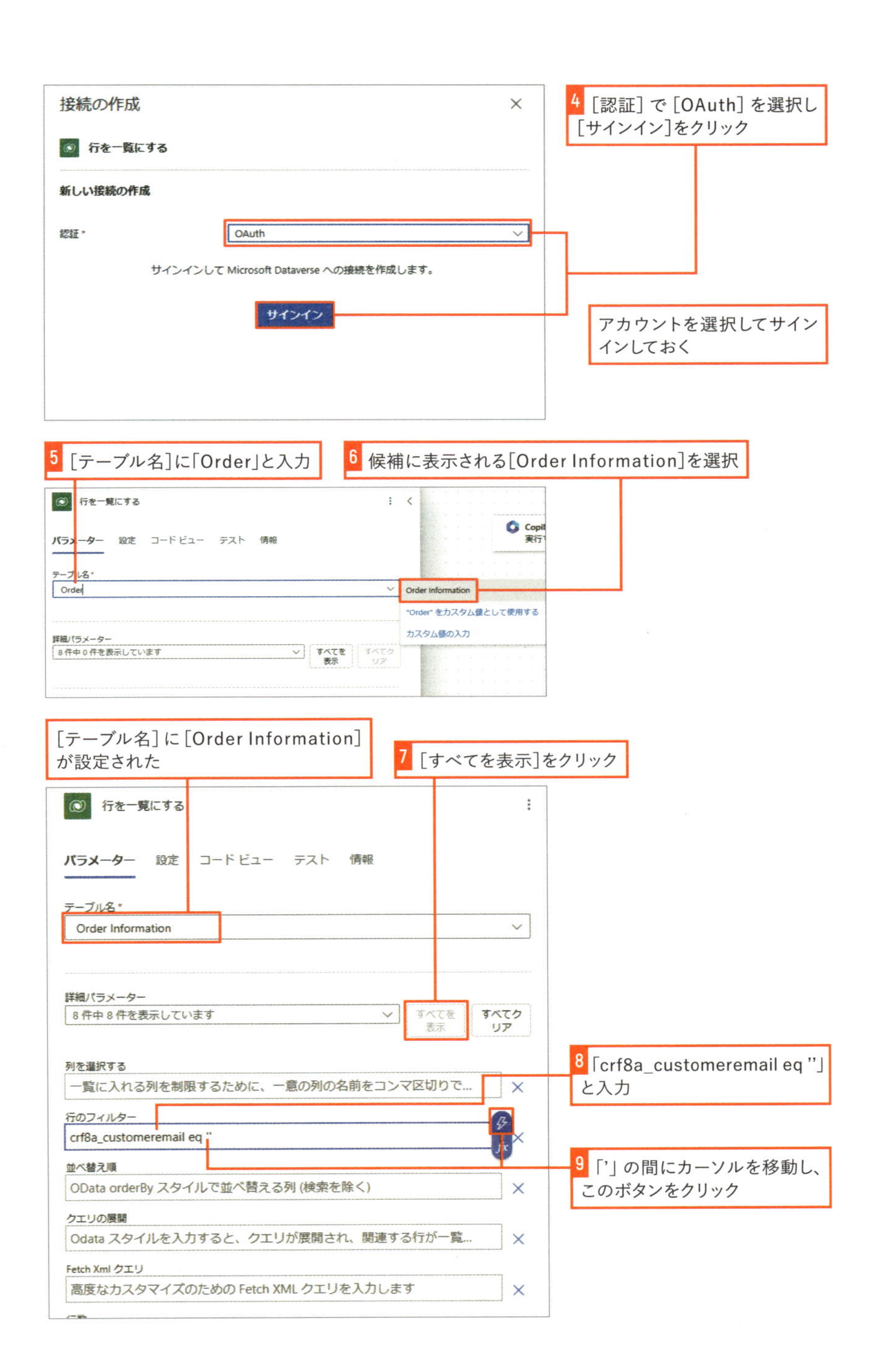
接続の作成
行を一覧にする
新しい接続の作成
認証 *
OAuth
サインインして Microsoft Dataverse への接続を作成します。
サインイン
4 [認証] で [OAuth] を選択し [サインイン]をクリック
アカウントを選択してサインインしておく
5 [テーブル名]に「Order」と入力
6 候補に表示される[Order Information]を選択
行を一覧にする
パラメーター 設定 コードビュー テスト 情報
テーブル名 *
Order
Order Information
"Order" をカスタム値として使用する
カスタム値の入力
詳細パラメーター
8 件中 0 件を表示しています
すべてを表示
すべてクリア
[テーブル名]に[Order Information]が設定された
7 [すべてを表示]をクリック
行を一覧にする
パラメーター 設定 コードビュー テスト 情報
テーブル名 *
Order Information
詳細パラメーター
8 件中 8 件を表示しています
すべてを表示
すべてクリア
列を選択する
一覧に入れる列を制限するために、一意の列の名前をコンマ区切りで...
行のフィルター
crf8a_customeremail eq ''
8 「crf8a_customeremail eq ''」と入力
9 「'」の間にカーソルを移動し、このボタンをクリック
並べ替え順
OData orderBy スタイルで並べ替える列 (検索を除く)
クエリの展開
Odata スタイルを入力すると、クエリが展開され、関連する行が一覧...
Fetch Xml クエリ
高度なカスタマイズのための Fetch XML クエリを入力します

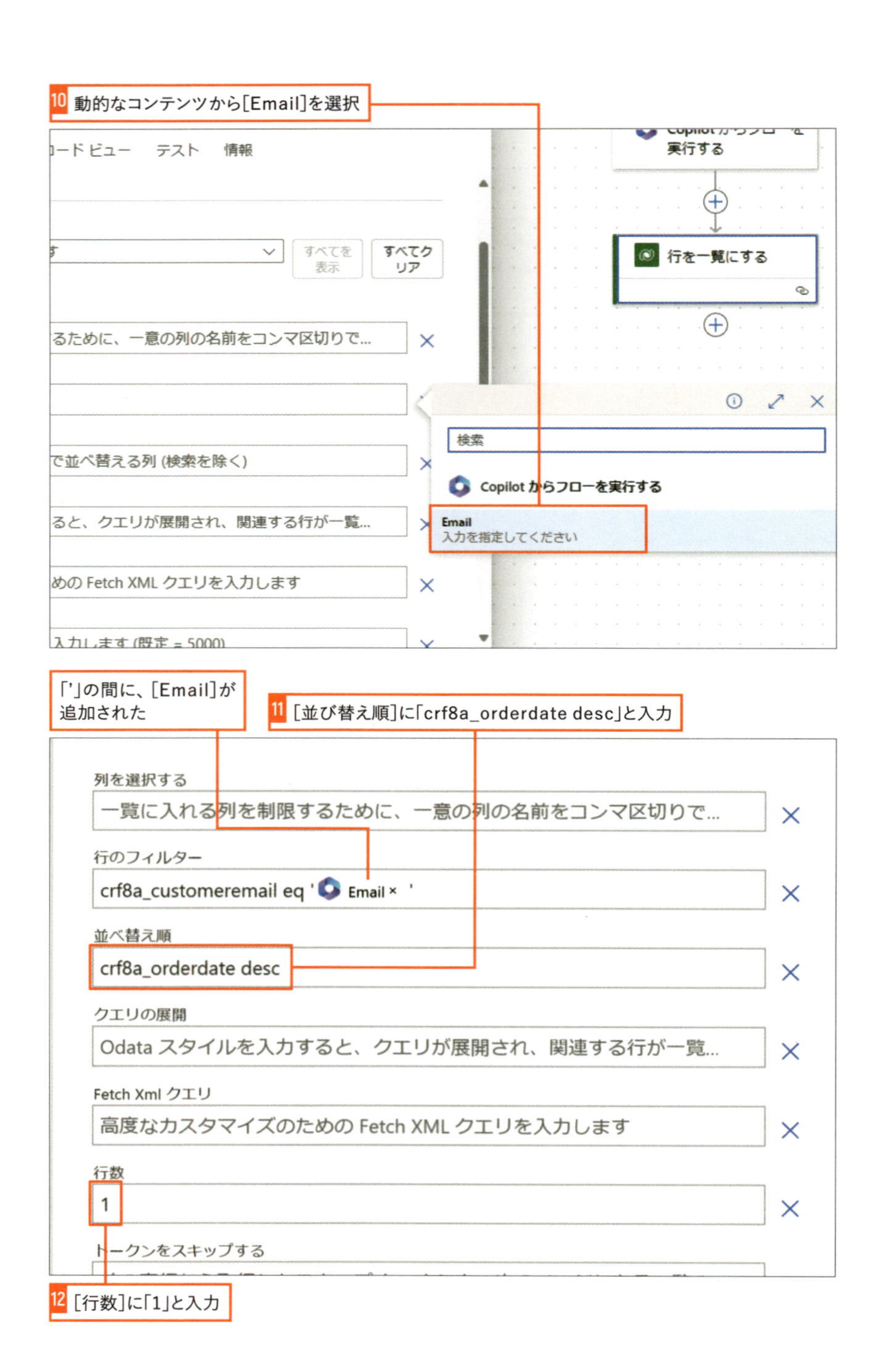
10 動的なコンテンツから[Email]を選択
ードビュー
テスト
情報
すべてを表示
すべてクリア
るために、一意の列の名前をコンマ区切りで...
で並べ替える列 (検索を除く)
ると、クエリが展開され、関連する行が一覧...
めの Fetch XML クエリを入力します
実行する
行を一覧にする
検索
Copilot からフローを実行する
Email
入力を指定してください
「'」の間に、[Email]が追加された
11 [並び替え順]に「crf8a_orderdate desc」と入力
列を選択する
一覧に入れる列を制限するために、一意の列の名前をコンマ区切りで...
行のフィルター
crf8a_customeremail eq ' Email × '
並べ替え順
crf8a_orderdate desc
クエリの展開
Odata スタイルを入力すると、クエリが展開され、関連する行が一覧...
Fetch Xml クエリ
高度なカスタマイズのための Fetch XML クエリを入力します
行数
1
トークンをスキップする
12 [行数]に「1」と入力

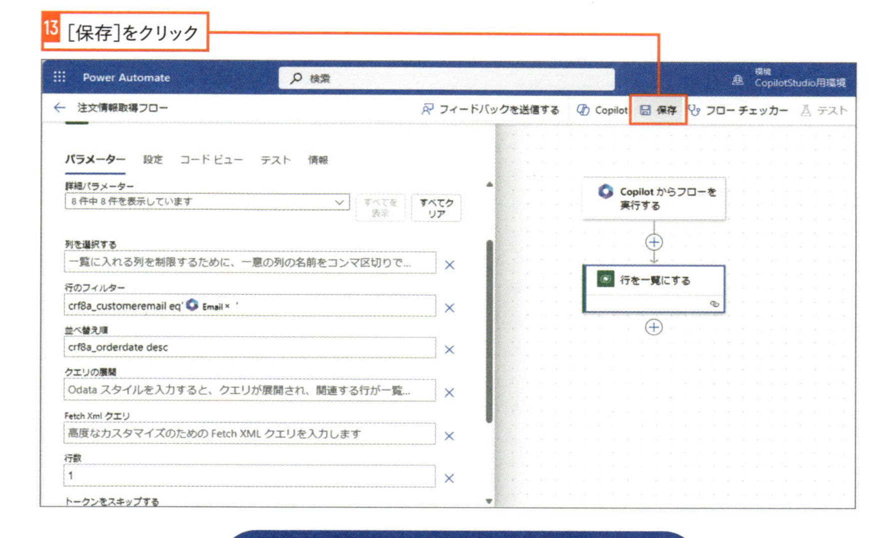

万が一、PCやブラウザーに問題が発生しても情報が失われないように、変更を加えるたびに定期的に保存することを心掛けましょう。

05 Copilotに情報を返す前に注文情報を加工する

注文情報データベースから取得した注文情報には、配送ステータス、注文ステータス、注文番号、配送日などの情報が含まれますが、これらの情報の中には、そのままでは人間が識別しにくい形式となっているものもあります。例えば、配送ステータスの情報が「配達中」という文字情報ではなく、「2」という数字情報になっています。これは、Microsoft Dataverseの選択肢列では、ラベルという人間が識別しやすい表示名と、システムが識別する数値上の値が設定されており、[行を一覧にする] アクションの結果を [動的なコンテンツ] からそのまま利用しようとすると、数値上の値を取得することになってしまうためです。

なお、[Order Information] テーブルの [DeliveryStatus] のそれぞれの選択肢のラベルと値は、次のページにある画面から確認できます。

したがって、Copilotに情報を返す前に、利用者にとって分かりやすい情報となるようデータの加工を行います。クラウドフローでは、[作成] アクションを利用してデータを加工することができるため、このアクションを活用していきます。

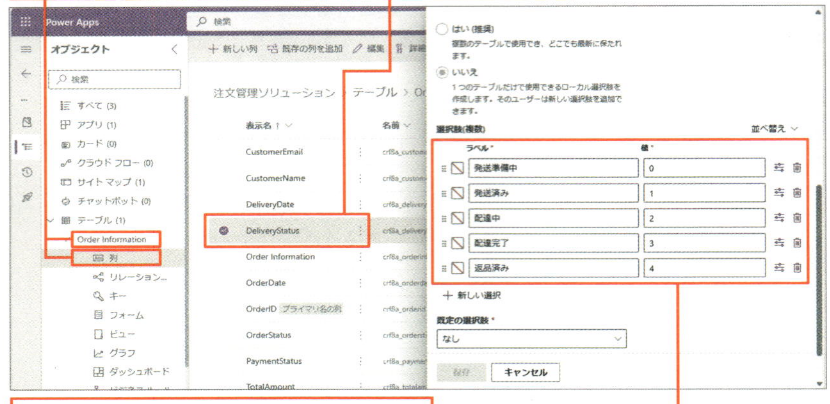

■データの加工前と加工後

情報	加工前[行を一覧にする]アクションで返される情報	加工後 Copilotに返す情報
配送ステータス	2	配達中
注文ステータス	2	完了
注文番号	Order-1000	Order-1000※変更なし
配送日	2024-05-11T00:00:00Z	2024/5/11

表示上の情報とシステムが識別する情報

列の名前や時間など、人間にとって分かりやすい情報と、システムが識別する内部情報は異なります。システムの内部処理には内部情報が必要なため、その点を考慮して設計することが重要です。日本語の名前を付けると分かりにくい内部名が自動設定され、データフィルター時に混乱を招くことがあります。また、内部名は変更できないことが多いため、初めから分かりやすい英語名にすることをおすすめします。

06 配送ステータスの情報を加工する

［行を一覧にする］の次に［作成］アクションを追加します。そして、［行を一覧にする］アクションの結果、つまり、注文情報を取得するため、［動的なコンテンツ］から「body/value」を選択します。**「body/value」は、注文情報全体を意味し、「[0]['crf8a_deliverystatus@OData.Community.Display.V1.FormattedValue']」という文字を追加することで、配送ステータスのラベル情報、例えば、「配達中」という情報を取得できます**。こちらの文字を追加し、［更新］を選択します。

また、［行を一覧にする］アクションは複数のデータを返します。今回取得をしたいのは、一行目のデータ、つまり、最新の注文情報のみです。このため、一行目のデータを意味する、[0]を指定します。

```
outputs('行を一覧にする')?['body/value']  ❶
[0] ['crf8a_deliverystatus@OData.Community.Display.V1.FormattedValue']
```

番号	説明
❶	［行を一覧にする］アクションの結果、つまり注文情報全体
❷	［行を一覧にする］アクションの結果の一行目のデータ。［行を一覧にする］アクションは複数のデータを返す。今回の場合、最新の注文情報を取得する場合、このように指定する。0からカウントされるため、0を指定することで一行目のデータを取得できる
❸	配送ステータスの情報に関する列の内部名
❹	Microsoft Dataverseで選択肢という種類の列のラベル情報、例えば、「配達中」という情報をPower Automateで取得する際のフォーマット

なお、配送ステータスは、「選択肢」という種別の列となっています。選択肢列を使うことで、あらかじめ選択肢を作成し、データの登録や変更をする際、そちらの選択肢から選ばせることが可能です。今回、Copilot利用者に返す情報は、この配送ステータスに関する選択肢列のラベル情報であり、この情報をクラウドフローで取得するための作業を行っています。

配送ステータスは、「選択肢」という種別の列で作られており、ラベルに選択肢が設定されている

選択肢(複数)　　並べ替え

ラベル *	値 *
発送準備中	0
発送済み	1
配達中	2
配達完了	3
返品済み	4

＋ 新しい選択

クラウドフローではラベルに設定されているテキストを取得する

■クラウドフローにアクションを追加する

1 [行を一覧にする]の下の[+]-[アクションの追加]をクリック

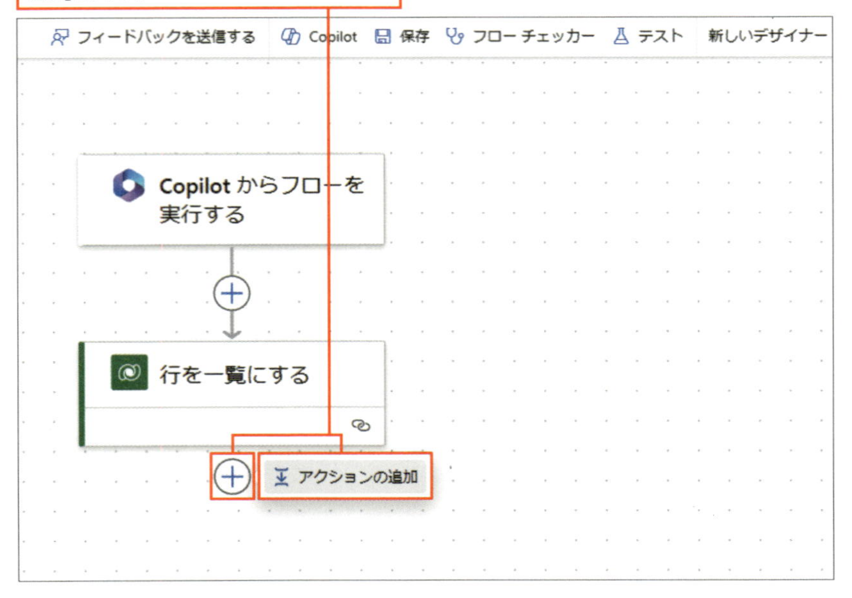

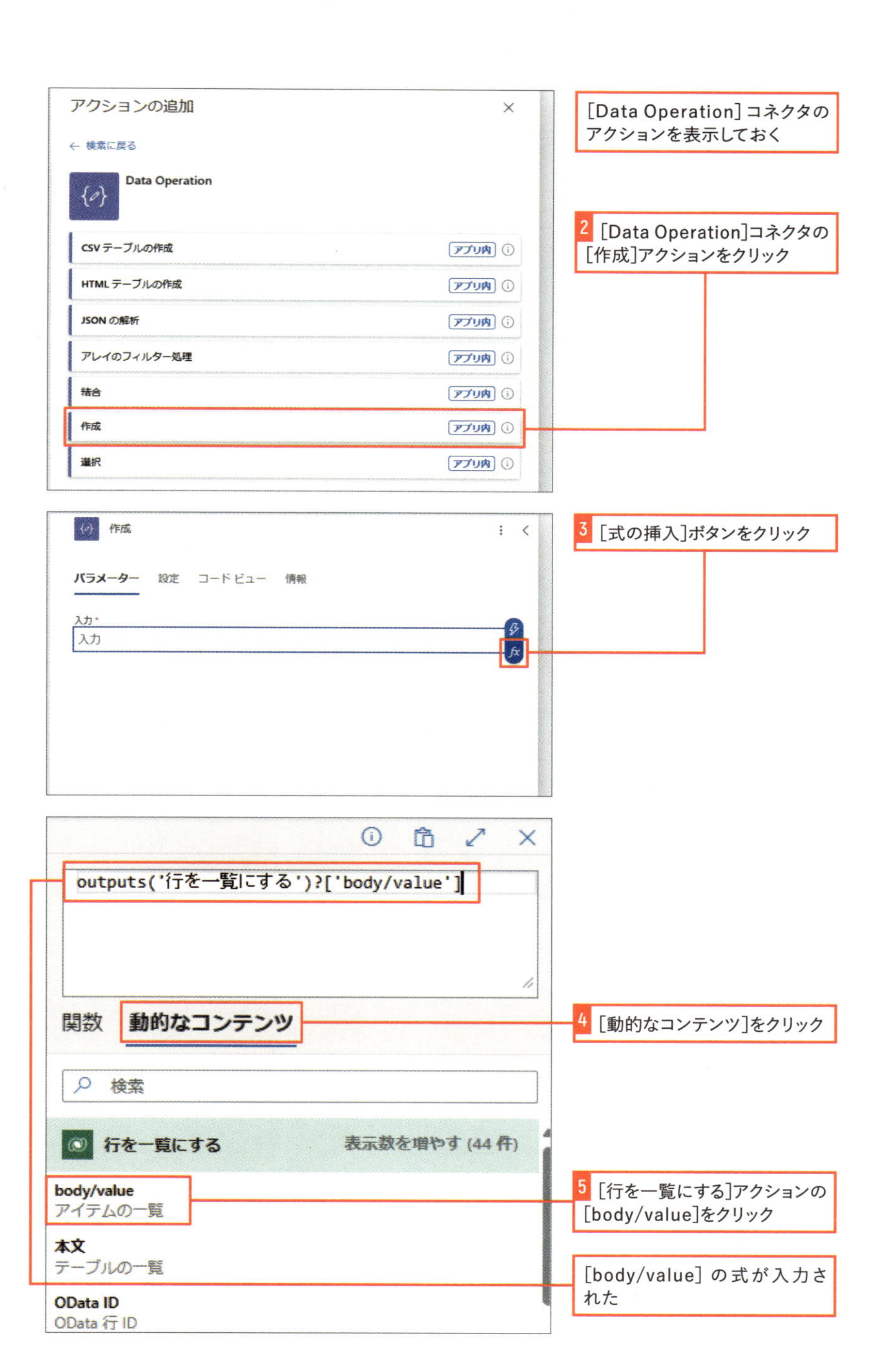
アクションの追加
← 検索に戻る
Data Operation
CSV テーブルの作成
HTML テーブルの作成
JSON の解析
アレイのフィルター処理
結合
作成
選択
アプリ内
[Data Operation]コネクタのアクションを表示しておく
2 [Data Operation]コネクタの[作成]アクションをクリック
作成
パラメーター
設定
コードビュー
情報
入力 *
入力
3 [式の挿入]ボタンをクリック
outputs('行を一覧にする')?['body/value']
関数
動的なコンテンツ
検索
行を一覧にする
表示数を増やす (44 件)
body/value
アイテムの一覧
本文
テーブルの一覧
OData ID
OData 行 ID
4 [動的なコンテンツ]をクリック
5 [行を一覧にする]アクションの[body/value]をクリック
[body/value]の式が入力された

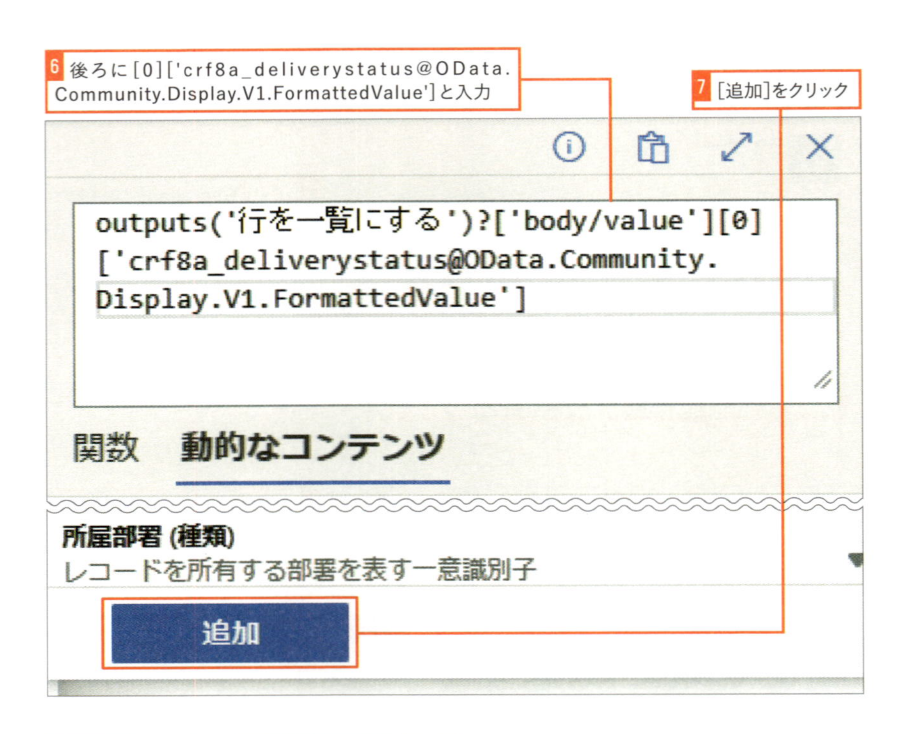

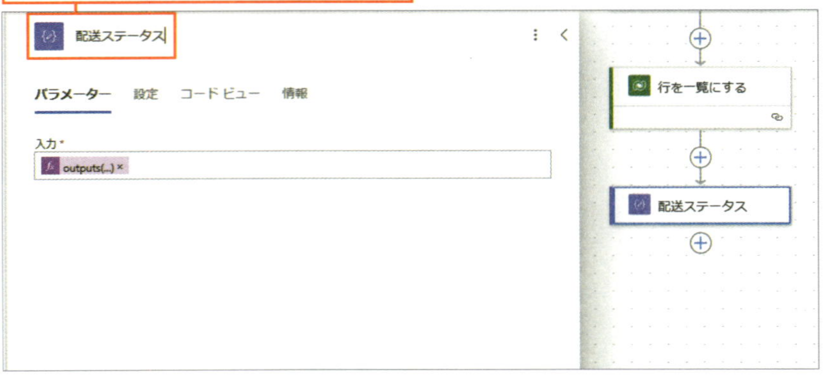

アクションを作成できたら、[保存] を選択してフローを保存します。これ以降、アクションを追加するたび、[保存] をするようにしてください。

07 注文ステータスの情報を加工する

注文ステータスの情報を取得するための加工は、配送ステータスのときとほとんど同じです。このため、[アクションのコピー] という機能を使い、作成したアクションをコピーします。コピー後、[アクションの貼り付け] を行い、以下の通り一部変更します。**類似のアクションを作成する際は、[アクションのコピー] を利用することで、効率を上げることができます**。

■変更前

outputs('行を一覧にする')?['body/value'][0]
['crf8a_deliverystatus@OData.Community.Display.V1.FormattedValue']

■変更後

outputs('行を一覧にする')?['body/value'][0]
['crf8a_orderstatus@OData.Community.Display.V1.FormattedValue']

列の内部名の部分を変更する

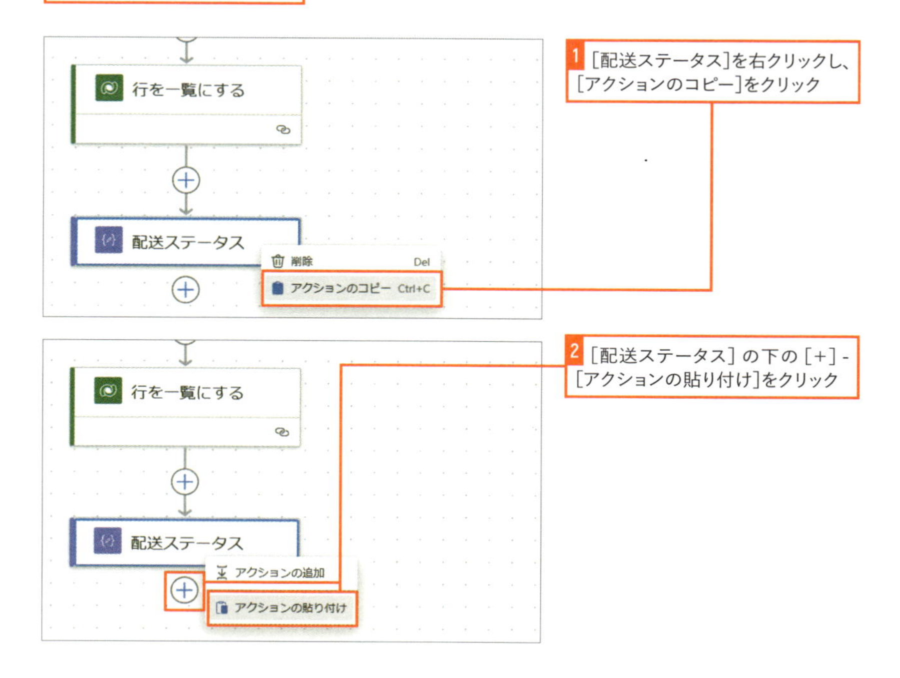

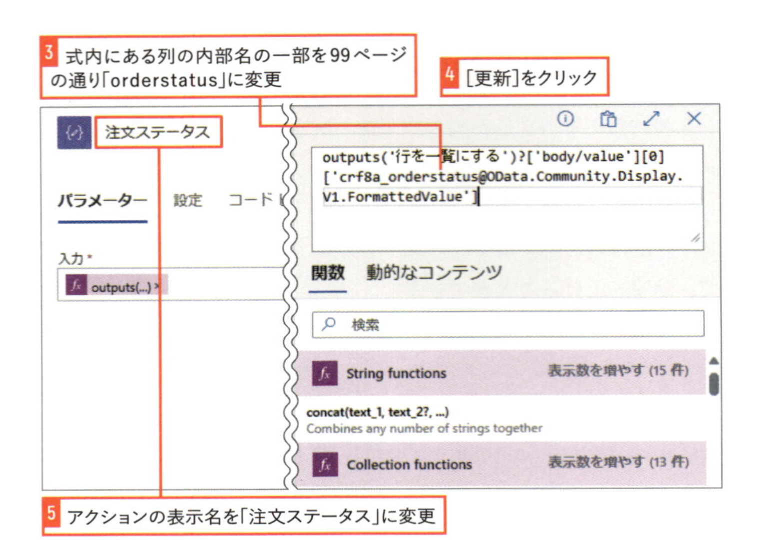

08 配送日の情報を加工する

配送日は日付の情報です。[行を一覧にする] アクションで取得した日付の情報は、「2024-05-11T00:00:00Z」といった、Copilot利用者からすると、少し分かりにくい形式となっています。このため、「2024-05-11」という形式に変換します。**クラウドフローでは、formatDateTime関数を利用することで、日付情報の形式を変換することができる**ため、これを利用します。具体的には、[作成]アクションを追加し、[行を一覧にする] アクションの結果の配送日に関する情報をformatDateTime関数で囲んで、変換の日付の形式を指定します。

■入力する式

❶formatDateTime(outputs('行を一覧にする')?['body/value'][0]❷
['crf8a_deliverydate'],'yyyy-MM-dd'❸)

番号	説明
❶	日時のフォーマットを指定する関数
❷	[行を一覧にする]アクションの結果の値の配送日
❸	日付の形式 例) 2024-05-11

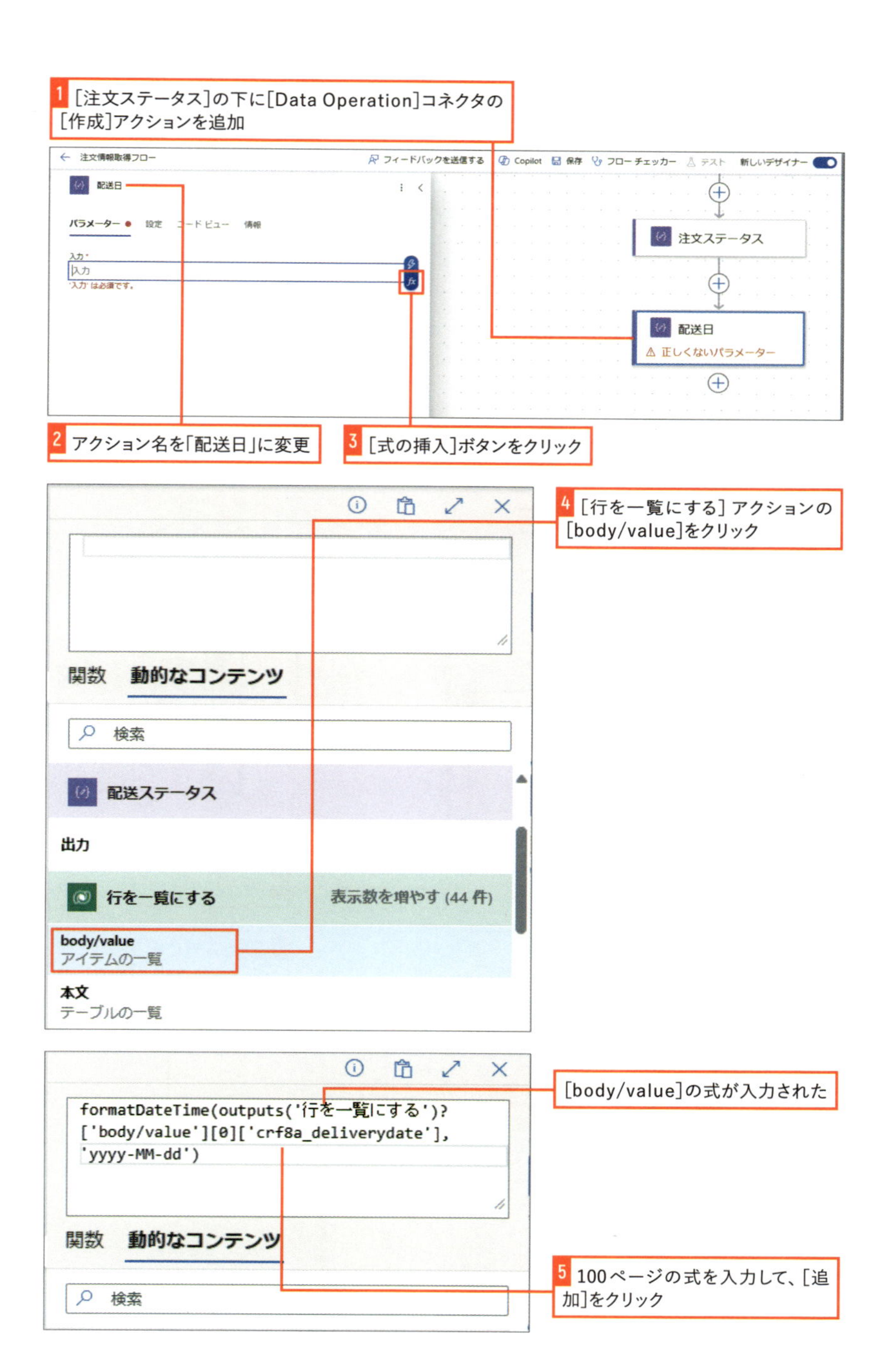
1 [注文ステータス]の下に[Data Operation]コネクタの[作成]アクションを追加
注文情報取得フロー
フィードバックを送信する
Copilot
保存
フロー チェッカー
テスト
新しいデザイナー
配送日
パラメーター
設定
コード ビュー
情報
入力*
入力
'入力' は必須です。
注文ステータス
配送日
正しくないパラメーター
2 アクション名を「配送日」に変更
3 [式の挿入]ボタンをクリック
4 [行を一覧にする] アクションの[body/value]をクリック
関数
動的なコンテンツ
検索
配送ステータス
出力
行を一覧にする
表示数を増やす (44 件)
body/value
アイテムの一覧
本文
テーブルの一覧
formatDateTime(outputs('行を一覧にする')?['body/value'][0]['crf8a_deliverydate'],'yyyy-MM-dd')
[body/value]の式が入力された
関数
動的なコンテンツ
検索
5 100ページの式を入力して、[追加]をクリック

09 注文番号の情報を取得する

最後に、注文番号の情報を取得します。この情報は特に加工はしません。[作成]アクションを追加し、[行を一覧にする] アクションの結果の一行目のデータの注文番号を代入します。[行を一覧にする] アクションで、行数を1に設定していますが、この場合においても、一行目のデータのみ取得するためには、以下のように指定をする必要があります。

■入力する式

outputs('行を一覧にする')?['body/value'][0]['crf8a_orderid']

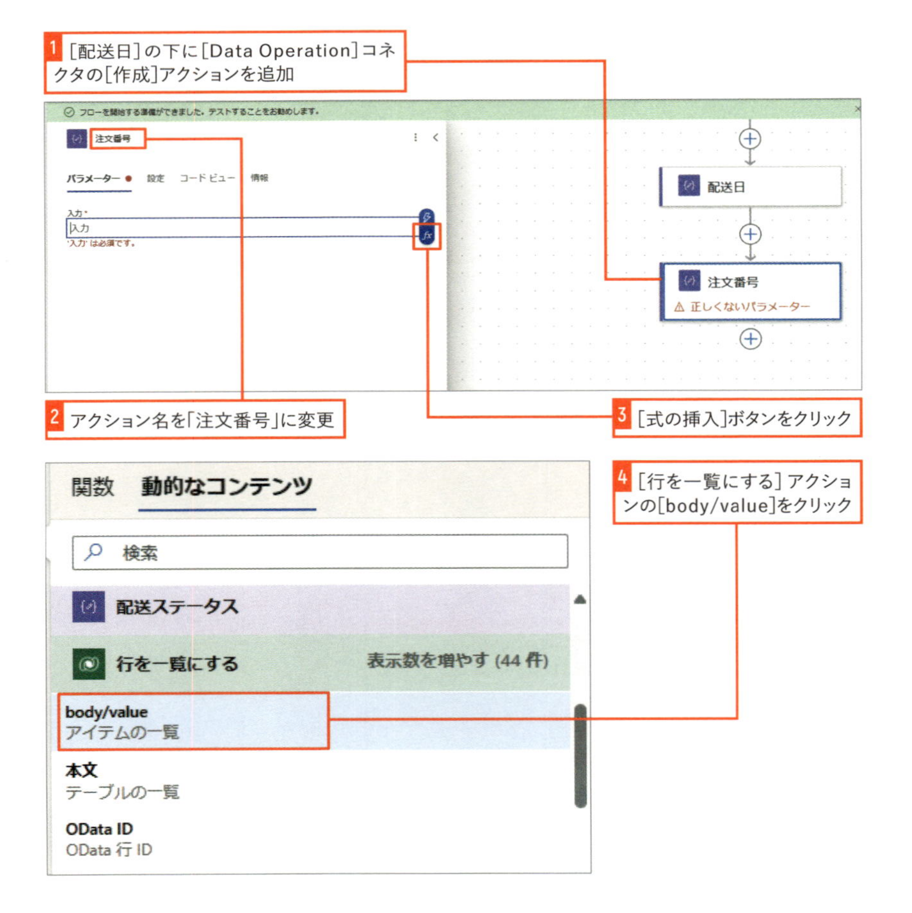

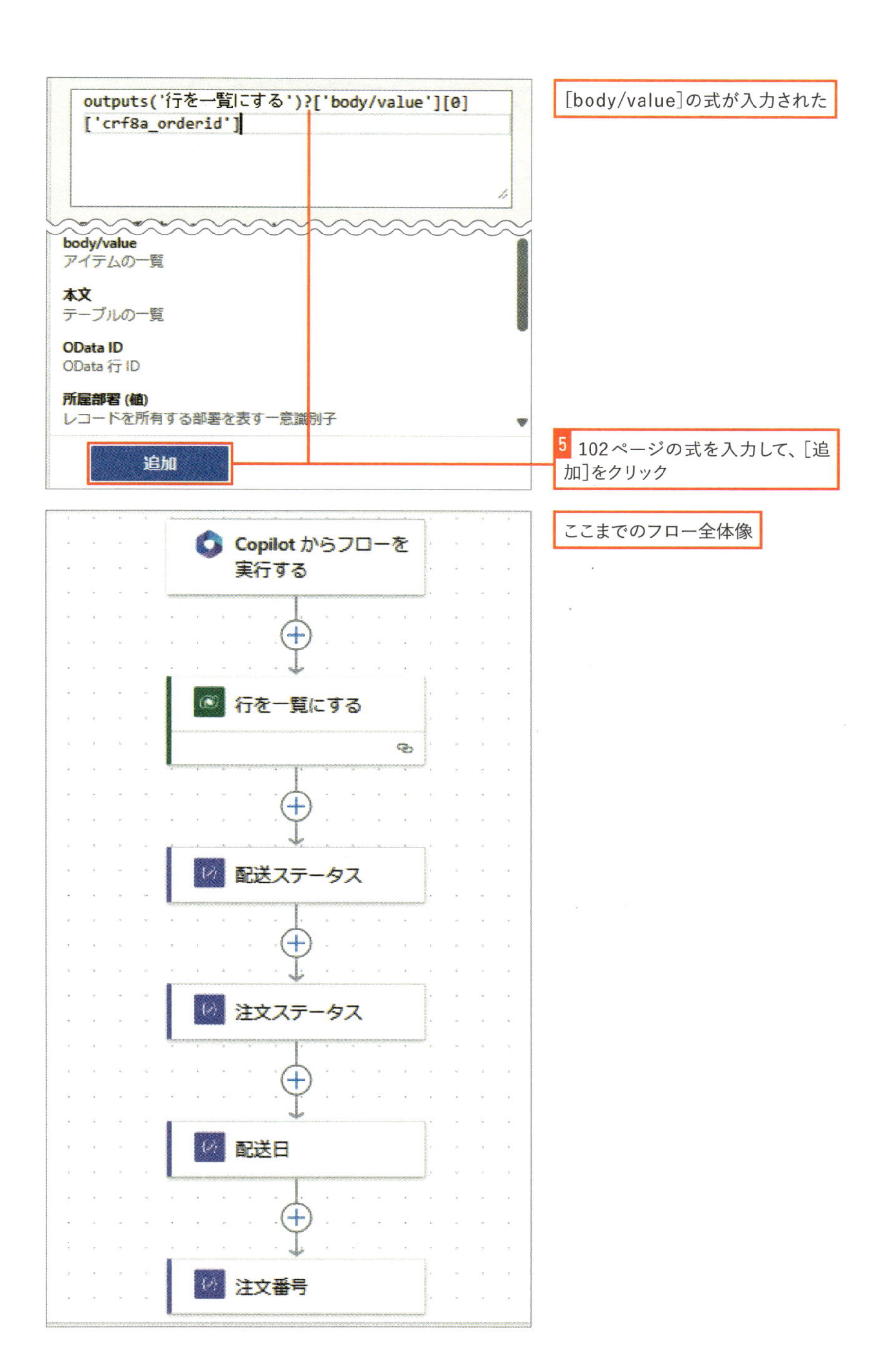
outputs('行を一覧にする')?['body/value'][0]
['crf8a_orderid']
body/value
アイテムの一覧
本文
テーブルの一覧
OData ID
OData 行 ID
所属部署 (値)
レコードを所有する部署を表す一意識別子
追加
[body/value]の式が入力された
5 102ページの式を入力して、[追加]をクリック
ここまでのフロー全体像
Copilot からフローを実行する
行を一覧にする
配送ステータス
注文ステータス
配送日
注文番号

LESSON 11

クラウドフローで取得した情報をCopilotに返す

Copilotから受け取ったメールアドレスを基に、注文情報データベースから情報を取得して、利用者にとって分かりやすい情報となるよう加工処理を行いました。最後に、これらの情報をCopilotに返す処理を作成します。

01 Copilotに注文情報を返す

アクションの追加より、[Copilotへの応答] を選択し、[出力の追加] より、左側にCopilotに返す情報の名前、右側に返す値、つまり、先ほど [作成] アクションで準備した値を設定します。今回は、配送ステータス、注文ステータス、注文番号、配送日の4つの情報を返すため、4つ分設定を行います。完成したらフローを保存します。

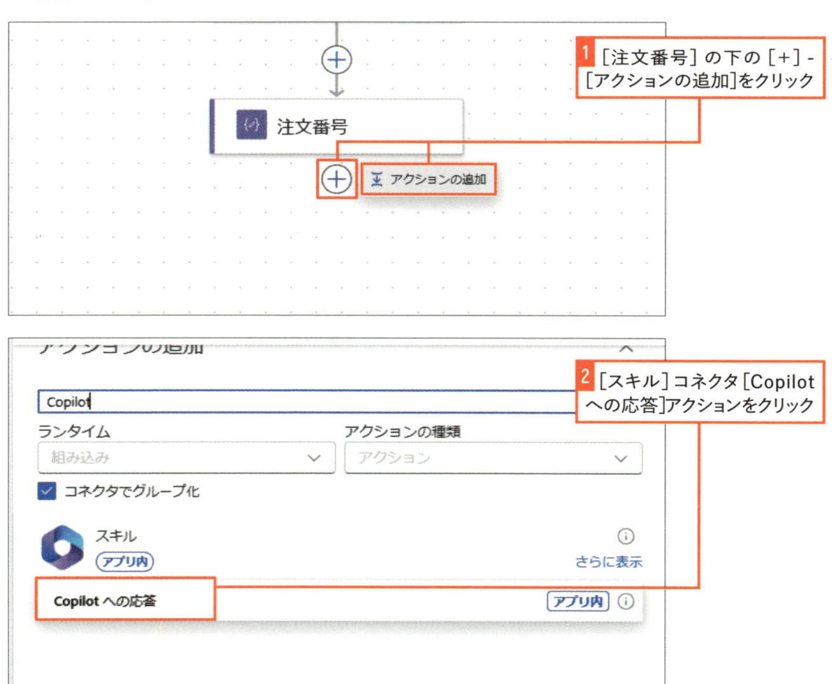

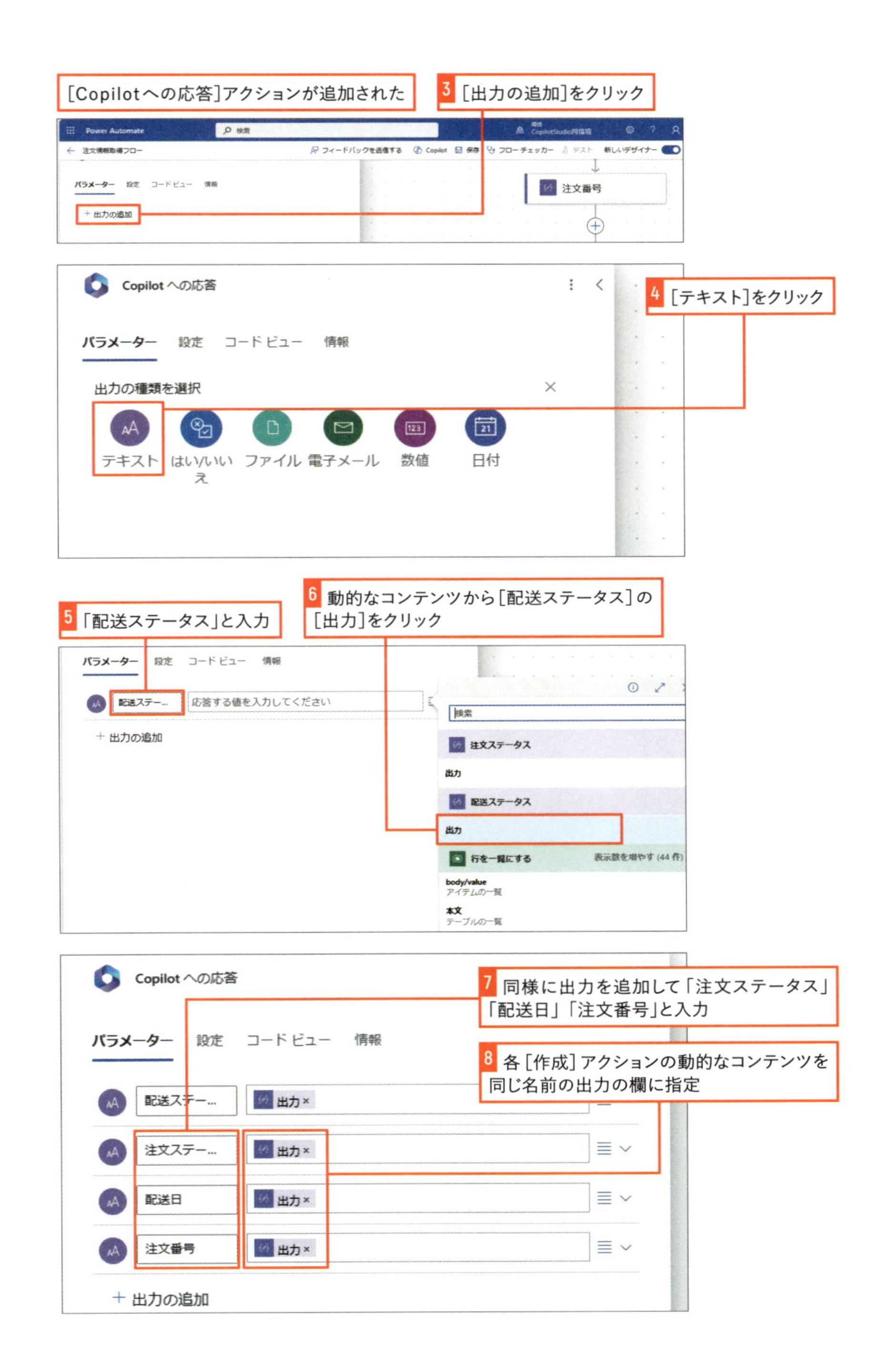
[Copilotへの応答]アクションが追加された
3 [出力の追加]をクリック
Power Automate
注文情報取得フロー
フィードバックを送信する
Copilot
保存
フロー チェッカー
テスト
新しいデザイナー
パラメーター
設定
コード ビュー
情報
+ 出力の追加
注文番号
Copilot への応答
4 [テキスト]をクリック
出力の種類を選択
テキスト
はい/いいえ
ファイル
電子メール
数値
日付
5「配送ステータス」と入力
6 動的なコンテンツから[配送ステータス]の[出力]をクリック
配送ステー...
応答する値を入力してください
+ 出力の追加
注文ステータス
出力
配送ステータス
出力
行を一覧にする
表示数を増やす (44 件)
body/value
アイテムの一覧
本文
テーブルの一覧
7 同様に出力を追加して「注文ステータス」「配送日」「注文番号」と入力
8 各[作成]アクションの動的なコンテンツを同じ名前の出力の欄に指定
配送ステー...
注文ステー...
配送日
注文番号
出力
+ 出力の追加

02 注文情報が見つからない場合の処理を追加する

今回は、注文情報が見つかるよう、[CustomerEmail]列が自分自身のメールアドレスと一致するデータを追加していますが、実際の運用では、注文情報が見つからない場合もあります。このため、注文情報が見つからなかった場合、その旨の応答を返す処理を[条件]アクションを使って実装します。処理の流れのイメージは以下の通りです。

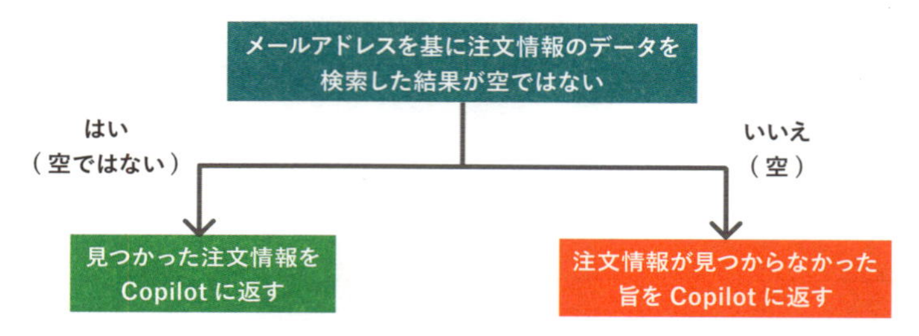

条件の判定には、empty関数という、値が空かどうかをチェックする関数を利用します。空の場合は、trueが返され、そうでない場合は、falseが返されます。

具体的には、empty([行を一覧にする]アクションの結果)という形で指定をし、その結果とfalse値を比較します。この場合、「empty([行を一覧にする]アクションの結果」の結果が空ではないという条件となり、「はい」を意味する「True」の場合は、注文情報が見つかったということになり、「いいえ」を意味する「False」の場合は、注文情報が見つからなかったとなります。

注文情報が見つからない場合など、想定外の結果に備えて、条件アクションを活用し、判定結果に応じた処理を実装することが重要です。

03 注文情報が見つかったかどうか判定する

［条件］アクションを追加しましょう。empty関数を利用することで、メールアドレスを基に注文情報データベースから注文情報を探した結果、注文情報が見つかったかどうか判定することができます。

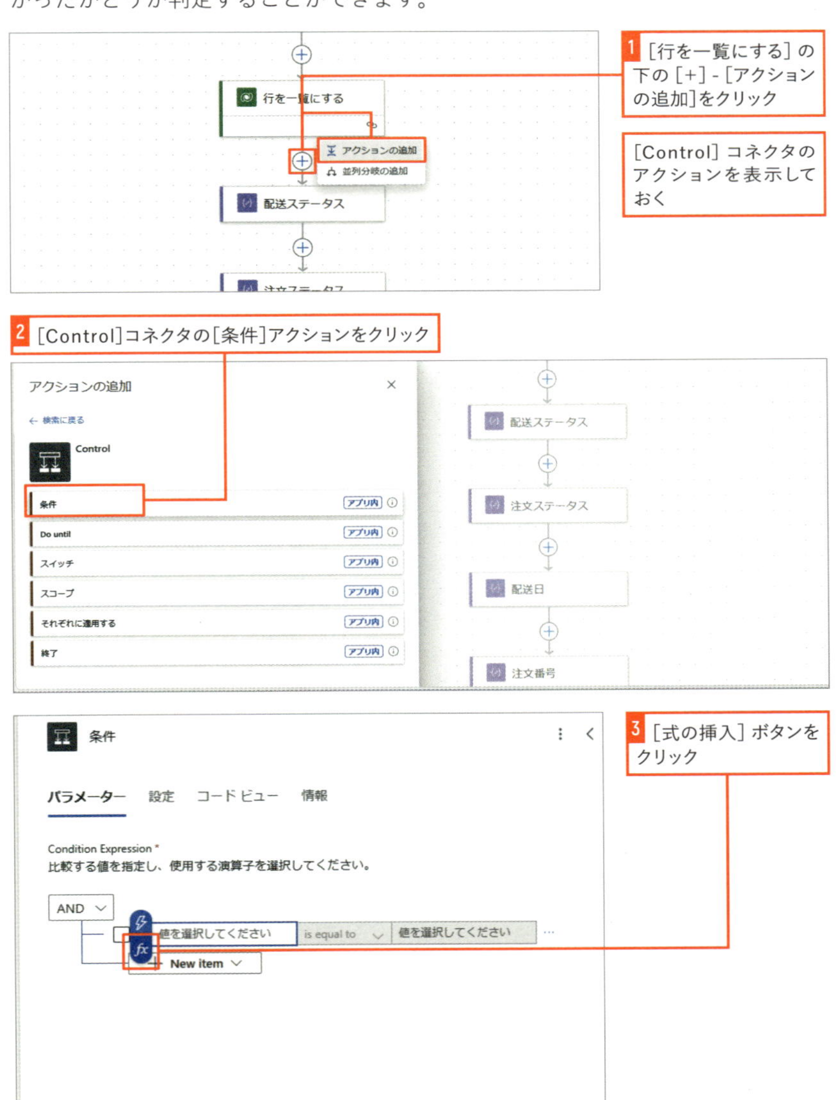

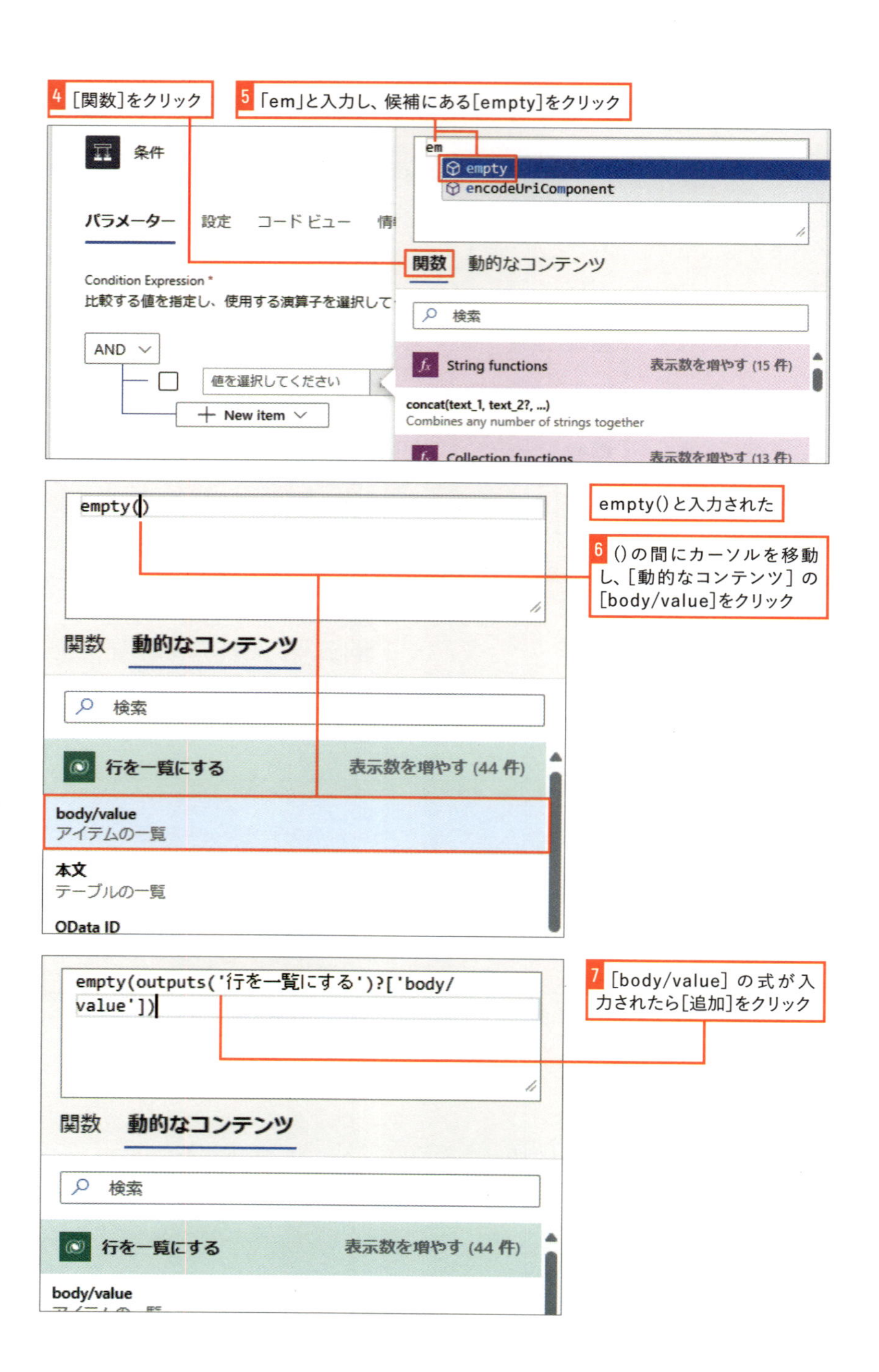
4 [関数]をクリック
5 「em」と入力し、候補にある[empty]をクリック
条件
パラメーター
設定
コード ビュー
em
empty
encodeUriComponent
関数
動的なコンテンツ
Condition Expression *
比較する値を指定し、使用する演算子を選択して
AND
値を選択してください
New item
検索
String functions
表示数を増やす (15 件)
concat(text_1, text_2?, ...)
Combines any number of strings together
empty()
empty()と入力された
6 ()の間にカーソルを移動し、[動的なコンテンツ]の[body/value]をクリック
関数
動的なコンテンツ
検索
行を一覧にする
表示数を増やす (44 件)
body/value
アイテムの一覧
本文
テーブルの一覧
OData ID
empty(outputs('行を一覧にする')?['body/value'])
7 [body/value]の式が入力されたら[追加]をクリック
関数
動的なコンテンツ
検索
行を一覧にする
表示数を増やす (44 件)
body/value

8 [値を選択してください]の欄を選択
9 [式の挿入]ボタン-[関数]をクリック
条件
パラメーター 設定 コード ビュー 情報
Condition Expression *
比較する値を指定し、使用する演算子を選択してください。
AND
empty(...)
is equal to
値を選択してください
New item
fa
false
float
formatDateTime
formatNumber
formDataMultiValues
formDataValue
isFloat
triggerFormDataMultiValues
triggerFormDataValue
String functions
concat(text_1, text_2?, ...)
Combines any number of strings together
10 「fa」と入力し、候補にある[false]をクリック
11 「false」と入力されたら[追加]をクリック
false
関数 動的なコンテンツ
検索
Collection functions
contains(collection, value)
[条件]アクションに
条件を設定できた

04 注文情報が見つからなかった場合の応答を実装

注文情報が見つからなかった場合、その旨をCopilotに返すようにします。この場合においても、Copilotとクラウドフローで連携をする際は、以下のように注文情報を返す場合と同じパラメーターを定義する必要があります。そのため、作成した[Copilotへの応答]アクションをコピーして、条件の判定結果の「False」側、つまり、注文情報が見つからなかった場合の方に張り付けをして、「注文情報なし」というキーワードを返すようにします。こちらのキーワードが返された場合、Copilot側で、利用者に注文情報が見つからなかった旨を返します。

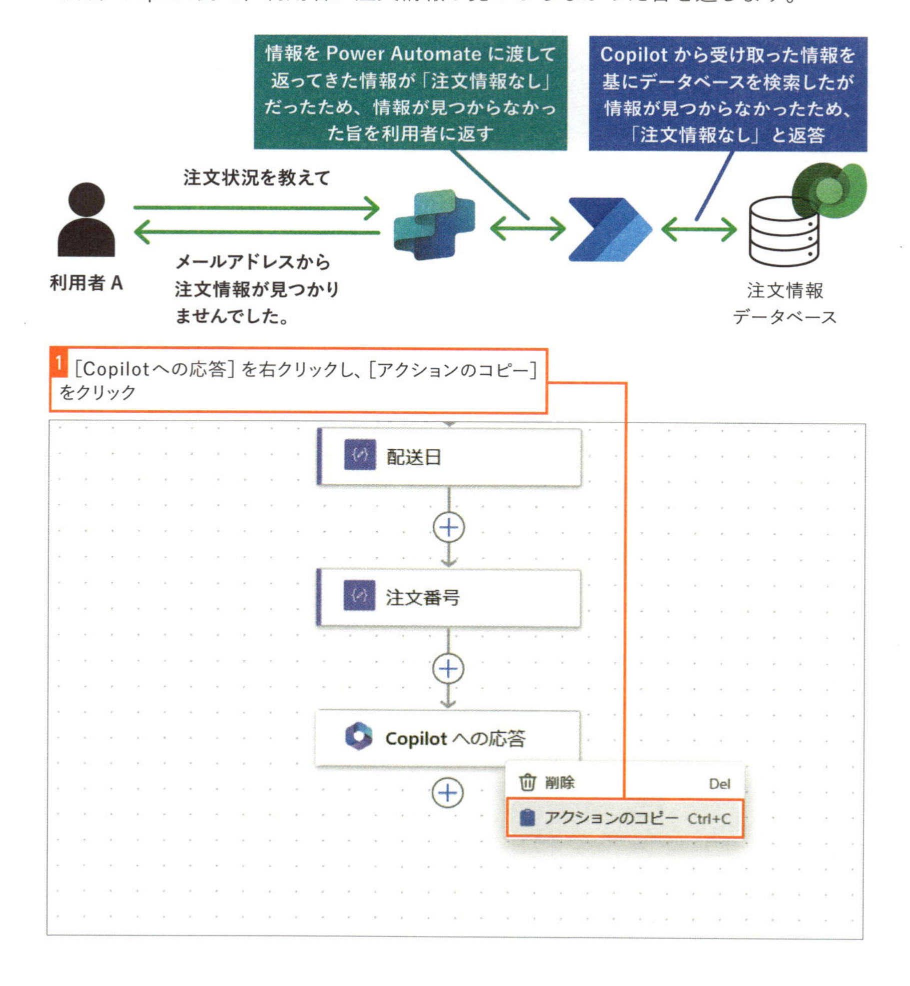

2 [条件]アクションの[False]側の[+]-[アクションの貼り付け]をクリック

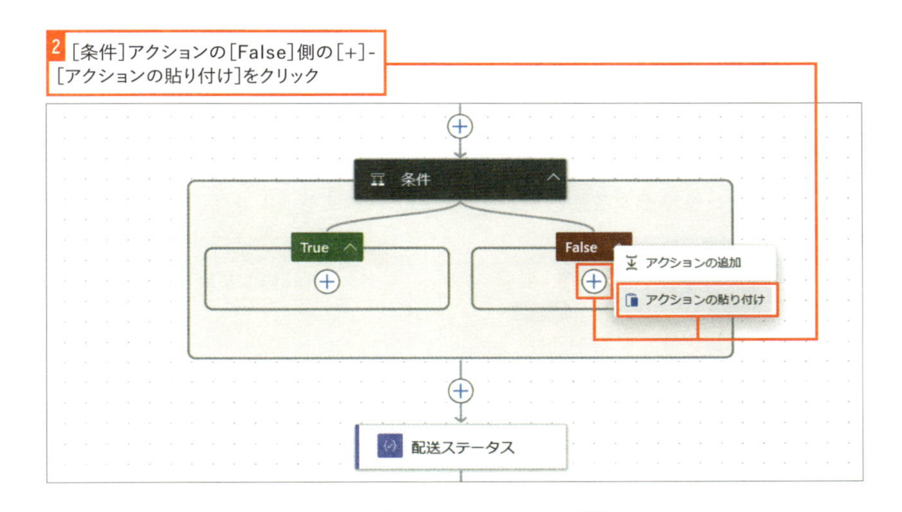

3 4つの入力欄すべてに[注文情報なし]と入力

4 アクション名の末に「注文情報なし」と入力

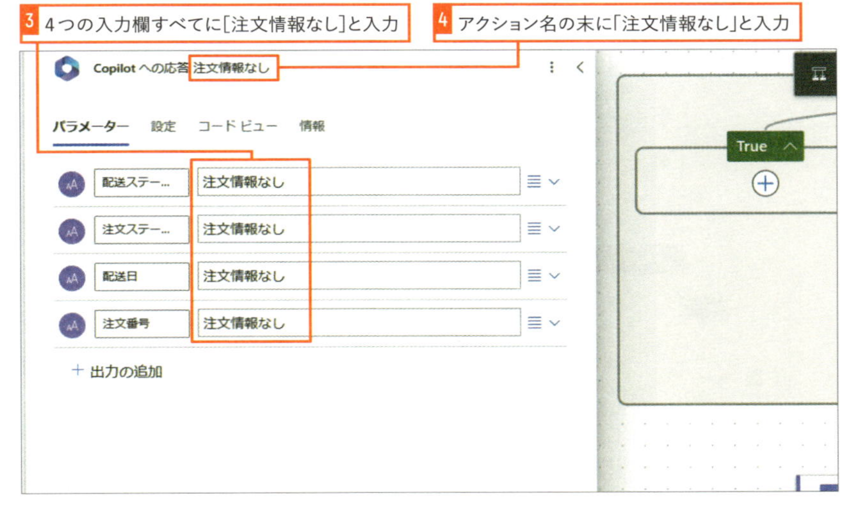

ここもポイント！

アクションのコピーと貼り付け

作成したアクションをコピーして貼り付けることができます。フロー内で既に作成しているアクションと類似したアクションを実装する際には、この機能を利用することで作成の工数を削減できます。効率的にフローを作成するために、この機能をうまく活用しましょう。

05 注文情報が見つかった場合の処理を移動する

注文情報が見つかった場合、条件の判定結果が「True」となるため、実装していた処理を[True]側に移動します。クラウドフローでは、ドラッグアンドドロップでアクションを移動することができるため、移動をしましょう。

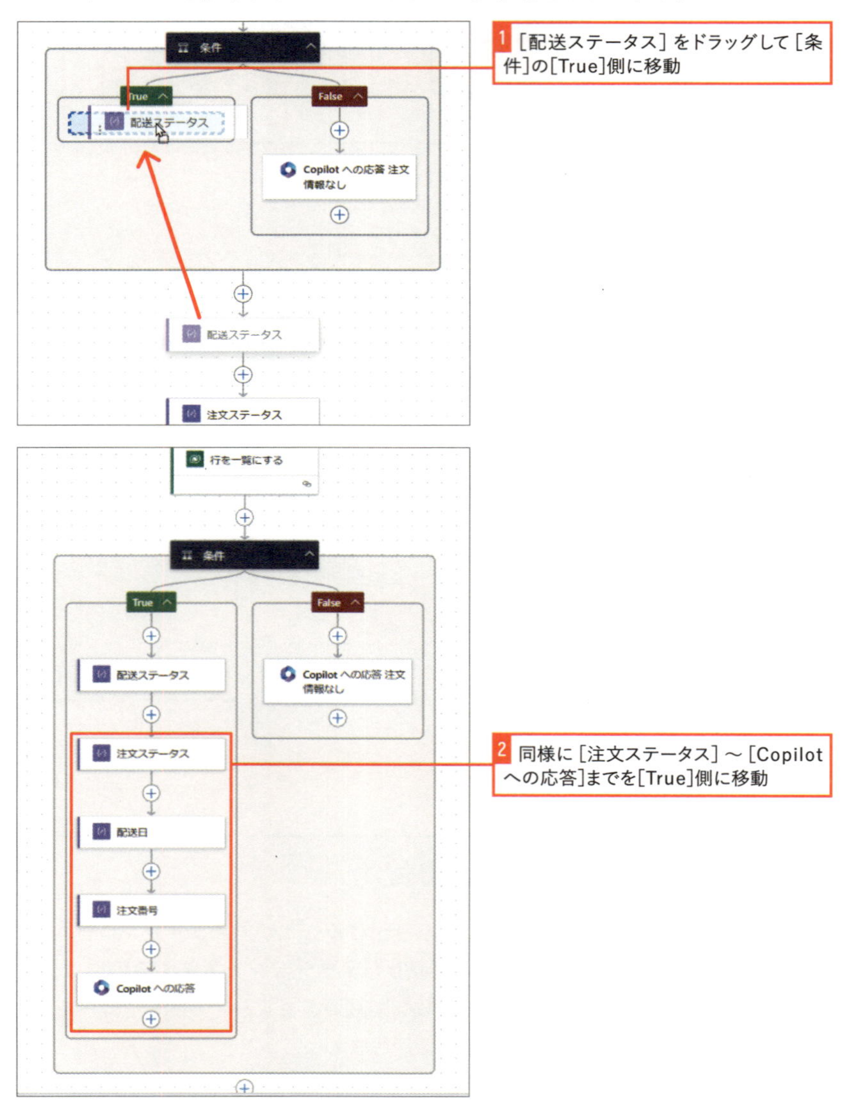

06 作成したフローをソリューションに追加する

Copilotからクラウドフローを呼び出すためには、Copilotとクラウドフローが同じ環境にあり、また、フローがソリューションに含まれている必要があります。このため、作成したフローを注文管理ソリューションに追加します。[既存を追加]-[自動化]-[クラウドフロー]から作成したフローを選択します。

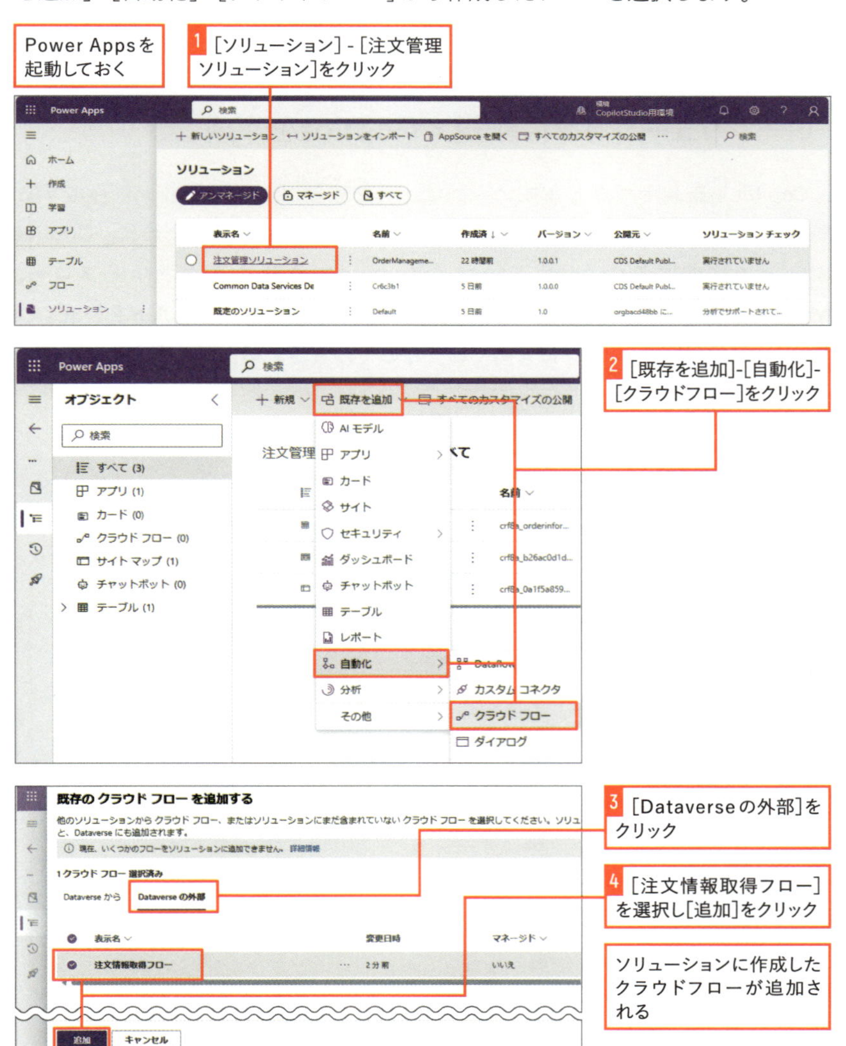

LESSON 12

注文状況を答えるCopilotの作成

注文情報を管理するデータベースの作成、そのデータベースから情報を取得するクラウドフローの作成を行いました。最後に、クラウドフローと連携して、利用者からの注文状況の問い合わせに対して返答をするCopilotを作成します。

01 ソリューションに新規でCopilotを作成

Copilotを新規で作成します。今回は、注文管理ソリューションに作成するCopilotを追加します。今回のように、**一つの目的を達成するために、Copilot Studioで作成するCopilot、Power Automateで作成するクラウドフロー、Microsoft Dataverseで作成するテーブルなど、複数のオブジェクトを作成する場合、同じソリューションに含めておくことで、管理、移行がしやすくなります。**

LESSON04を参考に、「注文状況返答Copilot」という名前のCopilotを作成しておく

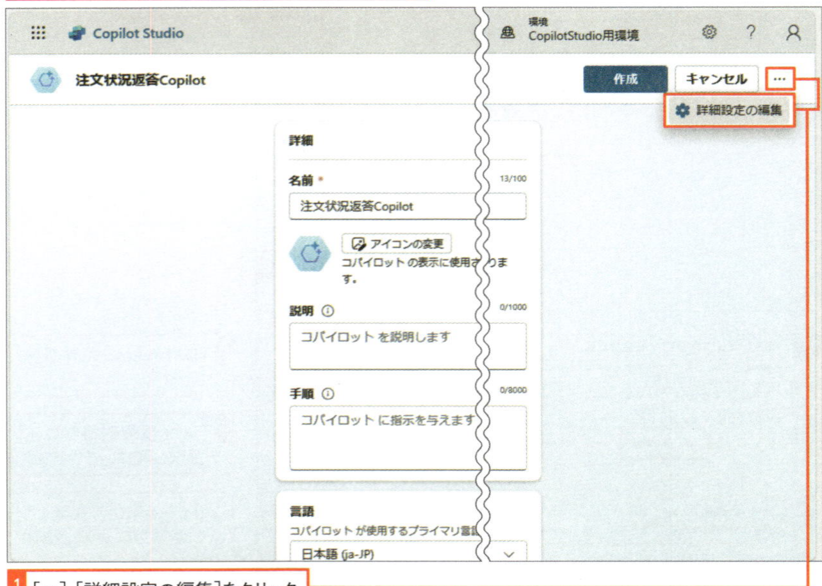

1 [···]-[詳細設定の編集]をクリック

2 [ソリューション]で[注文管理ソリューション]を選択

3 [保存]をクリック

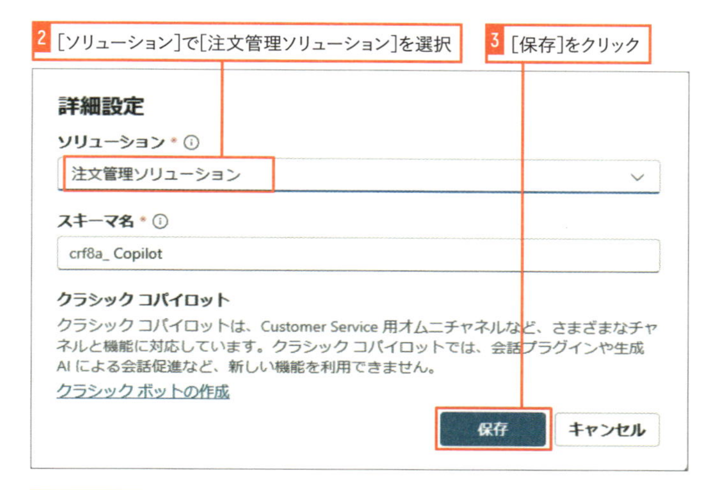

4 [作成]をクリック

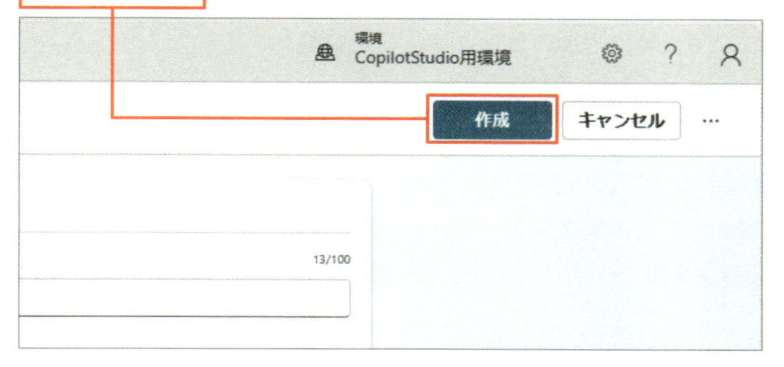

開発環境と本番環境を分ける場合はCopilotを含むソリューションをエクスポートしてインポートします。それ以外の場合においても、管理、移行のしやすさの観点から、Copilotを作成する際、ソリューションに追加することをおすすめします。

Copilot作成後にソリューションに追加するには

Copilot作成後にソリューションに追加することもできます。この場合、ソリューションの[既存を追加]メニューの[コパイロット]より、作成したCopilotを選択します。

02 クラウドフローを呼び出す

今回は、Copilotと会話を開始したら、注文状況を確認するか確認するボタンを送り、ボタンを押したら作成したクラウドフローを呼び出すようにします。[トピック]の[システム]より、[会話の開始]システムトピックを選択し、トリガーの次に[質問]ノードを追加しましょう。[複数選択式オプション]で、「注文状況を確認する」というユーザーのオプションを追加し、これが選択された際に作成したクラウドフローを呼び出します。入力には、[User.Email]システム変数を指定します。

Microsoftのクラウドサービスの認証基盤であるMicrosoft Entra IDで認証をするCopilotの場合、利用者のメールアドレスが[User.Email]システム変数に入ります。そのため、利用者がCopilotに対してメールアドレスを入力して送付する必要はありません。Copilot作成時、既定ではMicrosoft Entra IDで認証をする設定となっているため、追加の設定は特に不要です。

そして、クラウドフローからの配送ステータスや注文ステータスなどの応答はCopilot側の変数に格納されます。この変数は、クラウドフロー側で定義した、Copilotに返す情報、つまり、出力の情報を基に自動で作成されます。今回のクラウドフローの場合ですと、「配送ステータス」、「注文ステータス」、「配送日」、「注文番号」という変数が自動で作成されます。この変数を基に、Copilot利用者へ返答をします。

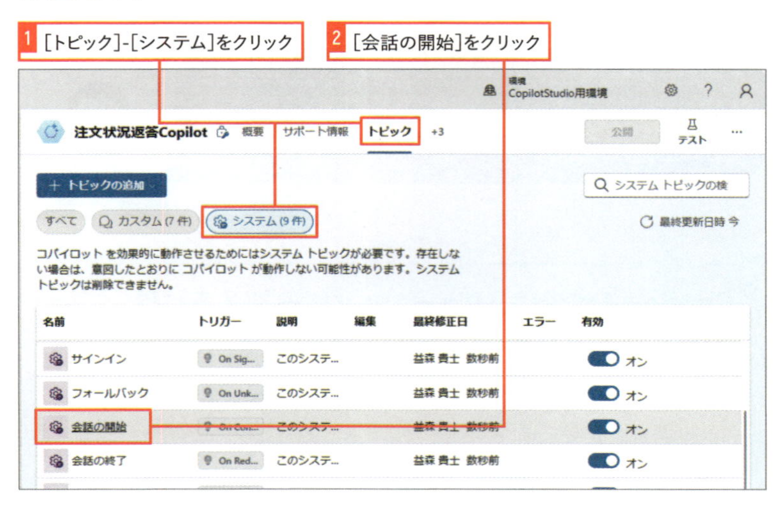

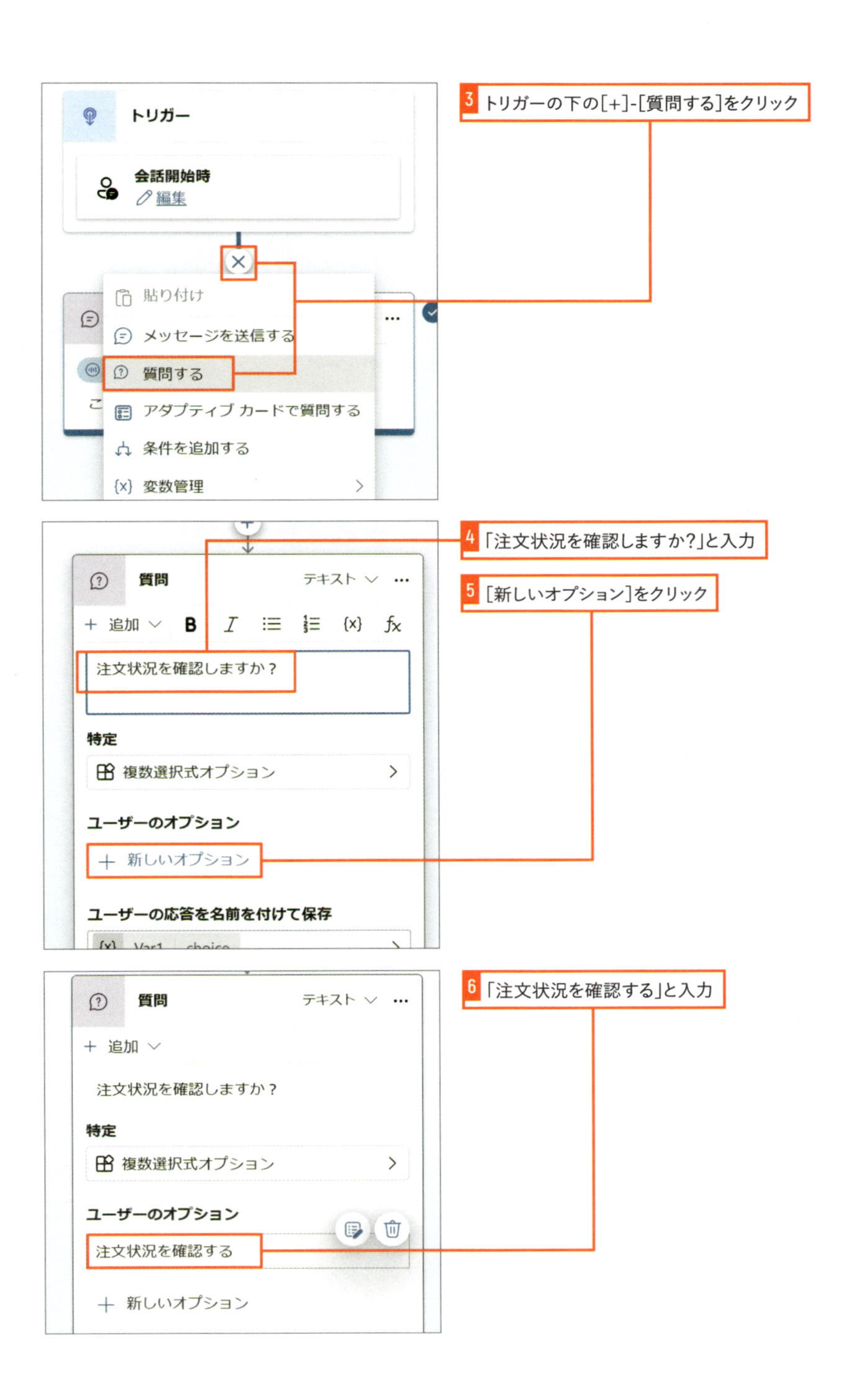

トリガー
会話開始時
編集
貼り付け
メッセージを送信する
質問する
アダプティブ カードで質問する
条件を追加する
変数管理
3 トリガーの下の[+]-[質問する]をクリック
質問
テキスト
追加
注文状況を確認しますか？
特定
複数選択式オプション
ユーザーのオプション
新しいオプション
ユーザーの応答を名前を付けて保存
4 「注文状況を確認しますか？」と入力
5 [新しいオプション]をクリック
質問
テキスト
追加
注文状況を確認しますか？
特定
複数選択式オプション
ユーザーのオプション
注文状況を確認する
新しいオプション
6 「注文状況を確認する」と入力

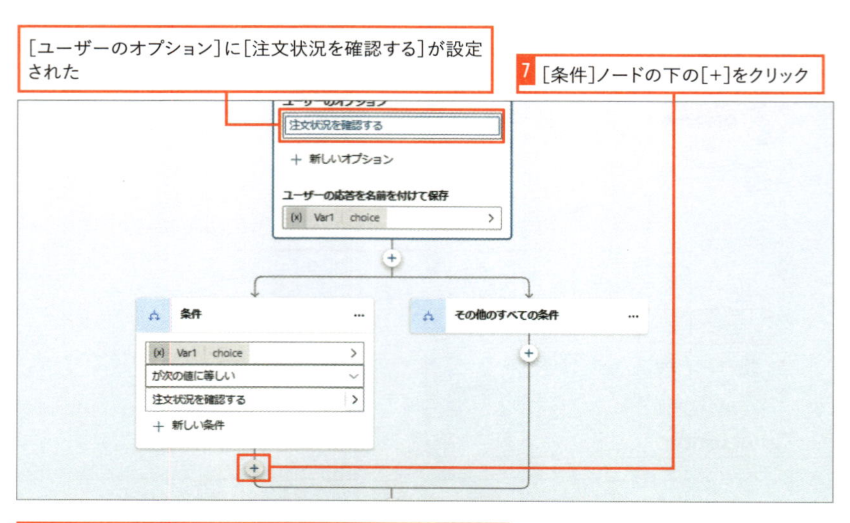
[ユーザーのオプション]に[注文状況を確認する]が設定された
7 [条件]ノードの下の[+]をクリック
注文状況を確認する
新しいオプション
ユーザーの応答を名前を付けて保存
Var1 choice
条件
その他のすべての条件
Var1 choice
が次の値に等しい
注文状況を確認する
新しい条件

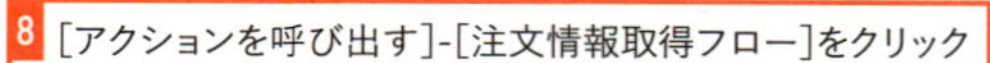
8 [アクションを呼び出す]-[注文情報取得フロー]をクリック

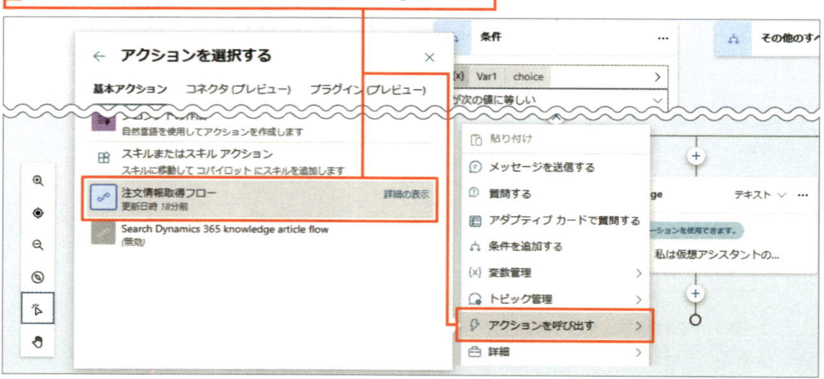
アクションを選択する
基本アクション
コネクタ (プレビュー)
プラグイン (プレビュー)
自然言語を使用してアクションを作成します
スキルまたはスキル アクション
スキルに移動して コパイロット にスキルを追加します
注文情報取得フロー
更新日時 18分前
詳細の表示
Search Dynamics 365 knowledge article flow
(無効)
条件
Var1 choice
が次の値に等しい
貼り付け
メッセージを送信する
質問する
アダプティブ カードで質問する
条件を追加する
変数管理
トピック管理
アクションを呼び出す
詳細
テキスト
私は仮想アシスタントの...

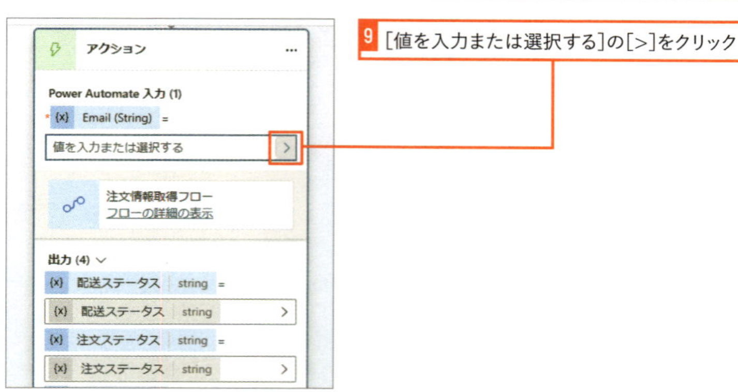
9 [値を入力または選択する]の[>]をクリック
アクション
Power Automate 入力 (1)
Email (String) =
値を入力または選択する
注文情報取得フロー
フローの詳細の表示
出力 (4)
配送ステータス string =
配送ステータス string
注文ステータス string =
注文ステータス string

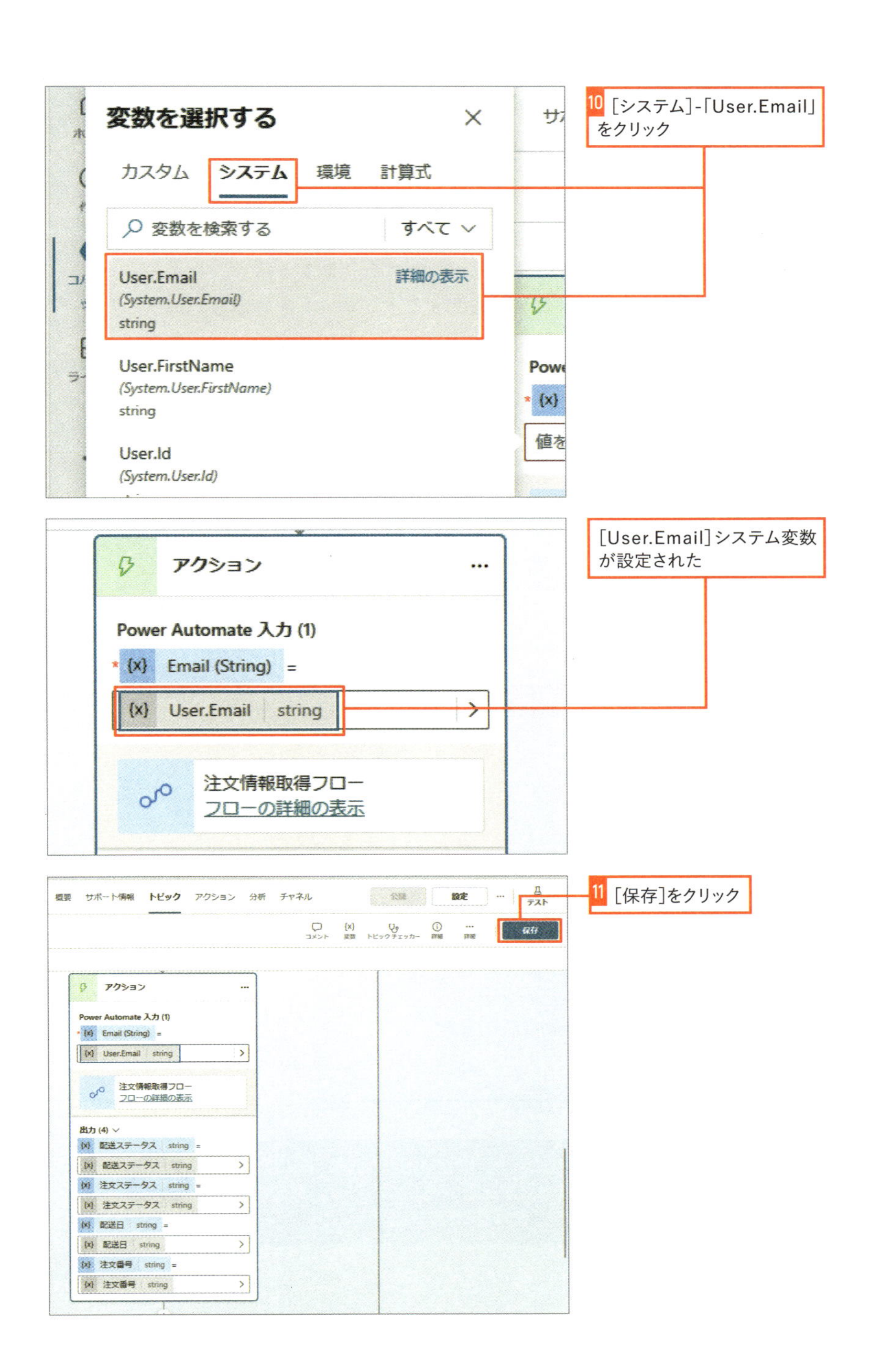

10 [システム]-「User.Email」をクリック
[User.Email]システム変数が設定された
11 [保存]をクリック
変数を選択する
カスタム
システム
環境
計算式
変数を検索する
すべて
User.Email
詳細の表示
(System.User.Email)
string
User.FirstName
(System.User.FirstName)
string
User.Id
(System.User.Id)
アクション
Power Automate 入力 (1)
{x} Email (String) =
{x} User.Email string
注文情報取得フロー
フローの詳細の表示
概要
サポート情報
トピック
アクション
分析
チャネル
公開
設定
テスト
保存
出力 (4)
配送ステータス string
注文ステータス string
配送日 string
注文番号 string

さらに上達!

[質問]ノードの[複数選択式オプション]って?

[質問]ノードの[複数選択式オプション]を利用すると、ユーザーの選択に応じて、条件を分岐してそれぞれ処理を実装することができます。例えば、総務部門向けにFAQを答えるCopilotを作成する場合、以下のようにして、利用者が知りたいことを質問するオプションを作成し、選択したオプションに応じて異なる処理を実装することができます。

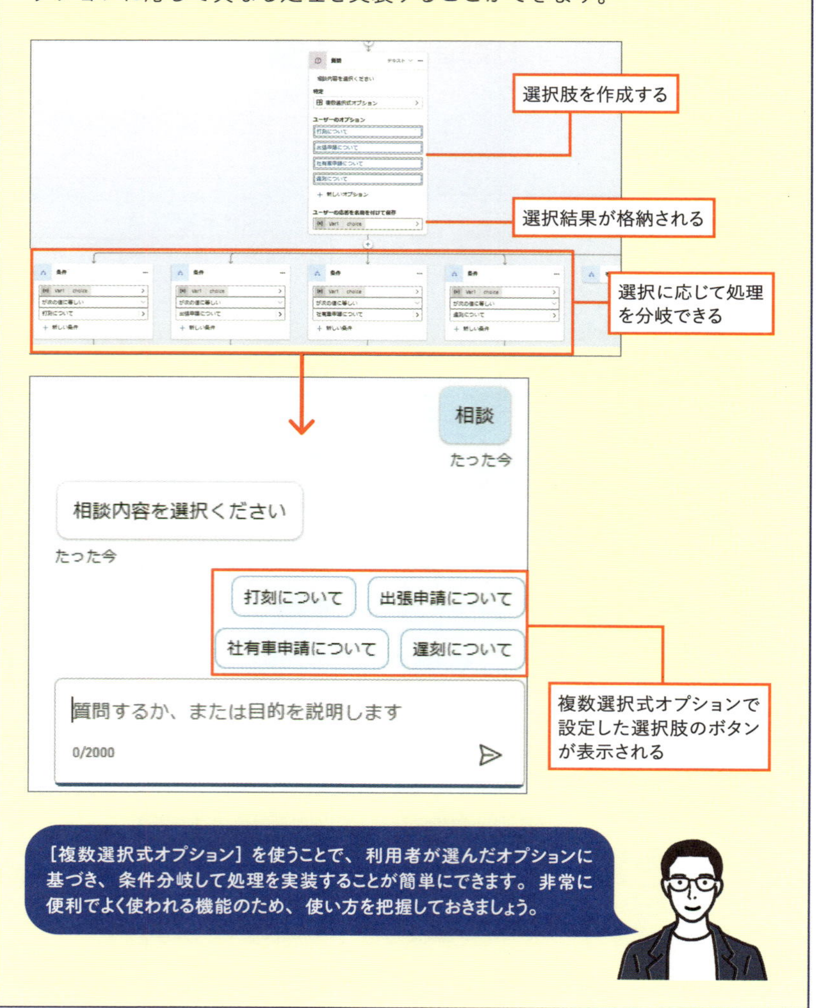

[複数選択式オプション]を使うことで、利用者が選んだオプションに基づき、条件分岐して処理を実装することが簡単にできます。非常に便利でよく使われる機能のため、使い方を把握しておきましょう。

03 条件に応じて利用者へ回答する

注文情報データベースを調べても情報が見つからない場合もあるため、クラウドフローを呼び出した後に、[条件] ノードを追加します。今回は、注文番号が「注文情報なし」かどうかを判定し、「注文情報なし」ではなかった場合、つまり、注文情報が見つかった場合、[メッセージ] ノードを追加し、クラウドフローからの応答を基に、注文番号、注文ステータス、配送ステータス、配送日の情報を利用者に返します。これらの**クラウドフローからの応答の情報は、自動で変数に格納されますが、これらの変数は、[変数を挿入する] メニューの [カスタム] タブ側に表示される**ため、そちらから選択をしていきます。また、注文番号が空白の場合は、注文情報が見つからない旨を返します。

最後に、既定で存在していた [メッセージ] ノードは今回使用しないため削除し、代わりに、[別のトピックに移動する] を選択して、[リダイレクト] ノードを追加し、[会話の開始] トピックを選択します。[リダイレクト] ノードを追加することで、別のトピックに移動することができます。今回は、注文状況の確認をする以外のトピックは実装していないため、注文状況の確認が終わったら、自分自身、つまり、[会話の開始] トピックの最初に戻るようにします。トピックの修正ができたら保存をします。

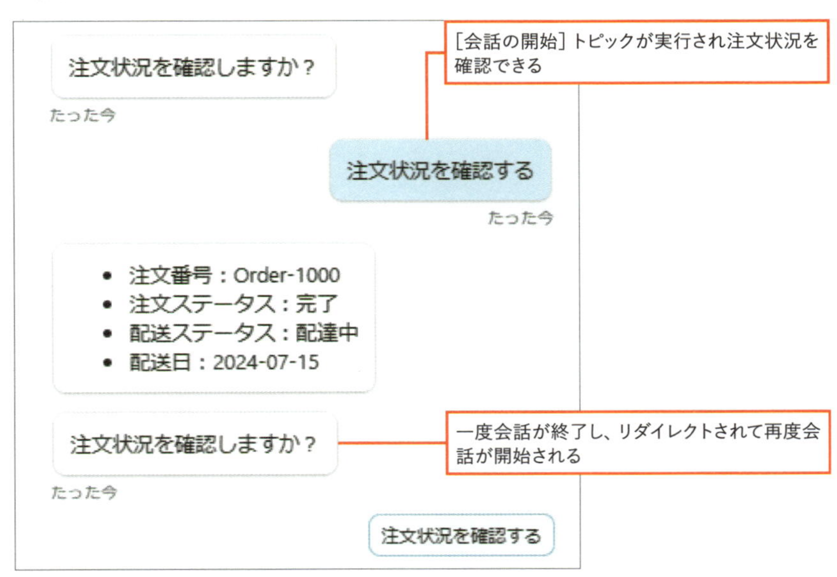

■条件に応じて処理を分ける

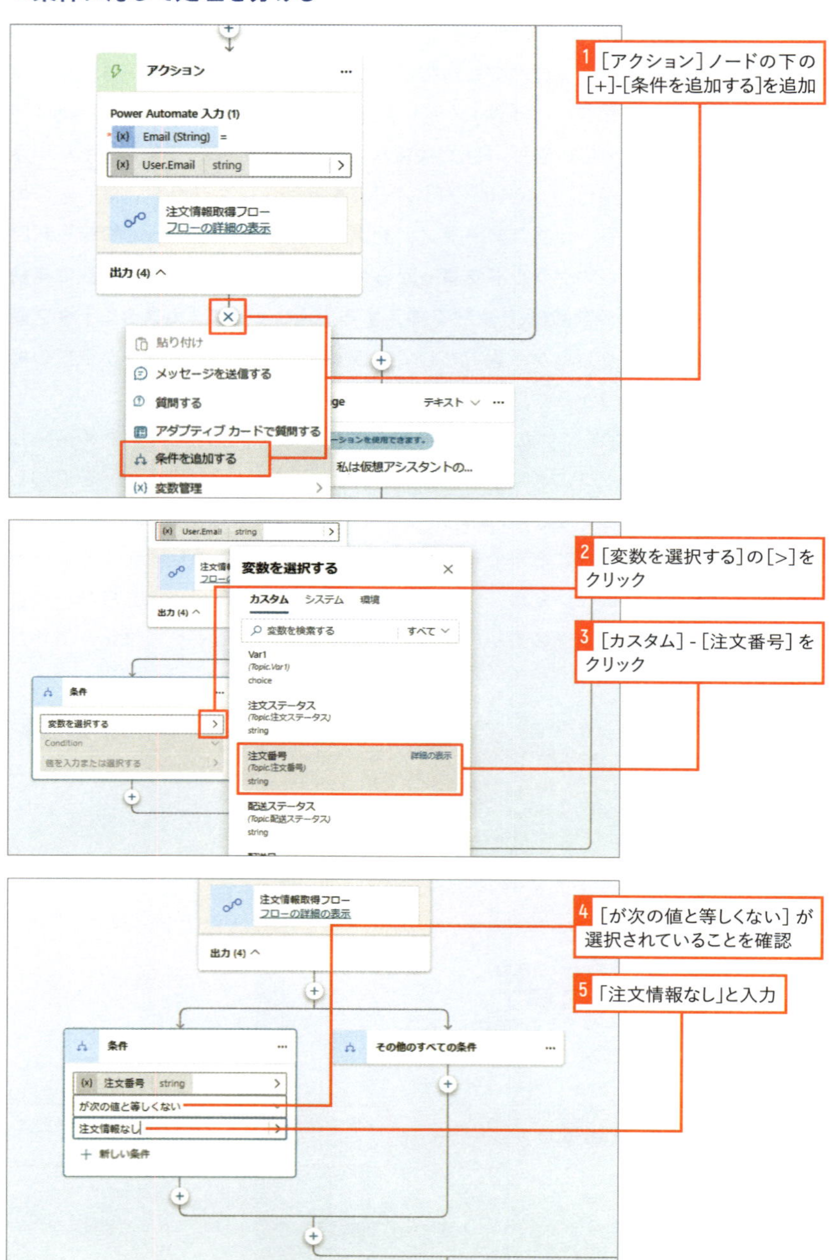

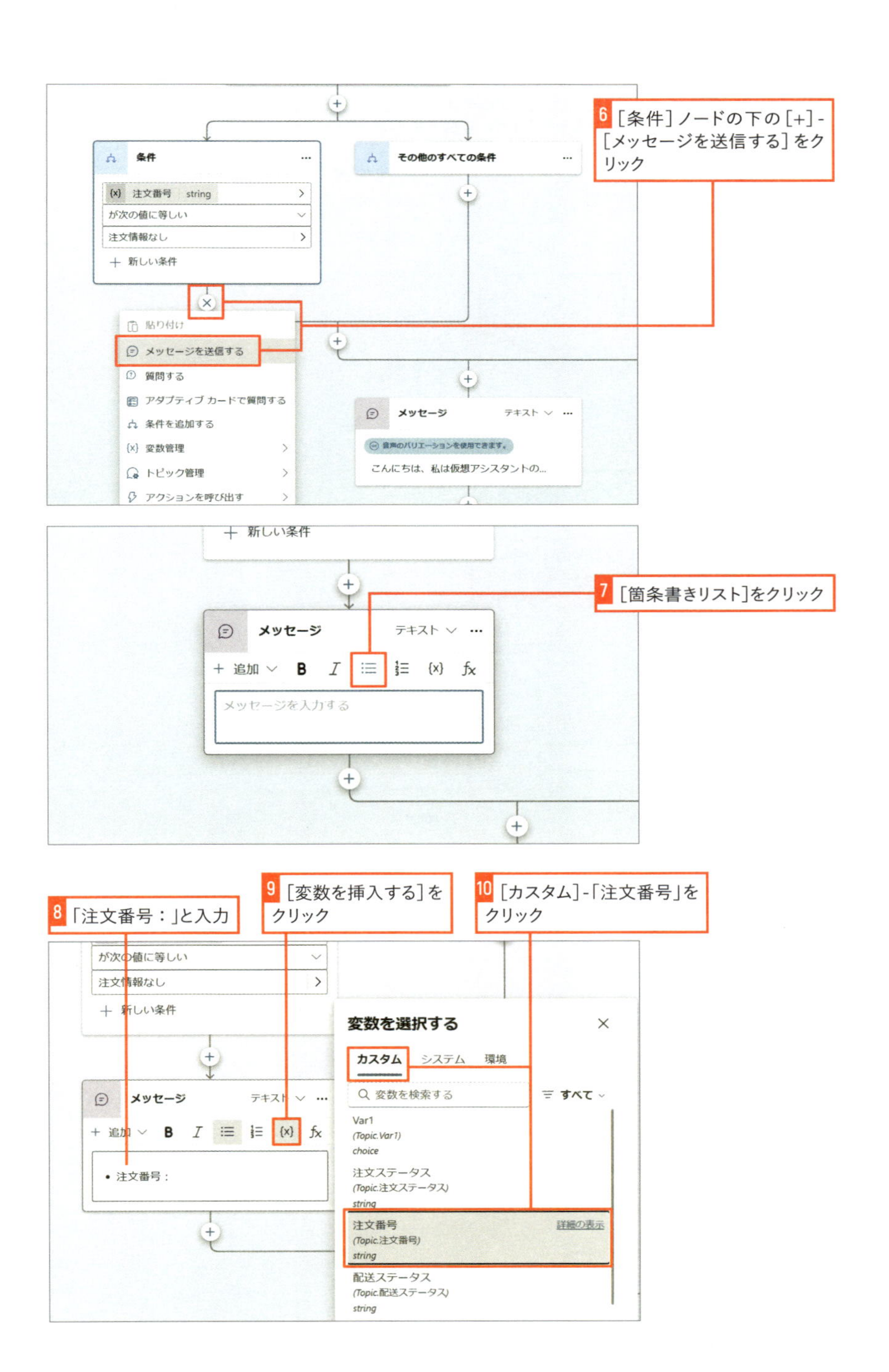
6 [条件] ノードの下の [+] - [メッセージを送信する] をクリック
条件
注文番号 string
が次の値に等しい
注文情報なし
新しい条件
その他のすべての条件
貼り付け
メッセージを送信する
質問する
アダプティブ カードで質問する
条件を追加する
変数管理
トピック管理
アクションを呼び出す
メッセージ
テキスト
こんにちは、私は仮想アシスタントの...
新しい条件
7 [箇条書きリスト]をクリック
メッセージ
テキスト
追加
メッセージを入力する
8 「注文番号：」と入力
9 [変数を挿入する] をクリック
10 [カスタム] -「注文番号」をクリック
が次の値に等しい
注文情報なし
新しい条件
メッセージ
テキスト
追加
注文番号：
変数を選択する
カスタム
システム
環境
変数を検索する
すべて
Var1
(Topic.Var1)
choice
注文ステータス
(Topic.注文ステータス)
string
注文番号
(Topic.注文番号)
string
詳細の表示
配送ステータス
(Topic.配送ステータス)
string

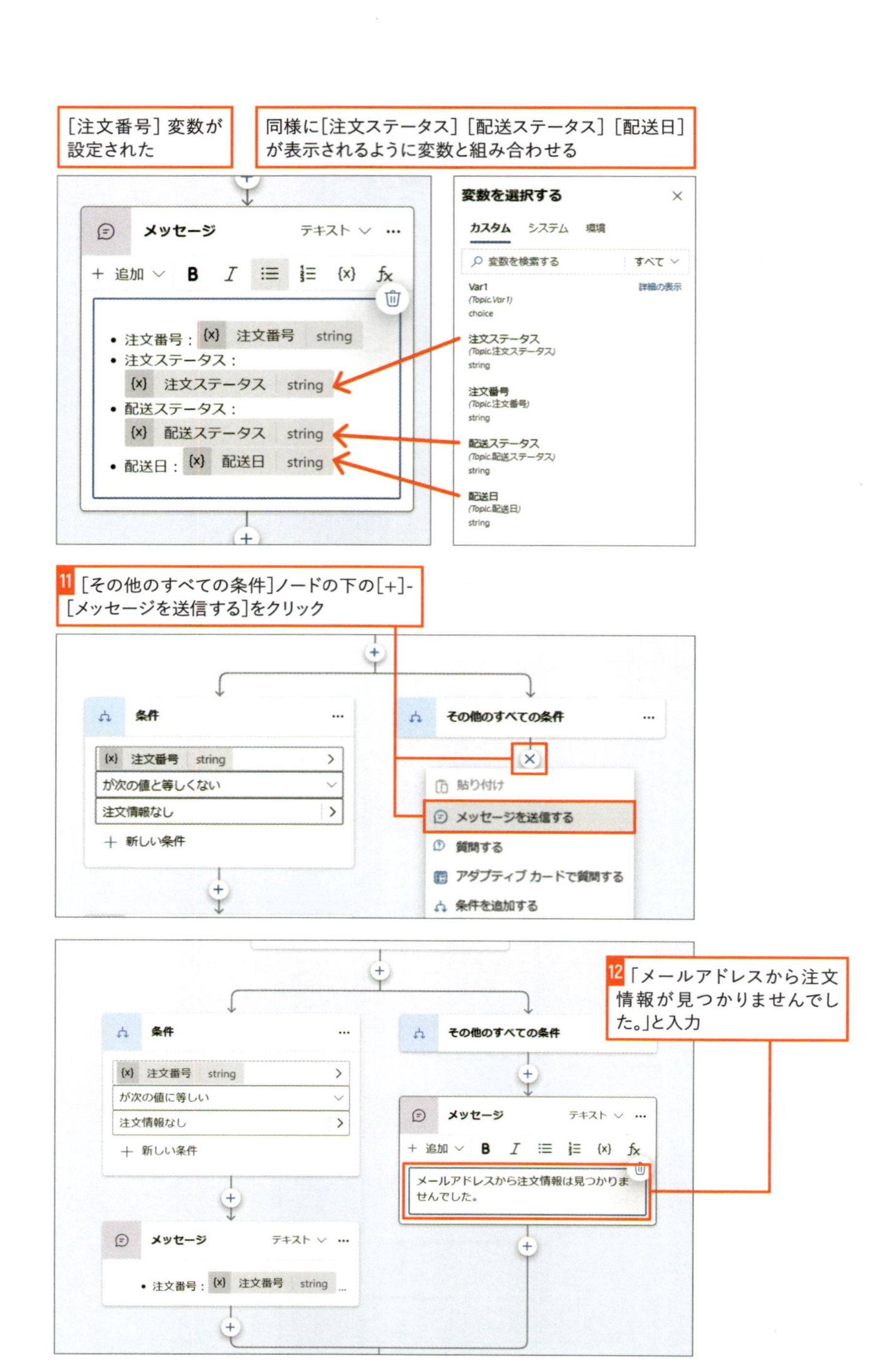
[注文番号] 変数が設定された
同様に[注文ステータス] [配送ステータス] [配送日]が表示されるように変数と組み合わせる
メッセージ
テキスト
追加
注文番号：
注文番号
string
注文ステータス：
注文ステータス
string
配送ステータス：
配送ステータス
string
配送日：
配送日
string
変数を選択する
カスタム
システム
環境
変数を検索する
すべて
Var1
詳細の表示
(Topic.Var1)
choice
注文ステータス
(Topic.注文ステータス)
string
注文番号
(Topic.注文番号)
string
配送ステータス
(Topic.配送ステータス)
string
配送日
(Topic.配送日)
string
11 [その他のすべての条件]ノードの下の[+]-[メッセージを送信する]をクリック
条件
注文番号
string
が次の値と等しくない
注文情報なし
新しい条件
その他のすべての条件
貼り付け
メッセージを送信する
質問する
アダプティブ カードで質問する
条件を追加する
12「メールアドレスから注文情報が見つかりませんでした。」と入力
条件
注文番号
string
が次の値に等しい
注文情報なし
新しい条件
その他のすべての条件
メッセージ
テキスト
追加
メールアドレスから注文情報は見つかりませんでした。
メッセージ
テキスト
注文番号：
注文番号
string

■［会話の開始］トピックの最初に戻るようにする

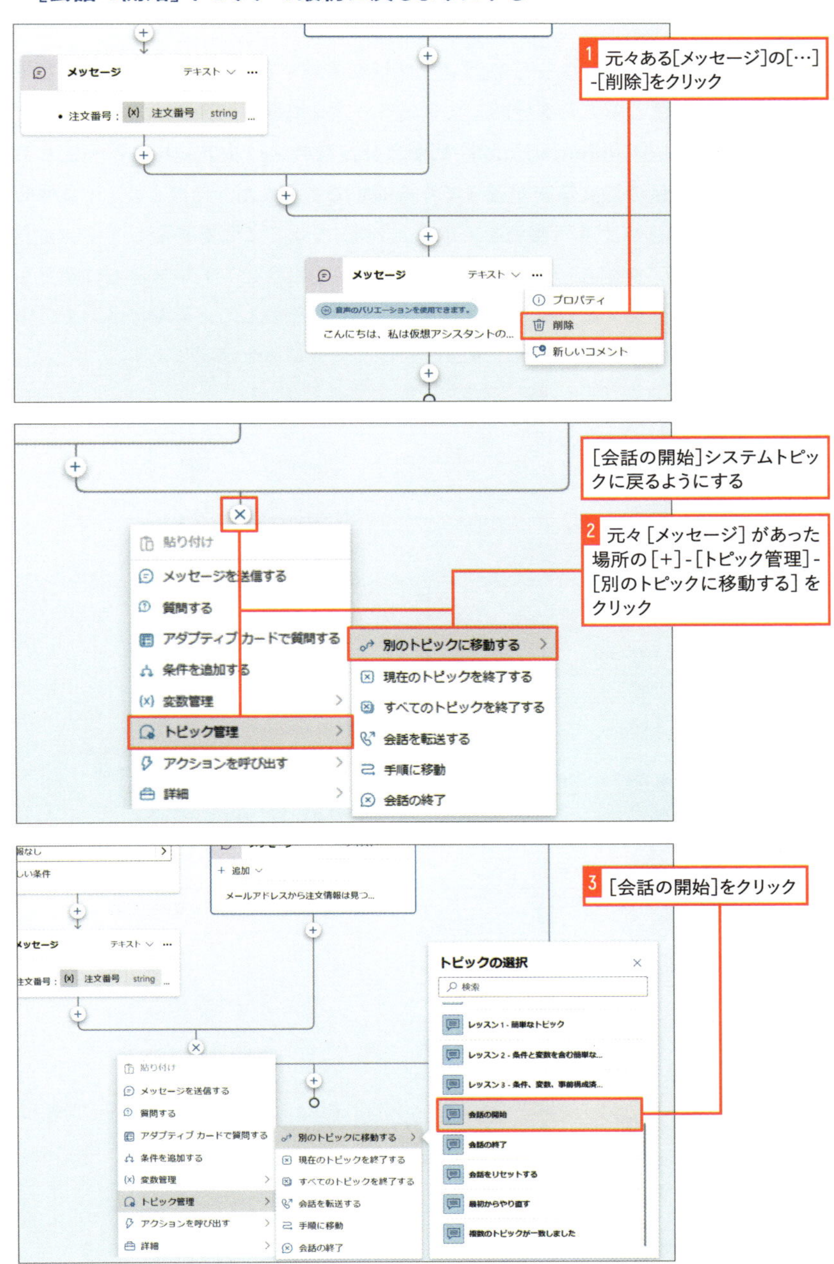

04 テストして動作や実行履歴を確認する

テスト画面をリフレッシュして、[注文状況を確認する] ボタンをクリックして、注文情報が返ってくることを確認しましょう。注文情報データベースに追加したデータについて、**[CustomerEmail] 列が自分自身のメールアドレスと一致するのであれば、最新の注文情報が返ってくるはずです**。また、作成した [注文情報取得フロー] を選択し、実行履歴を表示し、成功していることを確認します。また、「注文管理アプリ」を開き、[CustomerEmail] の値を架空のアドレスなどに変更し、自身のメールアドレスと一致しないようにします。その上で、再度テストを行い、注文情報が見つからなかった旨の返答が返ってくることを確認します。

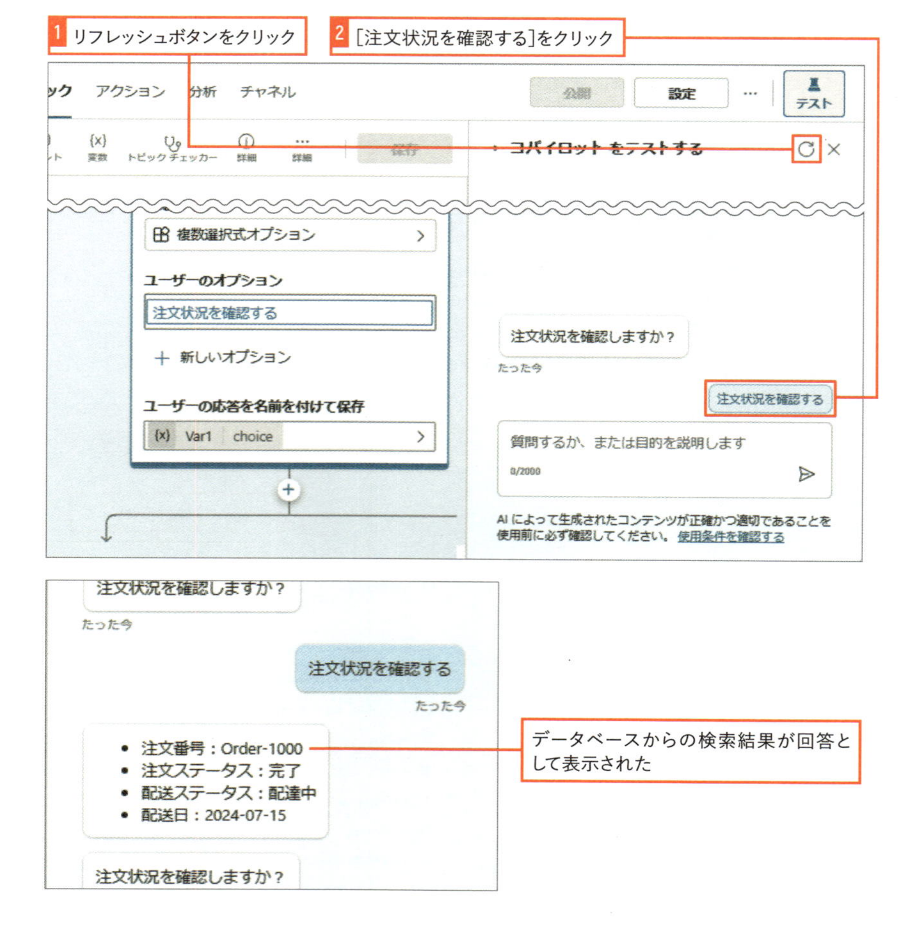

■クラウドフローの実行履歴を確認する

1 [クラウドフロー]-[注文情報取得フロー]をクリック

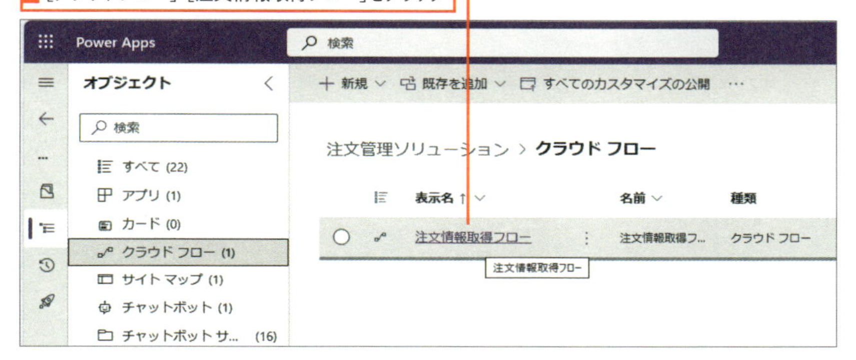

2 実行履歴の中から確認したい履歴の日時をクリック

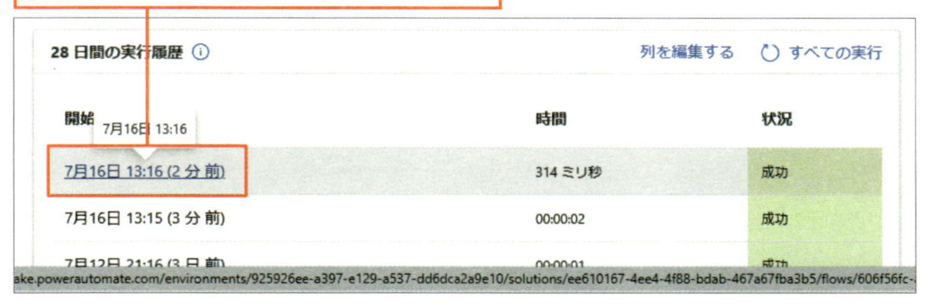

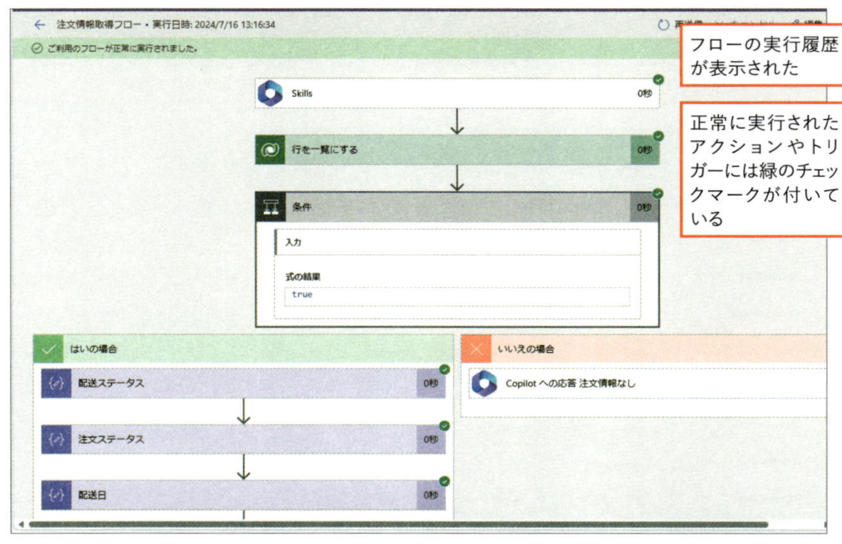

フローの実行履歴が表示された

正常に実行されたアクションやトリガーには緑のチェックマークが付いている

■データベースの内容を確認する

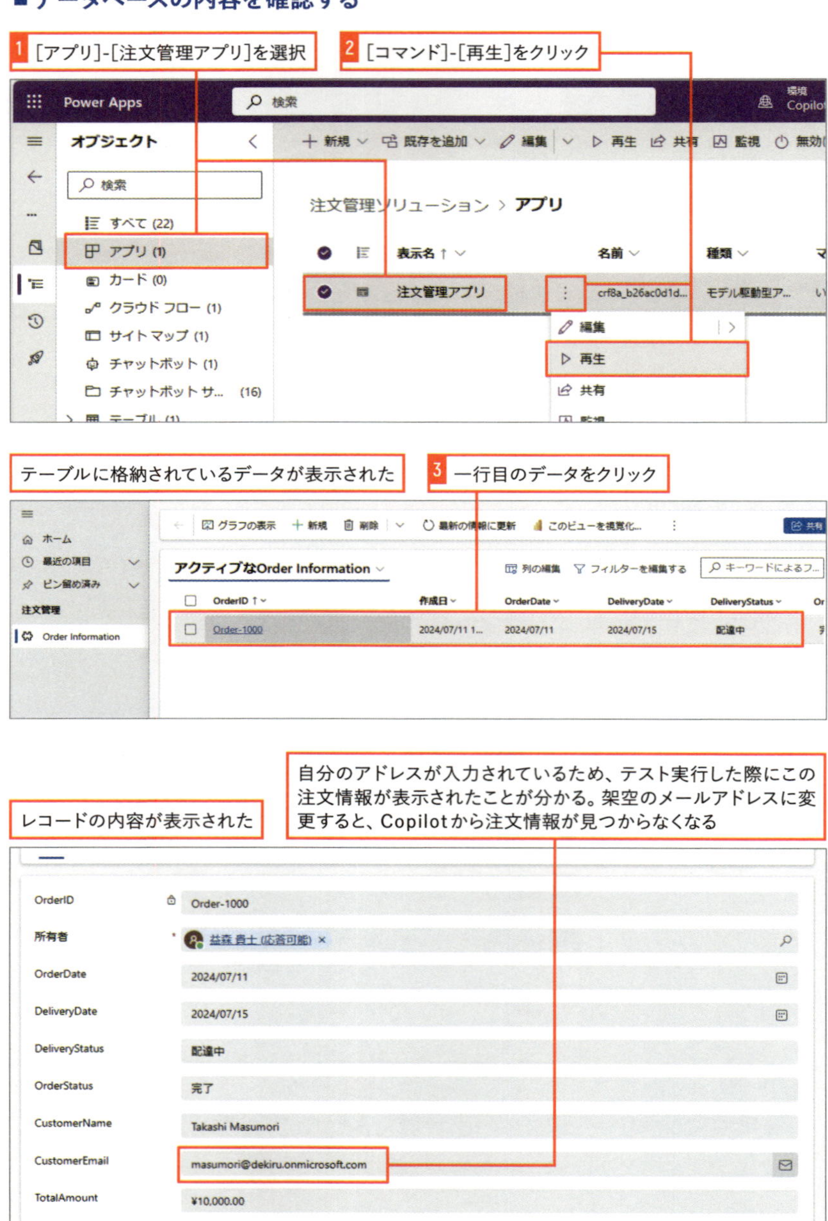

■Copilotの実行履歴を確認する

Copilotのテストをした際、実行された会話ノードの横にアイコンが表示されます。条件分岐をする際、どちらの処理が実行されたかを判断することができます。意図しない方に条件分岐している場合は、条件を見直しましょう。

実行された会話ノードの右側に時計のアイコンが表示される

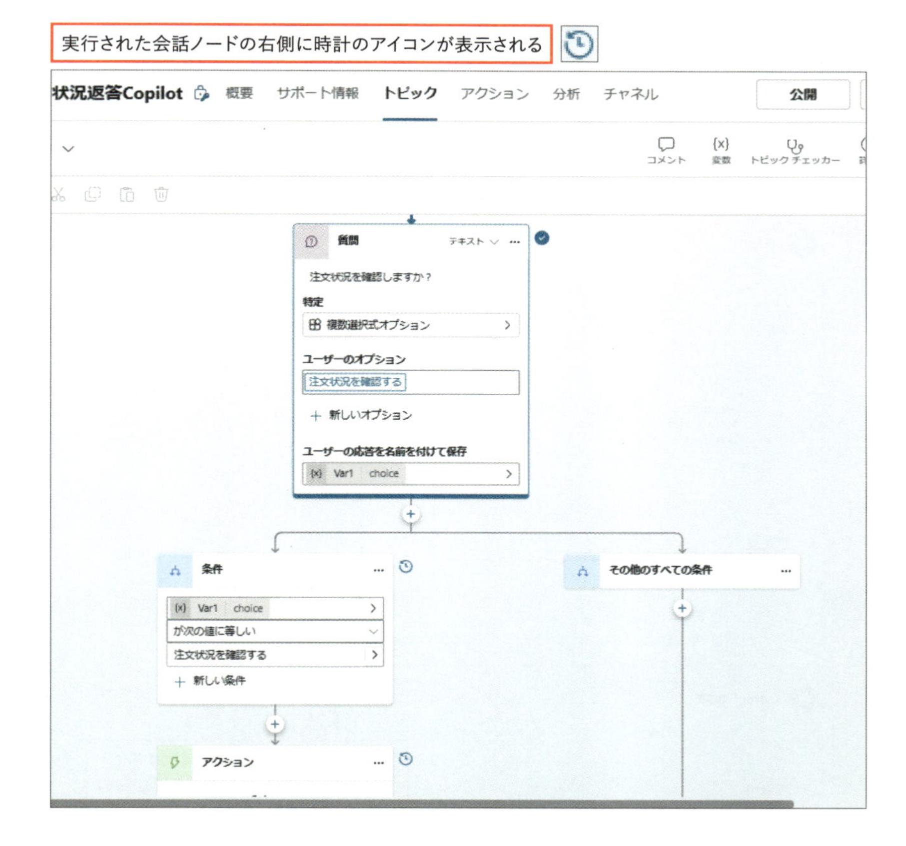

メールアドレスが一致する注文情報がない場合、「注文情報が見つからない」旨のメッセージの方に分岐しているか確認してみましょう。

活用編 第3章 他システムと連携して注文状況を答えるCopilotを作成する

アクションやトリガーから出力された結果を見るには

トリガーやアクションが実行されることで出力される結果は、クラウドフローの実行履歴の詳細で確認できます。アクションやトリガーをクリックして展開し、[出力] に取得された結果が表示されます。出力以外にも、この画面からデータがどのように処理されたのか、さまざまな情報を確認することができます。

フローの実行履歴を表示し、トリガーやアクションをクリックして展開すると、[出力]の欄で動的コンテンツに格納された値が確認できる

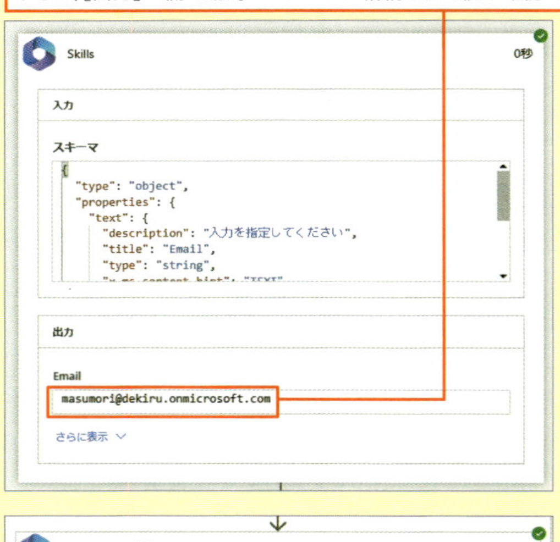

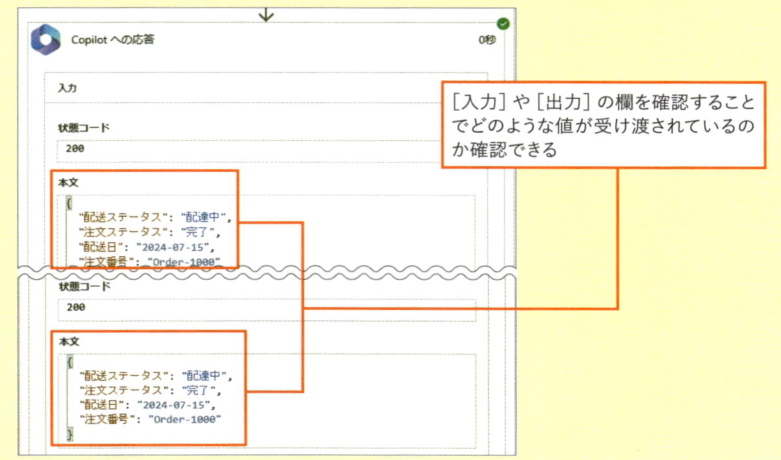

[入力] や [出力] の欄を確認することでどのような値が受け渡されているのか確認できる

活用編

第 4 章

お客様の声を効率的に処理するCopilotを作成する

前章では、Power Automateクラウドフローを使って他システムと連携するCopilotを作成しました。今回は、さらに作成の幅を広げるため、お客様の声を効率的に処理するCopilotを通じて、Power Platformの強力なサービスの一つであるAI Builderとの連携方法を学びます。

LESSON 13

作成するCopilotの詳細とそのメリットを押さえよう

お客様の声を収集することは非常に重要ですが、情報収集を効率よく行うこと、分析してビジネスの改善につなげること、必要に応じて即時アクションにつなげることなど、色々課題があるはずです。そちらを踏まえ、先に作成するCopilotのメリットを整理します。

01 作成するCopilotの全体像と作成の流れ

作成するCopilotの全体像は以下の通りです。今回は、オンラインショッピングサイトを運営していると仮定して、お客様の声を受け付けるようにします。Copilot利用者がお客様の声を投稿すると、Copilotが投稿された内容をクラウドフローに渡し、クラウドフローがAI Builderと連携して、カテゴリ分類、感情分析、返答文自動生成等を行い、その結果を踏まえ「お客様の声」データベースへの登録を行います。カテゴリは、例えば「配送」「製品品質」「カスタマーサービス」「価格」などに分類します。そして、返答文をCopilotに返し、Copilotが利用者に返答します。

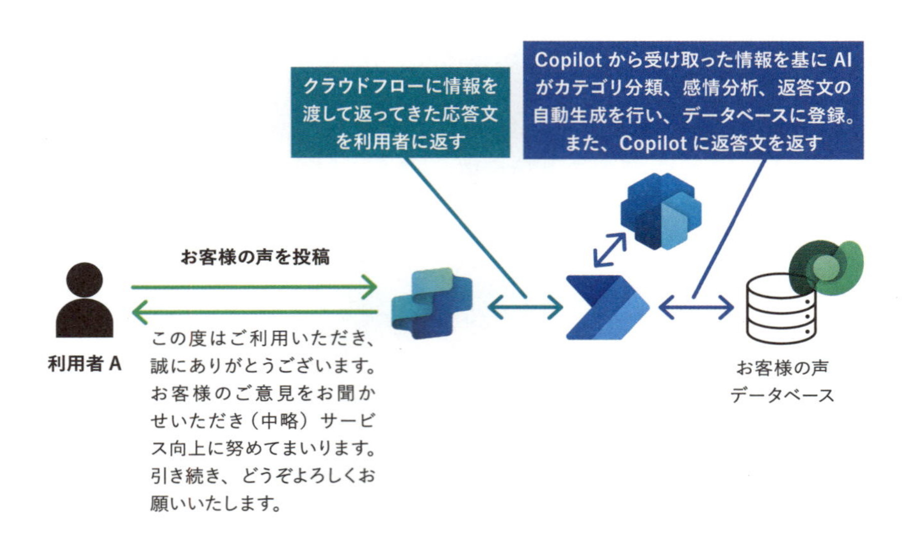

このCopilotの作成の流れは以下のようになります。まずは、お客様の声の感情分析、カテゴリ分類、返答文自動生成を行うため、AI Builderの機能の一つであるAIプロンプトを作成します。次にお客様の声を登録するデータベースを作成し、AIプロンプトとデータベースを連携して自動化処理を行うクラウドフローを作成します。最後にCopilotを作成して、クラウドフローと連携します。この全体像を踏まえて、ここからはより詳細な仕様やメリットを紹介していきます。

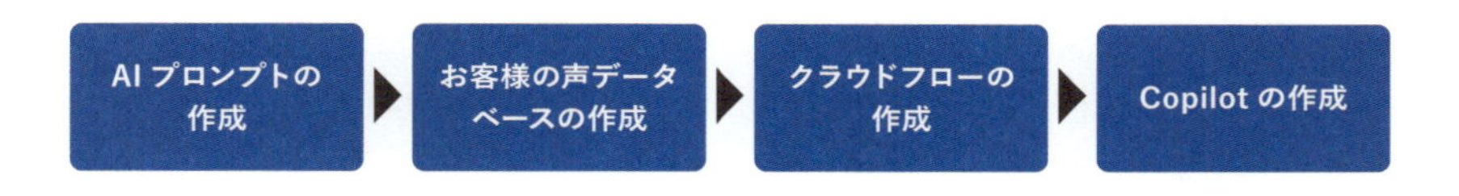

02 感情を分析する

お客様の声の感情を分析することにより、お客様満足度の分析の効率化、緊急時のアクション迅速化などのメリットがあります。

この感情分析を、AI BuilderのAIプロンプトの機能を利用して、お客様の声がポジティブな声なのか、ネガティブな声なのか自動で判断します。

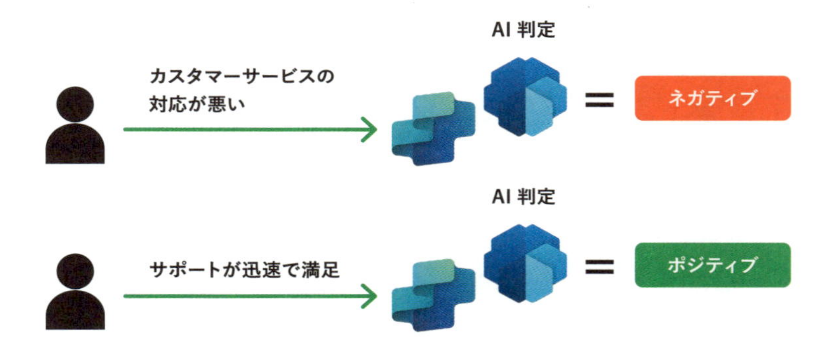

03 カテゴリを分類する

データの分析まで考慮する場合、カテゴリを分類することは重要です。例えば、オンラインショッピングサイトを運営している場合、直近で、配送に関する満足度が下がっている、カスタマーサービスについては満足度が上がっている、などの傾向分析がしやすくなり、迅速かつ根拠に基づいた意思決定につなげられるというメリットがあります。そして、このカテゴリ分類の処理をAI BuilderのAIプロンプトの機能を利用して自動で行います。今回は、「配送」「製品品質」「カスタマーサービス」「価格」「機能性」「その他」というカテゴリに分類しますが、カテゴリ名やカテゴリの数は自由に定義できます。

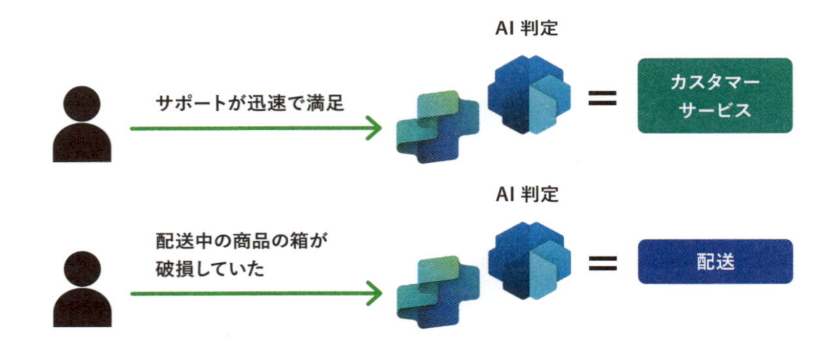

04 入力内容を踏まえ返答文を自動で生成する

どんなお客様の声を投稿したとしても、例えば、「投稿ありがとうございました」だけだと味気ないでしょう。不満の投稿をした際は、さらに不満が募るかもしれません。内容を踏まえ、お客様に寄り添った丁寧な返答をすることで、お客様が自分の意見やフィードバックが尊重されていると感じることにつながり、企業やブランドに対する信頼感が高まるメリットがあります。

しかし、投稿ごとに人が返答文を作成するのは大変です。この負担を軽減するために、AI BuilderのAIプロンプトの機能を使って、入力内容を踏まえ、返答文を自動で生成し、利用者に返答をします。

05 データベースに登録する

データの分析、意思決定を的確、迅速に行うためには、投稿されたお客様の声を集約する必要があります。例えば、**データがファイルごとにばらばらに散らばっており、フォーマットもファイルごとに異なっていたら、データの分析に時間を要してしまい、タイムリーな分析、意思決定が難しくなります**。そのため、クラウドフローと連携してお客様の声が投稿されたら自動でデータベースに登録します。これにより、データの集約作業が効率化されるメリットがあります。

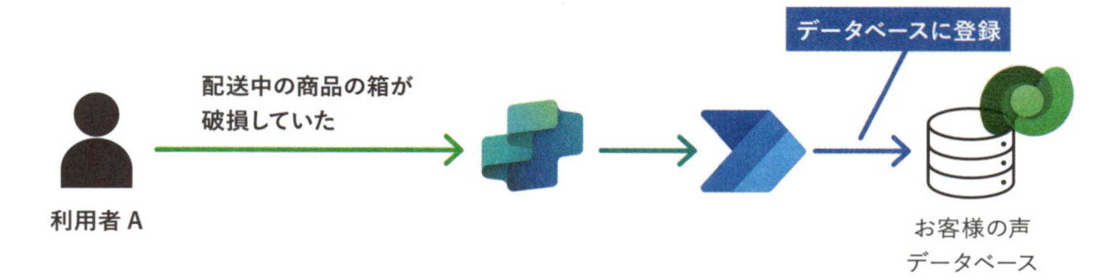

LESSON

14 AI Builderについて知ろう

感情分析、カテゴリ分類、返答文の自動生成に利用する、Power Platformのサービスの一つで、ローコード／ノーコードでMicrosoft AzureのAI機能を利用できるAI Builderについて学びます。

01 AIプロンプトとは

AIプロンプトは、AI Builderの機能の一つで、バックグラウンドでAzure OpenAIサービスのGPT3.5やGPT4モデルが利用されています。このため、ChatGPTアプリや製品版のCopilotのように、テキストで指示を与えると、生成AIが応答を返します。例えば、入力したテキストの要約を指示して、生成AIが要約した結果を返します。もちろん、テキストの要約だけでなく、ビジネスの要件に合わせてプロンプトで指示をして応答を得ることが可能です。

AIプロンプトの最大の特徴は、作成したプロンプトを独自のPower Appsアプリやクラウドフロー、Copilotからローコード/ノーコードベースで利用できる点です。例えば、テキストを要約したい場合、要約対象のテキストは毎回異なることが多いですが、そのような変動する内容に対して入力変数を定義し、アプリやクラウドフローから入力変数に要約対象のテキストを渡すことが可能です。

このAIプロンプトの特徴を活かし、お客様の声の感情分析、カテゴリ分類、返答文自動生成を行うCopilotをローコード/ノーコードベースで作成します。例えば、クラウドフローからAIプロンプトを利用する場合、AI Builderのアクションを追加し、要約したい文章を入力変数に渡してAIプロンプトを実行し、要約した結果を動的なコンテンツとして後続の処理で利用することができます。

■AIプロンプトの作成画面

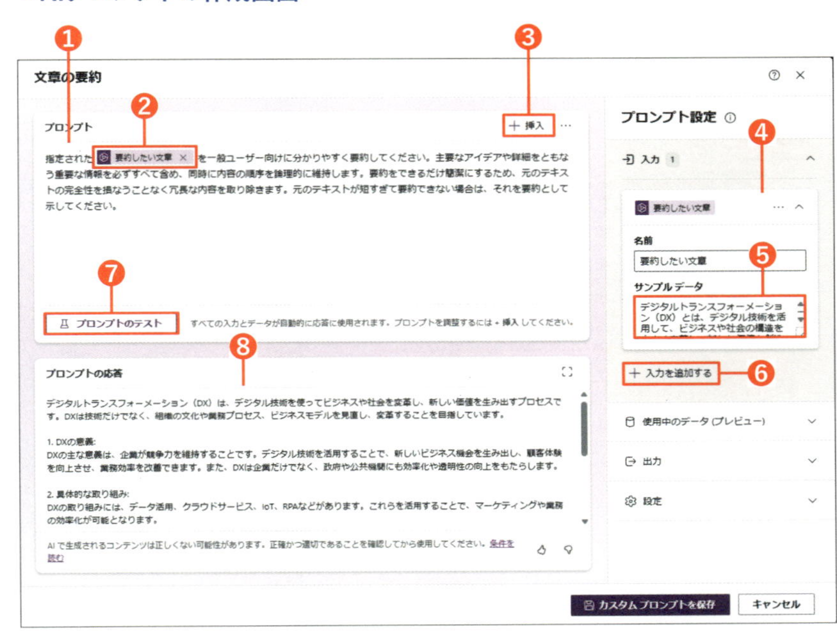

番号	説明
❶	プロンプト入力欄。ここにAIに対して指示したい内容を入力する
❷	入力変数の例。今回の場合は、要約したい文章を入力変数に渡す。プロンプトを実行するたびに、内容を変えたい箇所に、このように入力変数を使う
❸	クリックすると入力変数をプロンプトの間に自由に挿入できる
❹	入力変数を定義できる。[名前]で入力変数の名前を設定する。ここで定義したものを[+挿入]でプロンプトに追加できる
❺	プロンプトが期待した通りに動くかテストする際に、入力変数に渡す情報を入力する
❻	入力変数を追加できる。入力変数は複数定義できる
❼	クリックするとプロンプトがテスト実行される。入力変数には［サンプルデータ］に入力した情報が渡される
❽	テスト実行された結果の応答が表示される

■AIプロンプトのクラウドフローでの利用例

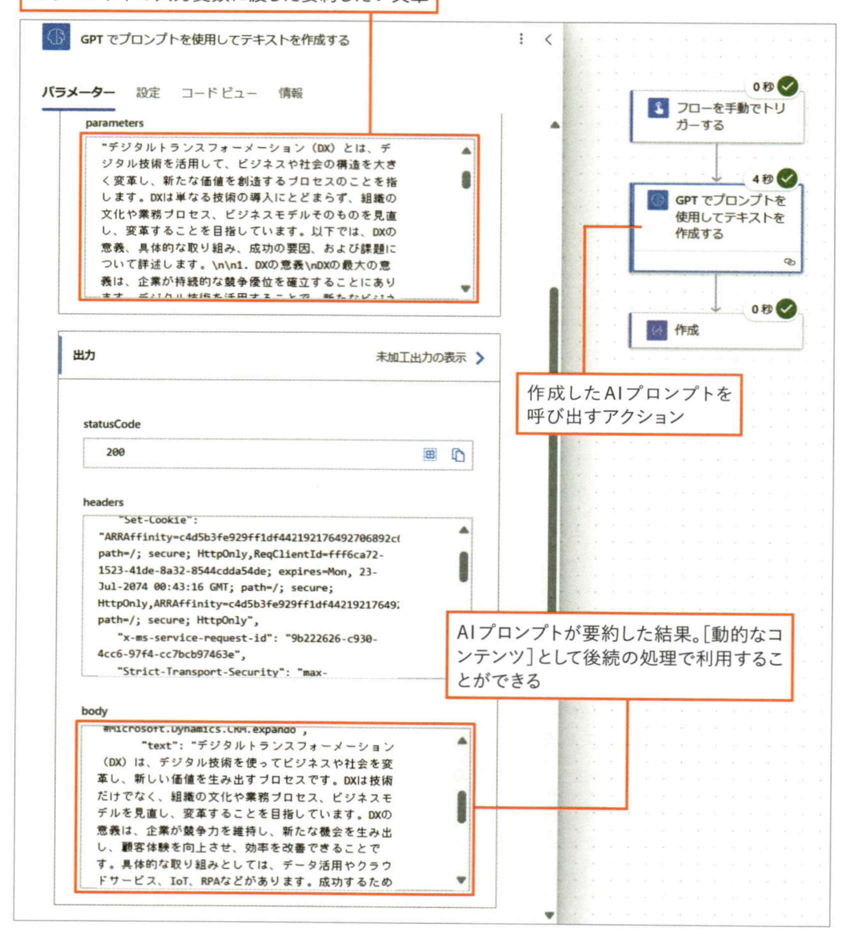

AIプロンプトを活用することで、独自のCopilotの可能性が大幅に広がります。そのため、利用方法をしっかりと学ぶことが重要です。

LESSON 15

AIプロンプトで分析や分類を効率的に処理する

これまで説明した通り、作成するCopilotのメリットとして、利用者が入力したお客様の声に対する感情分析、カテゴリ分類、返答文の自動生成があります。これらのメリットを実現するためのAIプロンプトを作成しましょう。

01 作成する3つのAIプロンプト

感情分析、カテゴリ分類、返答文の自動生成について、それぞれ目的やプロンプトの応答内容が異なるため、別々のプロンプトを作成します。作成する3つのAIプロンプトの名前、AIプロンプトが行うこと、作成した後の用途は以下の通りです。

■作成するAIプロンプト

AIプロンプト名	AIプロンプトが行うこと	作成した後の用途
お客様の声感情分析	Copilotで利用者が入力したお客様の声の感情を分析し、「肯定」、「否定」、「中立」のいずれかに分類する	クラウドフローからAIプロンプトを呼び出し、結果をお客様の声データベースに登録する。また、お客様の声返答文作成プロンプト実行時に入力変数として渡す
お客様の声カテゴリ分類	Copilotで利用者が入力したお客様の声のカテゴリを分析し、「配送」、「製品品質」、「カスタマーサービス」、「価格」、「機能性」、「その他」のいずれかに分類する	クラウドフローからAIプロンプトを呼び出し、結果をお客様の声データベースに登録する
お客様の声返答文作成	Copilotで利用者が入力したお客様の声、感情分析した結果を基に、お客様に寄り添った返答文を生成する	クラウドフローからAIプロンプトを呼び出し、結果をお客様の声データベースに登録する。また、生成された返答文をCopilotに返答し、最終的にCopilot利用者に返答する

02 感情を分析するAIプロンプトを作成する

Power Appsにアクセスし、左メニューの[AIハブ]-[プロンプト]を開きます。今回は、感情分析に関するテンプレートを利用し、入力変数の名前を「お客様の声」にして、プロンプトの名前を「お客様の声感情分析」にして保存をします。感情分析以外にも、テキストの要約、テキストからの情報の抽出やテキストの分類などのテンプレートが用意されています。これらのテンプレートは、利用する用途に合う場合に活用するのがおすすめです。また、これらを参考にしてカスタムのプロンプトを作成することも効果的です。

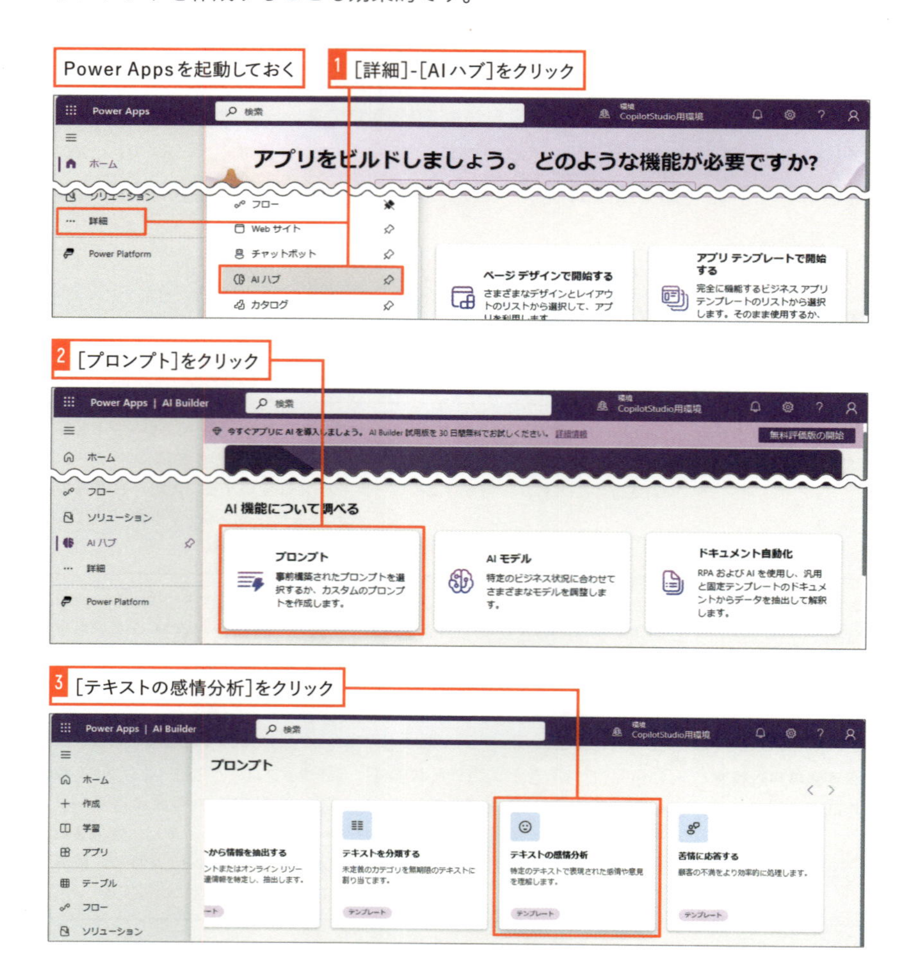

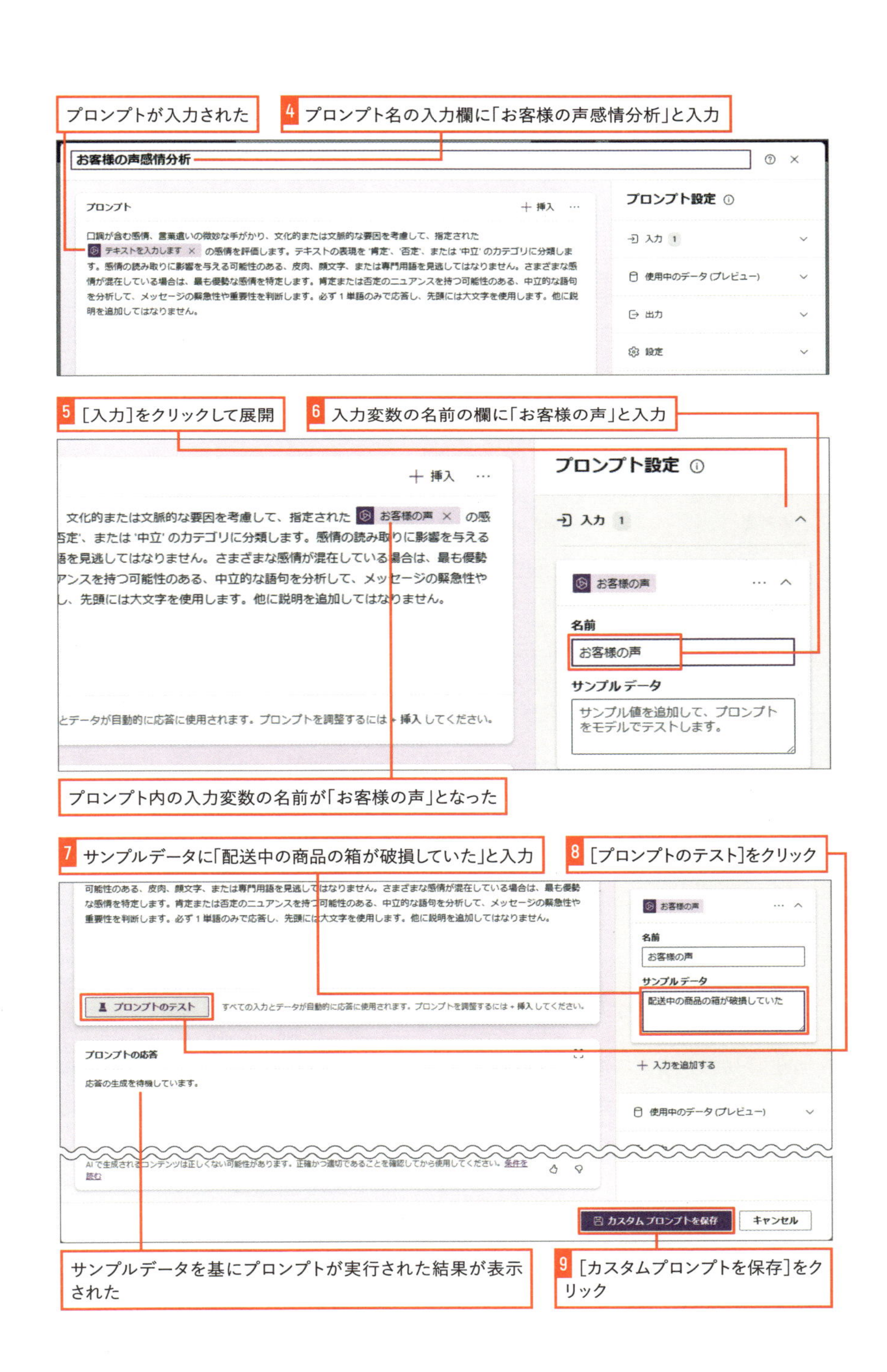
プロンプトが入力された
4 プロンプト名の入力欄に「お客様の声感情分析」と入力
お客様の声感情分析
プロンプト
＋ 挿入
口調が含む感情、言葉遣いの微妙な手がかり、文化的または文脈的な要因を考慮して、指定された
テキストを入力します
の感情を評価します。テキストの表現を '肯定'、'否定'、または '中立' のカテゴリに分類します。感情の読み取りに影響を与える可能性のある、皮肉、顔文字、または専門用語を見逃してはなりません。さまざまな感情が混在している場合は、最も優勢な感情を特定します。肯定または否定のニュアンスを持つ可能性のある、中立的な語句を分析して、メッセージの緊急性や重要性を判断します。必ず 1 単語のみで応答し、先頭には大文字を使用します。他に説明を追加してはなりません。
プロンプト設定
入力 1
使用中のデータ (プレビュー)
出力
設定
5 [入力]をクリックして展開
6 入力変数の名前の欄に「お客様の声」と入力
お客様の声
名前
サンプルデータ
サンプル値を追加して、プロンプトをモデルでテストします。
プロンプト内の入力変数の名前が「お客様の声」となった
7 サンプルデータに「配送中の商品の箱が破損していた」と入力
8 [プロンプトのテスト]をクリック
プロンプトのテスト
すべての入力とデータが自動的に応答に使用されます。プロンプトを調整するには + 挿入 してください。
配送中の商品の箱が破損していた
プロンプトの応答
応答の生成を待機しています。
＋ 入力を追加する
AI で生成されるコンテンツは正しくない可能性があります。正確かつ適切であることを確認してから使用してください。条件を読む
カスタムプロンプトを保存
キャンセル
サンプルデータを基にプロンプトが実行された結果が表示された
9 [カスタムプロンプトを保存]をクリック

感情分析結果を得るためのプロンプトのポイント

このテンプレートのプロンプトのポイントは、感情の多様性の考慮など、具体的に指示をしている点です。なお、このテンプレートでは、分析結果を「肯定」、「否定」、または「中立」のいずれかに分類するようにしていますが、例えば、分析結果の文言を「ポジティブ」、「ネガティブ」と変更することや分析結果に「やや肯定」、「やや否定」といった種類を追加することも可能です。また、例えば、業種、業界等の特性上、特定のキーワードが含まれていた際には感情分析の結果に反映したい場合はその旨もプロンプトに追加したほうが良いでしょう。

感情の多様性の考慮	皮肉や顔文字、専門用語など、感情の読み取りに影響を与える可能性のある要素を見逃さないようにしており、これにより、感情分析の精度を高めている
優勢な感情の特定	複数の感情が混在している場合、最も優勢な感情を特定するよう具体的に指示している。これにより、主要な感情に基づいた正確な分析が可能
具体的な指示	期待する感情分析結果を得るために、具体的な指示を行っています。これにより、分析プロセスが明確化され、期待通りの結果が得られるようにしています。
応答形式の明確化	感情分析の結果だけをデータベースに登録するため、返答してほしい感情の種類を指定し、一単語のみで応答するように明確に指示している。他に説明を追加しないようにすることで、応答の一貫性と簡潔さを確保している

練習用ファイル お客様の声分類プロンプト.txt

03 カテゴリ分類をするAIプロンプトを作成する

カテゴリを分類するAIプロンプトは、テンプレートではなく、自分で一からプロンプトを作成します。[GPTでプロンプトを使用してテキストを作成する]を選択し、次のプロンプトを入力し、「お客様の声カテゴリ分類」という名前で保存しましょう。利用者がCopilotに入力するお客様の声は毎回異なるため、[お客様の声]という入力変数を追加し、プロンプト内に挿入をします。

```
あなたはオンラインショッピングサイトのチャットボットです。以下のお客様の声に対して、
指定されたカテゴリの中から適切なものを選んでカテゴリ名だけを返答してください。説明、
謝罪文、お礼のメッセージは不要です。リストにないカテゴリは使用しないでください。

### お客様の声
お客様の声

### カテゴリ
- 配送
- 製品品質
- カスタマーサービス
- 価格
- 機能性
- その他
```

入力変数（「お客様の声」）

このプロンプトのポイントは以下の通りです。

1	オンラインショッピングのサービスを想定するよう、シナリオや文脈を明確にしている
2	「配送」「製品品質」「カスタマーサービス」「価格」「機能性」「その他」のいずれかに分類するよう、分類結果を明確に指示している
3	カテゴリ名だけを返答し、説明、謝罪文、お礼のメッセージは不要と、返答結果を明確にしている

1 ［GPTでプロンプトを使用してテキストを作成する］をクリック

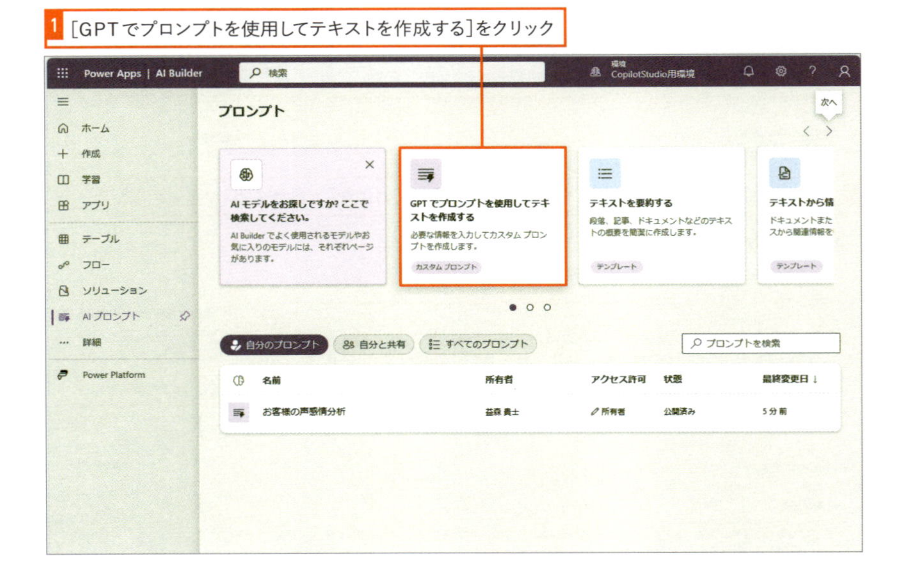

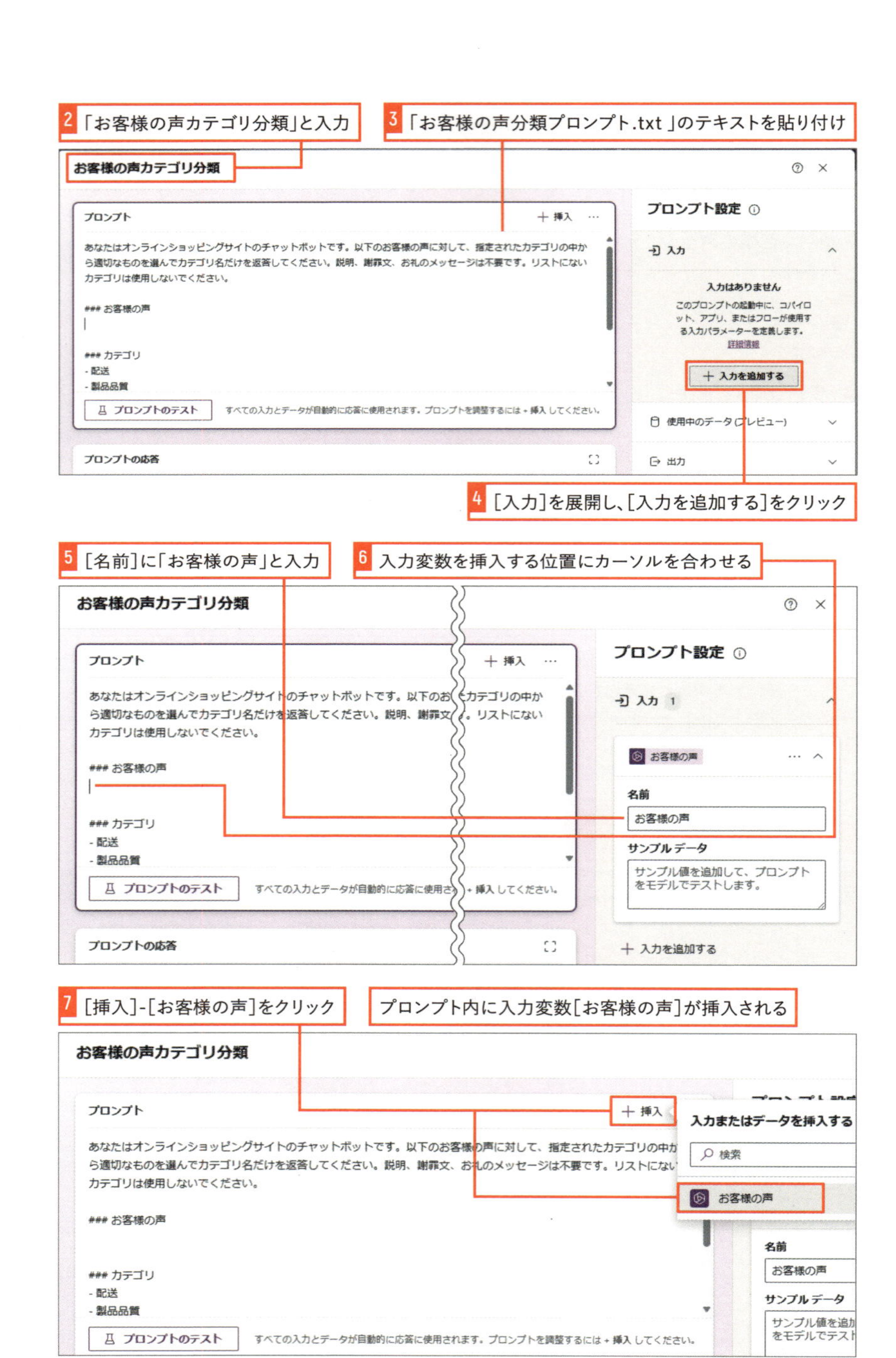
2「お客様の声カテゴリ分類」と入力
3「お客様の声分類プロンプト.txt」のテキストを貼り付け
お客様の声カテゴリ分類
プロンプト
＋挿入
あなたはオンラインショッピングサイトのチャットボットです。以下のお客様の声に対して、指定されたカテゴリの中から適切なものを選んでカテゴリ名だけを返答してください。説明、謝罪文、お礼のメッセージは不要です。リストにないカテゴリは使用しないでください。
お客様の声
カテゴリ
- 配送
- 製品品質
プロンプトのテスト
すべての入力とデータが自動的に応答に使用されます。プロンプトを調整するには + 挿入 してください。
プロンプトの応答
プロンプト設定
入力
入力はありません
このプロンプトの起動中に、コパイロット、アプリ、またはフローが使用する入力パラメーターを定義します。
詳細情報
＋ 入力を追加する
使用中のデータ (プレビュー)
出力
4［入力］を展開し、［入力を追加する］をクリック
5［名前］に「お客様の声」と入力
6入力変数を挿入する位置にカーソルを合わせる
お客様の声
名前
サンプル データ
サンプル値を追加して、プロンプトをモデルでテストします。
＋ 入力を追加する
7［挿入］-［お客様の声］をクリック
プロンプト内に入力変数［お客様の声］が挿入される
入力またはデータを挿入する
検索

■プロンプトをテストする

保存をしたら、プロンプトのテストを行います。[サンプルデータ] に、例えば、「商品が思ったよりも早く届いた」といった入力をして、[プロンプトのテスト] を選択し、カテゴリ名だけ返信されることを確認します。

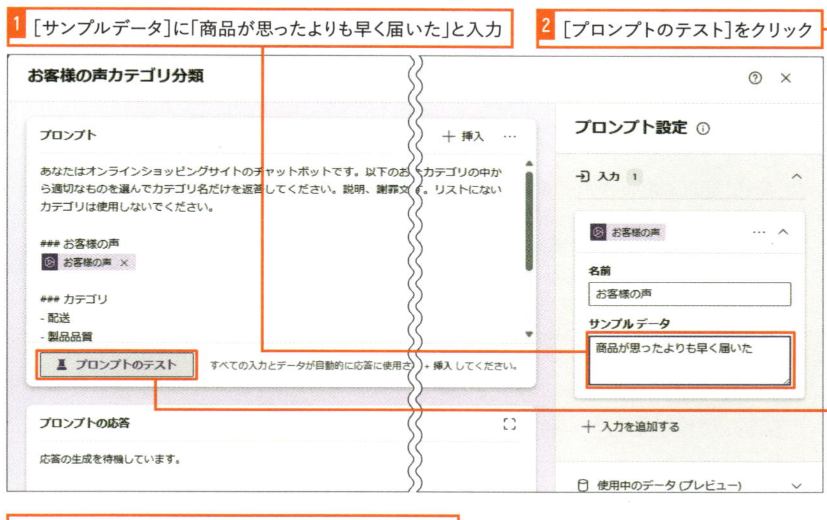

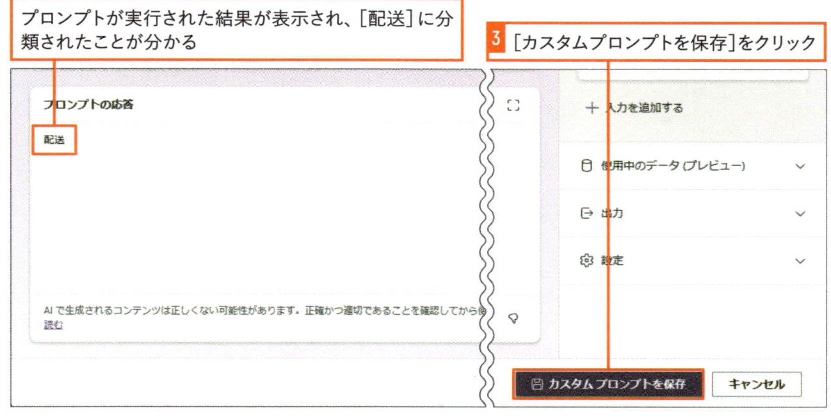

利用者が入力する内容を想定し、事前にプロンプトのテストを行うことが重要です。これにより、より精度の高い応答を得るための準備が整います。

期待した結果が返ってこない場合

ChatGPTアプリや製品版のCopilotでも同様ですが、AIプロンプトを利用する場合においても、同じプロンプトを入力したとしても、異なる応答が返ってくる場合があります。もし、テストをした結果、カテゴリ分類結果以外のテキストが返されたり、想定と異なる分類結果が返されたりする場合は、以下の例のように、より具体的にカテゴリの選択基準を指示してみてください。

配送: 配送速度、遅延、追跡情報についての声。
製品品質: 製品の状態、耐久性、欠陥についての声。
カスタマーサービス: サポートの対応、応対の質、解決までの時間についての声。
価格: 製品の価格、割引、コストパフォーマンスについての声。
機能性: 製品の使いやすさ、機能、パフォーマンスについての声。
その他: 上記に該当しない声。

また、AIプロンプトでは、2024年5月より、GPTのモデルを選択できるようになりました。執筆時点ではプレビューですが、GPT 4oを選択できるようになったため、期待した応答が返ってこない場合は、モデルを変更して試してみることも検討ください。

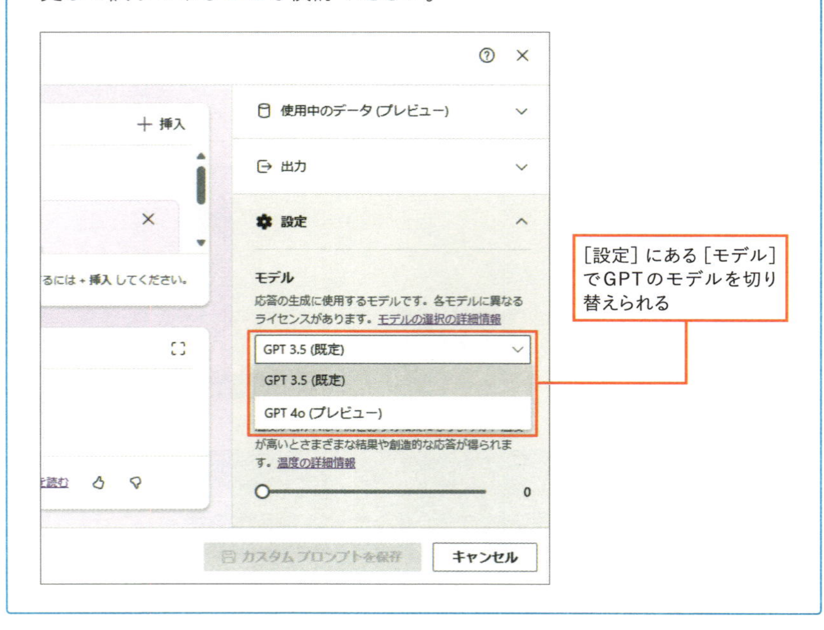

04　返答文を自動で生成するAIプロンプトを作成する

続いて、入力した内容に応じて、返答文を自動で生成するプロンプトを作成します。テンプレートではなく、自分で一からプロンプトを作成するため、[GPTでプロンプトを使用してテキストを作成する] を選択し、以下のようなプロンプトを作成し、「お客様の声返答文作成」という名前で保存します。利用者がCopilotに入力するお客様の声、感情分析結果は毎回異なるため、「お客様の声」、「感情分析結果」という入力変数を追加し、プロンプト内に挿入をします。

今回は、**先に作成したプロンプトに比べ、より複雑な指示をしているため、GPT-3.5より高度な理解力を持ち、複雑な指示や微妙なニュアンスを正確に理解する能力が優れているGPT-4oの方を利用します**。そのため、[設定] の [モデル] を [GPT 4o（プレビュー）] にします。

```
###前提条件
あなたはオンラインショッピングサイトのチャットボットです。

###ゴールと変数の定義
ゴール: お客様の声に対して、感情分析結果に基づいた適切な返答文を作成すること。
感情分析結果は、「否定」、「中立」、「肯定」のいずれかです。

変数:
お客様の声: お客様の声
感情分析結果: 感情分析結果

###手順の実行プロセス
[C1] お客様の声の内容を確認する。
[C2] 感情分析結果を確認する。
[C3] 感情分析結果に基づいて返答文を作成する。

- 感情分析結果が「否定」の場合:お詫びの気持ちを込めた返答文を作成します。

例: "この度はお買い上げいただき、誠にありがとうございます。商品のページと実際に
届いた商品の品質にギャップがあり、結果として、お手元に届いた商品がご期待に沿えず、
大変申し訳ございませんでした。この度は、お客様の声をお届けいただき誠にありがと
うございました。お客様のご意見を真摯に受け止め、改善に向けて努めてまいりますので、
今後ともどうぞよろしくお願いいたします。"
```

入力変数

- 感情分析結果が「中立」の場合: 感謝の気持ちを込めた返答文を作成する。

例: "この度はお買い上げいただき､誠にありがとうございます。ご意見をお寄せいただき、感謝いたします。今後とも、より良いサービスの提供に努めてまいりますので、どうぞよろしくお願いいたします。"

- 感情分析結果が「肯定」の場合:感謝の気持ちを込めた返答文を作成する。

例: "この度はお買い上げいただき、誠にありがとうございます。商品にご満足いただけたようで、大変うれしく思います。お客様のご期待に応えられたことを嬉しく思います。今後ともご愛顧賜りますよう、よろしくお願い申し上げます。"

###出力形式
感情分析結果に基づいた謝罪文または感謝文。

###制約事項
詳細情報の問い合わせやお客様にネクストアクションを求めることはしない。感情分析結果に忠実に、適切な返答文を作成する。

このプロンプトのポイントは以下の通りです。

1	カテゴリ分類のプロンプトと同様に、オンラインショッピングのサービスを想定するよう、シナリオや文脈を明確にしている
2	感情分析の結果が「肯定」「否定」「中立」それぞれにおいての返答文の作成基準を例も含めて具体的に指示している
3	今回は、あくまでお客様の声を投稿して返答をすることに特化したCopilotのため、利用者により詳細な情報やネクストアクションを求めたりしないよう制約事項を明確に指示している
4	手順を具体的に段階を追って説明している。[C1] [C2] [C3] は、手順の各ステップを識別するためのラベル。各ステップを明確に区分し、参照しやすくするために利用している

1 [GPTでプロンプトを使用してテキストを作成する]をクリック

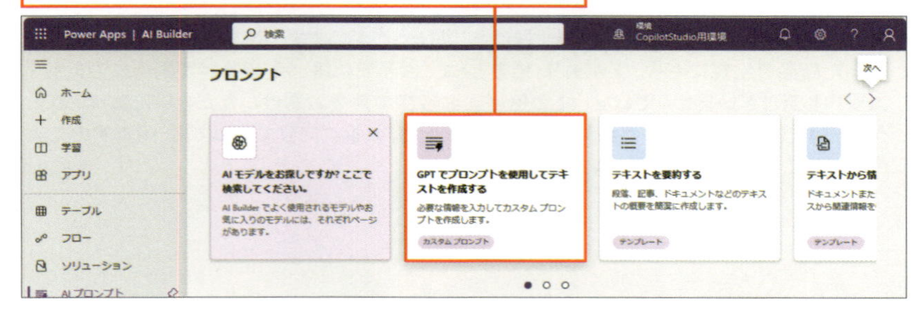

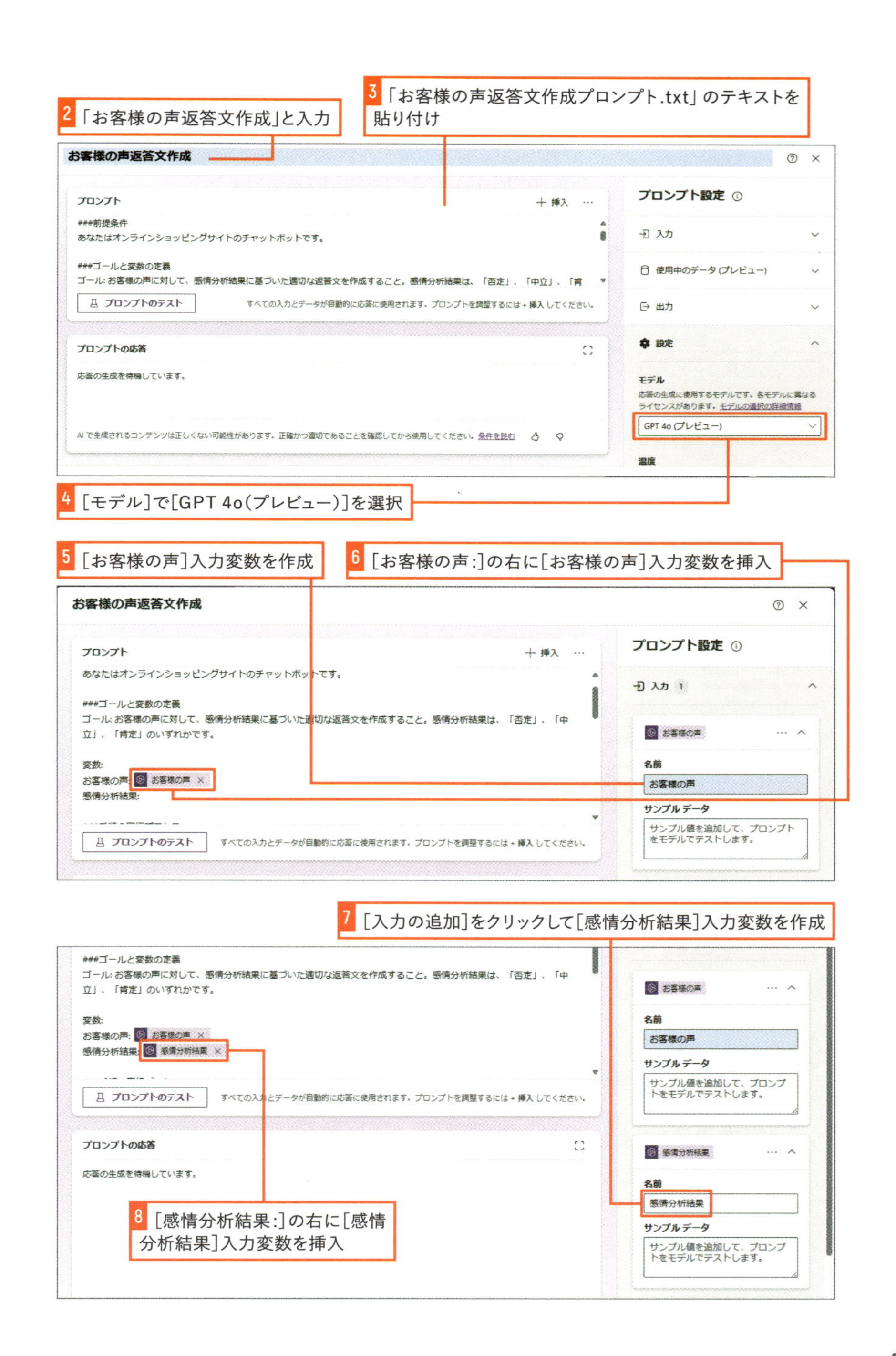
2 「お客様の声返答文作成」と入力
3 「お客様の声返答文作成プロンプト.txt」のテキストを貼り付け
お客様の声返答文作成
プロンプト
###前提条件
あなたはオンラインショッピングサイトのチャットボットです。
###ゴールと変数の定義
ゴール: お客様の声に対して、感情分析結果に基づいた適切な返答文を作成すること。感情分析結果は、「否定」、「中立」、「肯
プロンプトのテスト
すべての入力とデータが自動的に応答に使用されます。プロンプトを調整するには + 挿入 してください。
プロンプトの応答
応答の生成を待機しています。
AI で生成されるコンテンツは正しくない可能性があります。正確かつ適切であることを確認してから使用してください。条件を読む
プロンプト設定
入力
使用中のデータ (プレビュー)
出力
設定
モデル
応答の生成に使用するモデルです。各モデルに異なるライセンスがあります。モデルの選択の詳細情報
GPT 4o (プレビュー)
温度
4 [モデル]で[GPT 4o(プレビュー)]を選択
5 [お客様の声]入力変数を作成
6 [お客様の声:]の右に[お客様の声]入力変数を挿入
変数:
お客様の声: お客様の声
感情分析結果:
名前
サンプルデータ
サンプル値を追加して、プロンプトをモデルでテストします。
7 [入力の追加]をクリックして[感情分析結果]入力変数を作成
感情分析結果
8 [感情分析結果:]の右に[感情分析結果]入力変数を挿入
活用編
第4章 お客様の声を効率的に処理するCopilotを作成する

■プロンプトをテストする

保存をしたら、プロンプトのテストを行います。[サンプルデータ] として例えば、[お客様の声] 入力変数に、「配送追跡情報がリアルタイムで更新されていなかったため、商品の到着状況を把握するのが少し難しかったです。もっと頻繁に更新されると安心です。」といった入力をして、[感情分析結果] 入力変数に「否定」と入力し、[プロンプトのテスト] を選択し、謝罪の気持ちを込めた返答文が返されることを確認します。

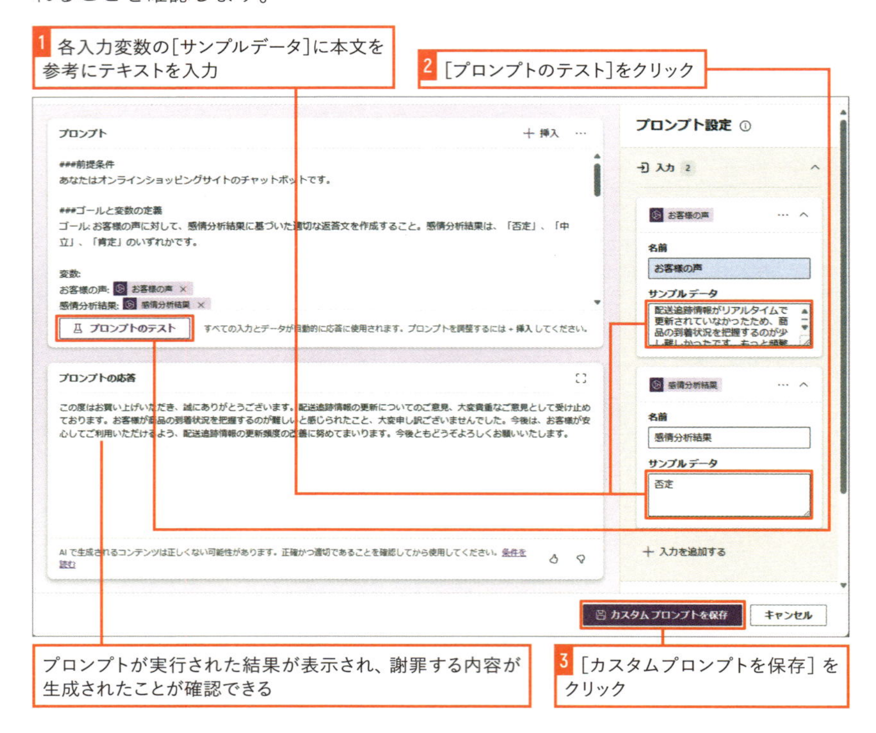

例文を上手く使って具体的に指示をしよう

文章の作成を指示する際、指示に例文を含めることは非常に有効です。これにより、生成AIが一貫して適切な応答を生成しやすくなります。組織で好まれる文章のスタイルがある場合は、そのスタイルに基づいた例文を含めることが重要です。

LESSON 16

情報を登録するデータベースの作成

お客様の声の情報を登録するデータベースを作成します。第3章と同様に本章でも、Microsoft Dataverseを利用します。今回は､｢お客様の声DB.xlsx｣というファイルを利用してテーブルを作成します。

練習用ファイル　お客様の声DB.xlsx

01 データを蓄積するためのテーブルを作成

Copilot利用者が入力したお客様の声､AIプロンプトが判定した感情分析の結果、カテゴリ分類、返答文等を蓄積するためのテーブルを作成します。次のLESSONで作成するクラウドフローがこのテーブルにこれらの情報を登録します。**Power Appsに備わっている製品としてのCopilot機能の一つにExcelファイルをアップロードするだけでMicrosoft Dataverseのテーブルを作成する機能があります**。これを利用して効率的にテーブルを作成します。

Excelファイルをアップロードしてテーブルを作成する

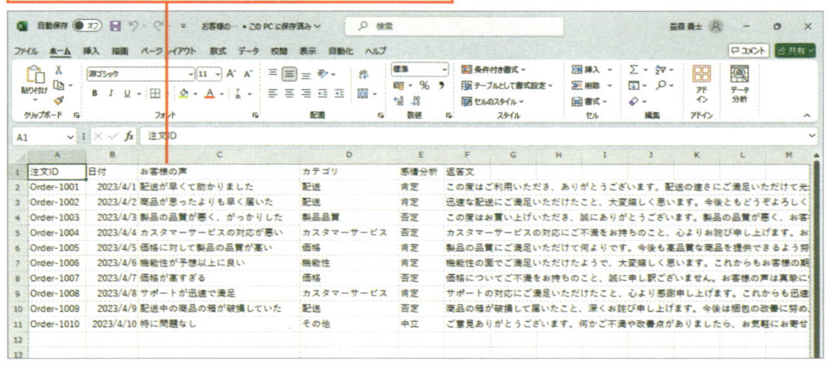

注文ID	日付	お客様の声	カテゴリ	感情分析	返答文
Order-1001	2023/4/1	配送が早くて助かりました	配送	肯定	この度はご利用いただき、ありがとうございます。配送の速さにご満足いただけて光
Order-1002	2023/4/2	商品が思ったよりも早く届いた	配送	肯定	迅速な配送にご満足いただけたこと、大変嬉しく思います。今後ともどうぞよろしく
Order-1003	2023/4/3	製品の品質が悪く、がっかりした	製品品質	否定	この度はお買い上げいただき、誠にありがとうございます。製品の品質が悪く、お客
Order-1004	2023/4/4	カスタマーサービスの対応が悪い	カスタマーサービス	否定	カスタマーサービスの対応にご不満をお持ちのこと、心よりお詫び申し上げます。お
Order-1005	2023/4/5	価格に対して製品の品質が高い	価格	肯定	製品の品質にご満足いただけて何よりです。今後も高品質な商品を提供できるよう努
Order-1006	2023/4/6	機能性が予想以上に良い	機能性	肯定	機能性の面でご満足いただけたようで、大変嬉しく思います。これからもお客様の期
Order-1007	2023/4/7	価格が高すぎる	価格	否定	価格についてご不満をお持ちのこと、誠に申し訳ございません。お客様の声は真摯に
Order-1008	2023/4/8	サポートが迅速で満足	カスタマーサービス	肯定	サポートの対応にご満足いただけたこと、心より感謝申し上げます。これからも迅速
Order-1009	2023/4/9	配送中の商品の箱が破損していた	配送	否定	商品の箱が破損して届いたこと、深くお詫び申し上げます。今後は梱包の改善に努め、
Order-1010	2023/4/10	特に問題なし	その他	中立	ご意見ありがとうございます。何かご不満や改善点がありましたら、お気軽にお寄せ

現在の業務で使用しているExcelファイルを基に、データベースのテーブルを簡単に作成することも可能です。非常に便利な機能のため、他のシナリオでも活用しましょう。

この機能を使って自動で作られたテーブルは、必ずしも毎回同じ結果となるわけではありません。テーブル名や列の名前が以下の表と異なる場合は、これから説明する手順通りに行っても作成ができなくなるため、同じになるよう修正しましょう。

■Customer Feedbackテーブル

列表示名	列スキーマ名	データの種類
注文ID	orderid	1行テキスト※プレーンテキスト
日付	date	［日付と時刻］※日付のみ
お客様の声	customerfeedback	複数行テキスト
カテゴリ	customerservice	1行テキスト※選択肢でも良いが、今回は1行テキストにする
感情分析	category	1行テキスト※選択肢でも良いが、今回は1行テキストにする
返答文	response	複数行テキスト

02 Excelファイルをアップロードする

Power Appsを開き、左メニューの[テーブル]を選択し、[Excelまたは.CSVファイルで作成する]を選択し、「お客様の声DB.xlsx」ファイルをアップロードします。このExcelには、注文に関する情報、お客様の声、カテゴリ、感情分析結果、返答文等をそれぞれ登録するための列を持っています。今回は本書用に用意したものを使いますが、自分でテーブルを作成する場合も、情報を登録するための列をそれぞれ用意することがポイントとなります。

1 [テーブル]-[Excelまたは.CSVファイルで作成する]をクリック

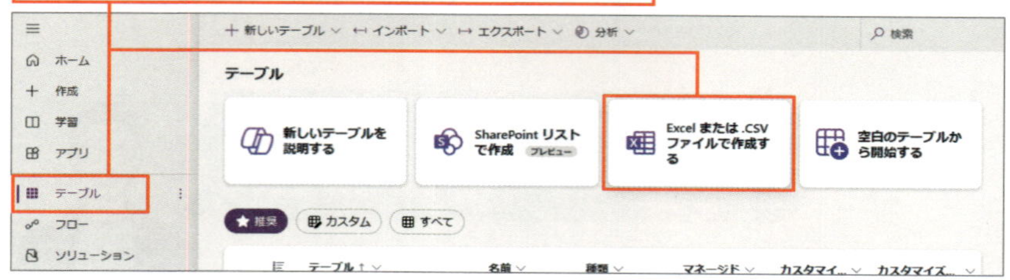

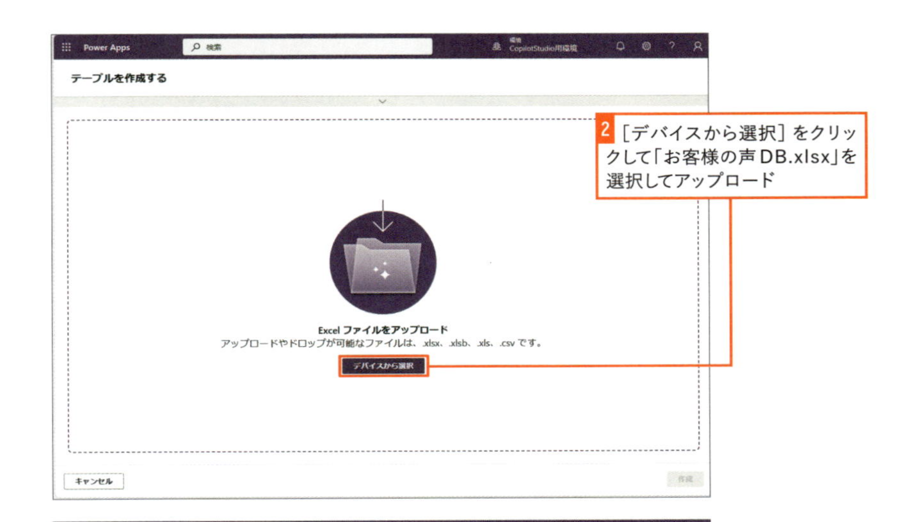
Power Apps
テーブルを作成する
Excel ファイルをアップロード
アップロードやドロップが可能なファイルは、.xlsx、.xlsb、.xls、.csv です。
デバイスから選択
キャンセル
2 ［デバイスから選択］をクリックして「お客様の声DB.xlsx」を選択してアップロード

Power Apps
テーブルを作成する
Excelファイルを基にテーブルが自動で作成された
データの種類やスキーマ名は152ページの表の通りに修正する必要がある
テーブルのプロパティを編集する
行の所有権
注文記録
注文ID
日付
お客様の声
列の編集
Order-1001 2023/04/01
Order-1002 2023/04/02 商品が思ったよりも早く届いた
Order-1003 2023/04/03 製品の品質が悪く、がっかりした
Order-1004 2023/04/04 カスタマーサービスの対応が悪い
Order-1005 2023/04/05 価格に対して製品の品質が高い
Order-1006 2023/04/06 機能性が予想以上に良い
一例として［お客様の声］列を修正する
3 列名の横の［v］-［列の編集］をクリック

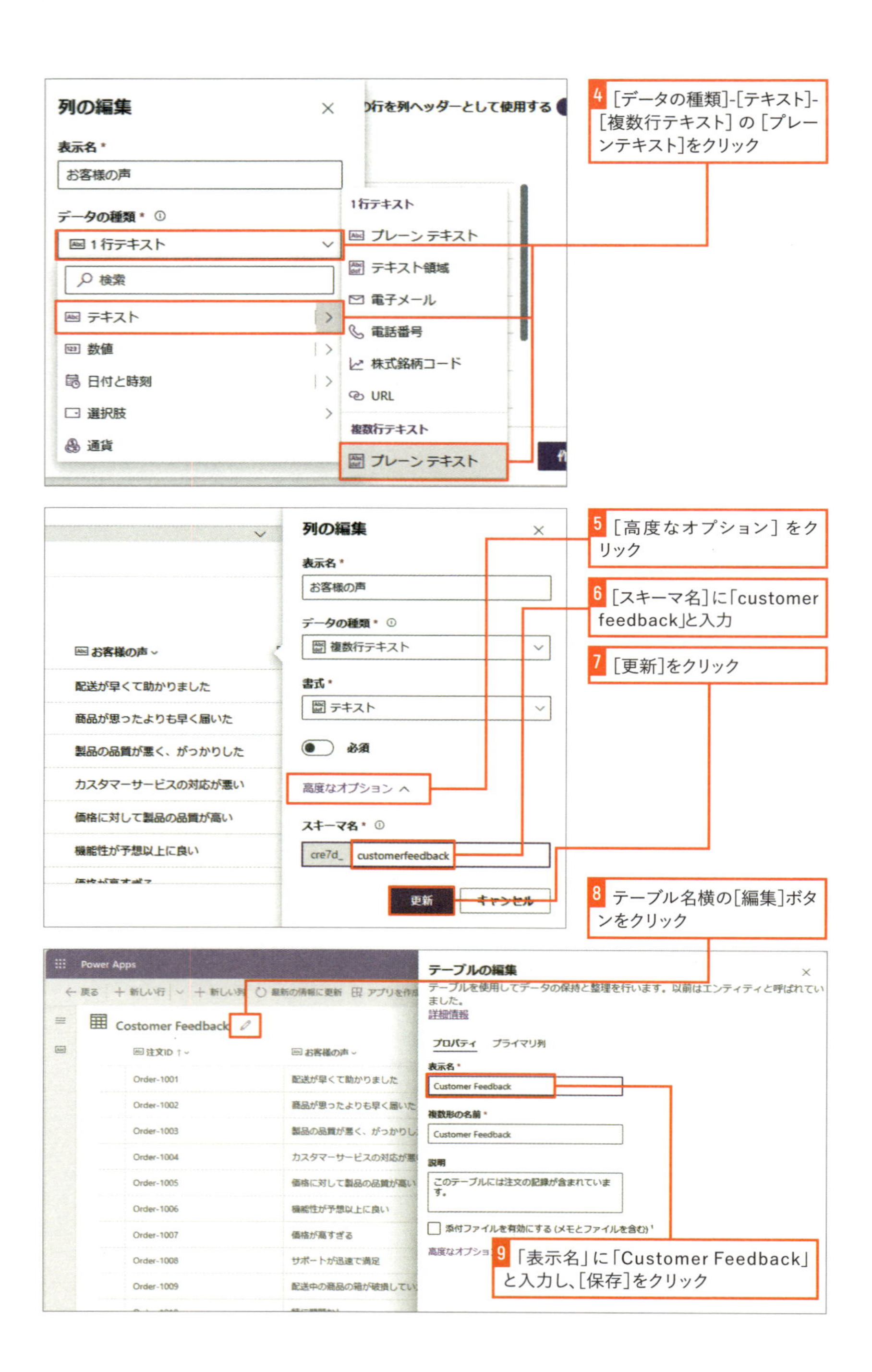

列の編集
表示名 *
お客様の声
データの種類 *
1行テキスト
検索
テキスト
数値
日付と時刻
選択肢
通貨
1行テキスト
プレーン テキスト
テキスト領域
電子メール
電話番号
株式銘柄コード
URL
複数行テキスト
プレーン テキスト
4 [データの種類]-[テキスト]-[複数行テキスト]の[プレーンテキスト]をクリック
列の編集
表示名 *
お客様の声
データの種類 *
複数行テキスト
書式 *
テキスト
必須
高度なオプション
スキーマ名 *
cre7d_
customerfeedback
更新
キャンセル
お客様の声
配送が早くて助かりました
商品が思ったよりも早く届いた
製品の品質が悪く、がっかりした
カスタマーサービスの対応が悪い
価格に対して製品の品質が高い
機能性が予想以上に良い
5 [高度なオプション]をクリック
6 [スキーマ名]に「customer feedback」と入力
7 [更新]をクリック
8 テーブル名横の[編集]ボタンをクリック
Power Apps
Costomer Feedback
注文ID
お客様の声
Order-1001
Order-1002
Order-1003
Order-1004
Order-1005
Order-1006
Order-1007
Order-1008
Order-1009
テーブルの編集
テーブルを使用してデータの保持と整理を行います。以前はエンティティと呼ばれていました。
詳細情報
プロパティ
プライマリ列
表示名 *
Customer Feedback
複数形の名前 *
Customer Feedback
説明
このテーブルには注文の記録が含まれています。
添付ファイルを有効にする (メモとファイルを含む)
9 「表示名」に「Customer Feedback」と入力し、[保存]をクリック

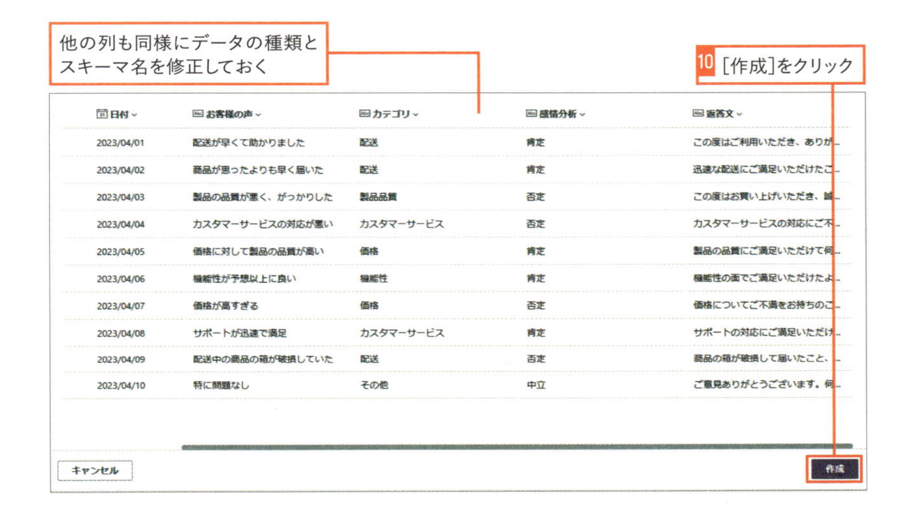

日付	お客様の声	カテゴリ	感情分析	返答文
2023/04/01	配送が早くて助かりました	配送	肯定	この度はご利用いただき、ありが…
2023/04/02	商品が思ったよりも早く届いた	配送	肯定	迅速な配送にご満足いただけたこ…
2023/04/03	製品の品質が悪く、がっかりした	製品品質	否定	この度はお買い上げいただき、誠…
2023/04/04	カスタマーサービスの対応が悪い	カスタマーサービス	否定	カスタマーサービスの対応にご不…
2023/04/05	価格に対して製品の品質が高い	価格	肯定	製品の品質にご満足いただけて何…
2023/04/06	機能性が予想以上に良い	機能性	肯定	機能性の面でご満足いただけたよ…
2023/04/07	価格が高すぎる	価格	否定	価格についてご不満をお持ちのこ…
2023/04/08	サポートが迅速で満足	カスタマーサービス	肯定	サポートの対応にご満足いただけ…
2023/04/09	配送中の商品の箱が破損していた	配送	否定	商品の箱が破損して届いたこと、…
2023/04/10	特に問題なし	その他	中立	ご意見ありがとうございます。何…

AI Builderの試用版を有効化しておこう

AI Builder試用版ライセンスでは、30日間の試用期間中、AI Builderの機能を無料で利用できます。AI Builderのライセンスをお持ちでない場合は、この試用版を有効化してから、引き続き今回のCopilotを作成しましょう。ライセンスの詳細については、以下のマイクロソフトのサイトを参考にしてください。

https://learn.microsoft.com/ja-jp/ai-builder/ai-builder-trials

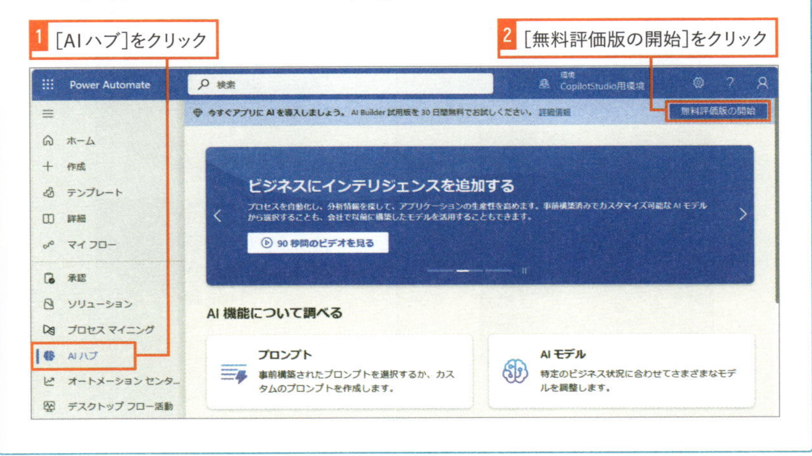

LESSON 17

連携して処理を実行するクラウドフローの作成

Copilotから呼び出され、Copilotから受け取ったお客様の声をAIプロンプトと連携して感情分析、カテゴリ分類、返答文作成を行い、お客様の声データベースへの登録と返答文をCopilotに返すためのクラウドフローを作成します。

01 作成するクラウドフローの処理の流れ

作成するフローの流れは以下の通りです。Copilotからお客様の声を取得する、作成した各種AIプロンプトと連携をする、お客様の声、AIプロンプトの結果をお客様の声データベースに登録した上で、Copilotに返答文を返す処理がポイントとなります。

最後に作成するCopilotは、利用者から受け取ったお客様の声をこちらのクラウドフローに渡して、返答文を受け取り、利用者に返答します。

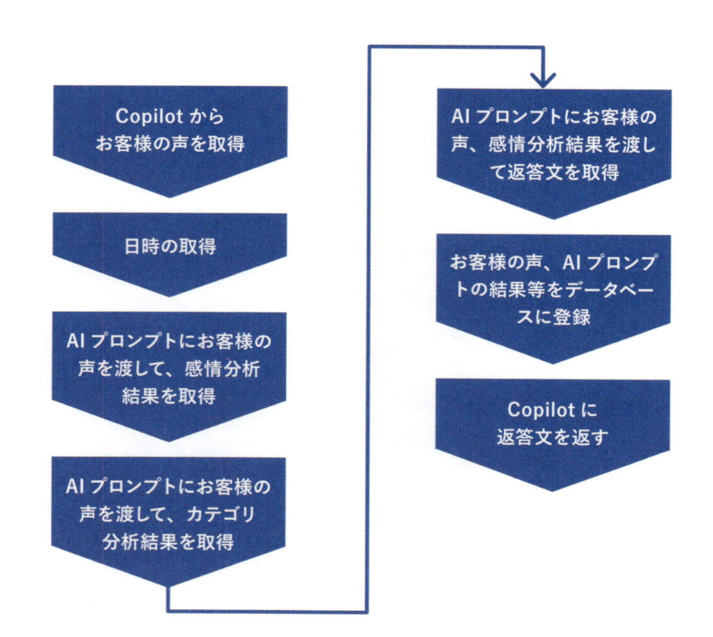

02 ソリューションの作成

作成するCopilotからクラウドフローを呼び出すためには、クラウドフローがソリューションに含まれている必要があるため、先に、ソリューションを作成しておきます。「お客様の声登録ソリューション」という名前で作成し、作成したMicrosoft Dataverseのテーブルを追加しておきます。第3章でも触れた通り、一つの目的を達成するために、Copilot、クラウドフロー、データベースなど、複数のオブジェクトを作成する場合、同じソリューションに含めておくことで、管理、移行がしやすくなります。

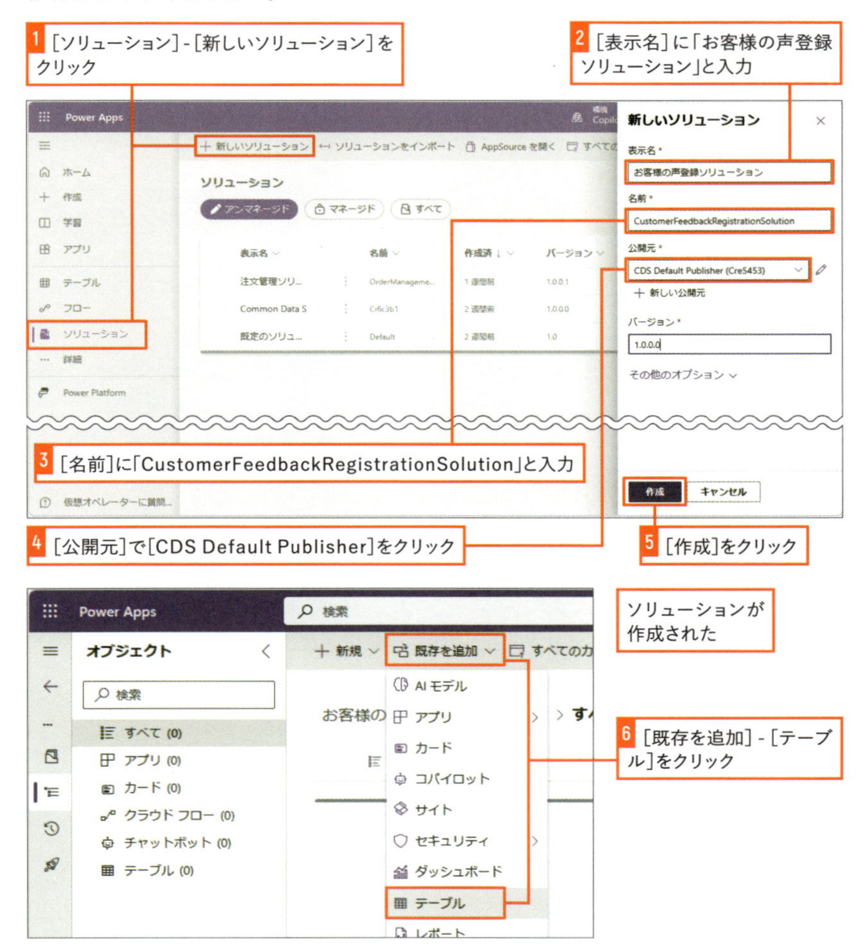

既存の テーブル を追加する
他のソリューションから テーブル、またはソリューションにまだ含まれていない テーブル を選択してください
Dataverse にも追加されます。
1 テーブル 選択済み
表示名
名前
AI Builder Dataset File
msdyn_aibdatasetfile
AI Builder Feedback Loop
msdyn_aibfeedbackloop
AIPluginOperation
aipluginoperation
Connection Instance
connectioninstance
ConversationTranscript
conversationtranscript
Customer Feedback
cre7d_table
Data Movement Service Request
msdyn_dmsrequest
EnableArchivalRequest
enablearchivalrequest
次へ
キャンセル
7 [Customer Feedback]を選択し、[次へ]をクリック

8 [追加]をクリック

選択した テーブル
選択した テーブル に追加するオブジェクトを選択します。
1 テーブル がプロジェクトに追加されます
Customer Feedback
選択されたオブジェクトはありません
オブジェクトを選択する
すべてのオブジェクトを含め
テーブル メタデータを含める
追加
キャンセル

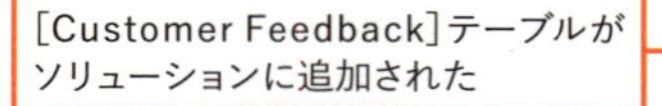
[Customer Feedback]テーブルがソリューションに追加された

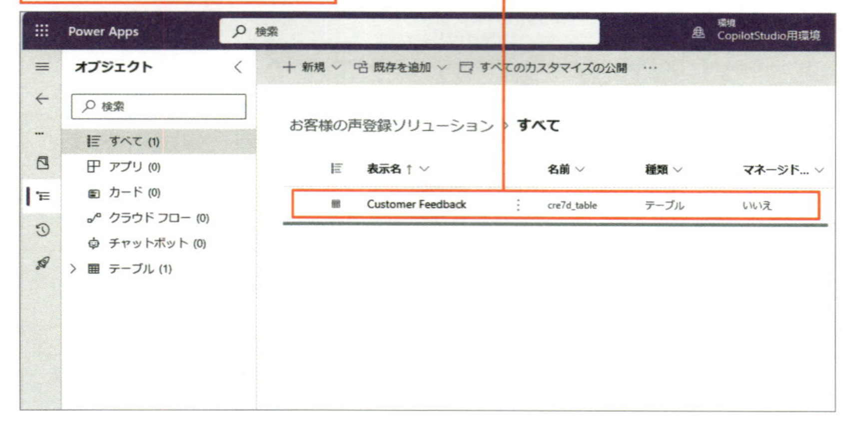
Power Apps
検索
環境
CopilotStudio用環境
オブジェクト
新規
既存を追加
すべてのカスタマイズの公開
すべて (1)
アプリ (0)
カード (0)
クラウド フロー (0)
チャットボット (0)
テーブル (1)
お客様の声登録ソリューション > すべて
表示名
名前
種類
マネージド...
Customer Feedback
cre7d_table
テーブル
いいえ

ソリューションの公開元の設定

ソリューションの公開元を設定することで、ソリューションを配布するような際に誰が作成したものか分かりやすくなります。今回は学習用途で、配布をする想定ではないため、既定で存在する、[CDS Default Publisher]を選択して作成しています。公開元は、ソリューションの一覧の[公開元]列に表示されるため、名前から、ソリューションの公開元を把握することができます。

03 Copilotから情報を受け取る

Power Automateでクラウドフローの作成を開始します。クラウドフローの作成画面が開いたら、[入力の追加]を選択して、[テキスト]を選択し、「注文ID」という名前にします。同様に、「お客様の声」という入力を追加します。この[入力の追加]の設定をすることで、Copilotからお客様の声と注文IDの情報を受け取ることができます。また、お客様の声を登録する際、どの注文を行った人からのお客様の声なのかを識別するために、注文IDも受け取るようにしています。

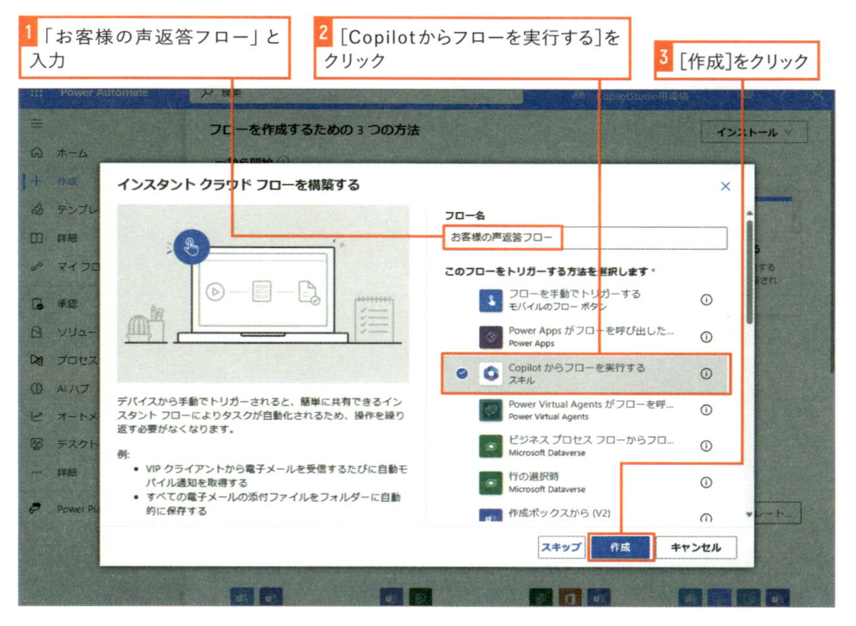

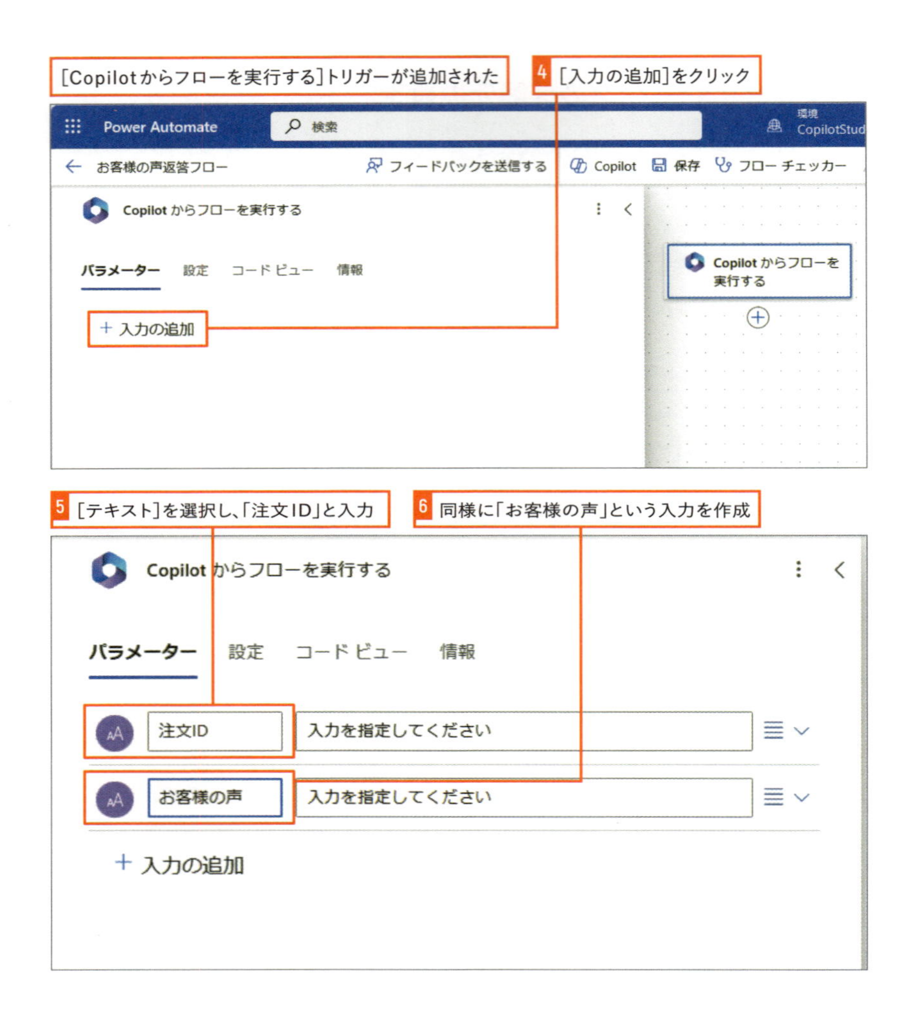

04 現在の時刻を取得する

お客様の声が投稿された日を控え、データベースに併せて登録することで、例えば、今月「配送」に関する満足度が低下しているなどの傾向分析がしやすくなります。そのため、お客様の声をデータベースに登録する前に、[現在の日時] アクションで現在の日時を取得します。また、[タイムゾーンの変換] アクションを追加し、[基準時間] に、[現在の日時] アクションの結果を代入し、クラウドフローが動作した際の日本の日付を取得します。

Power Automateは、内部的にUTC、つまり、日本の時間と比較すると-9時間で動作しています。そのため、現在の時刻を取得した際、日付がずれてしまう場合があります。例えば、6月13日午前8時にクラウドフローが動作した場合、-9時間されて、6月12日になってしまいます。**このようなことを防ぐため、現在の時刻を取得した後、[タイムゾーンを変換]アクションを使うことで、タイムゾーンを変換します**。アクションを追加できたら、クラウドフローを[保存]します。これ以降、アクションを追加する度に、[保存]するようにしてください。

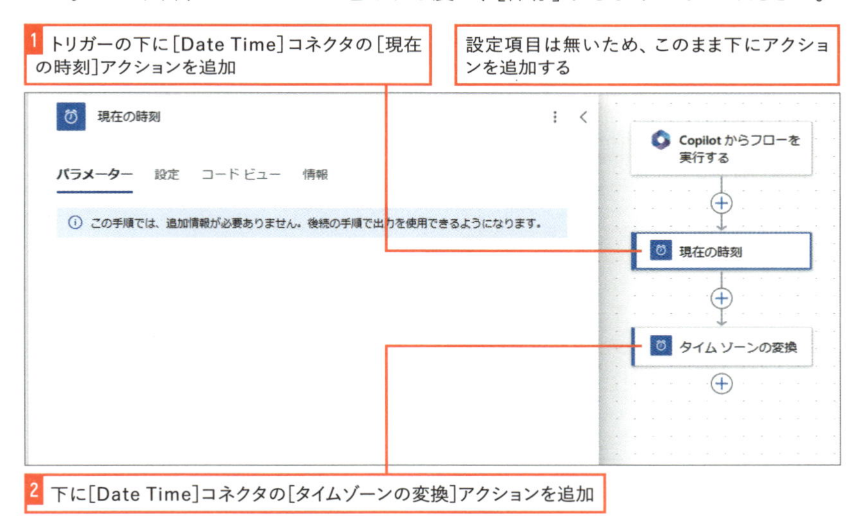

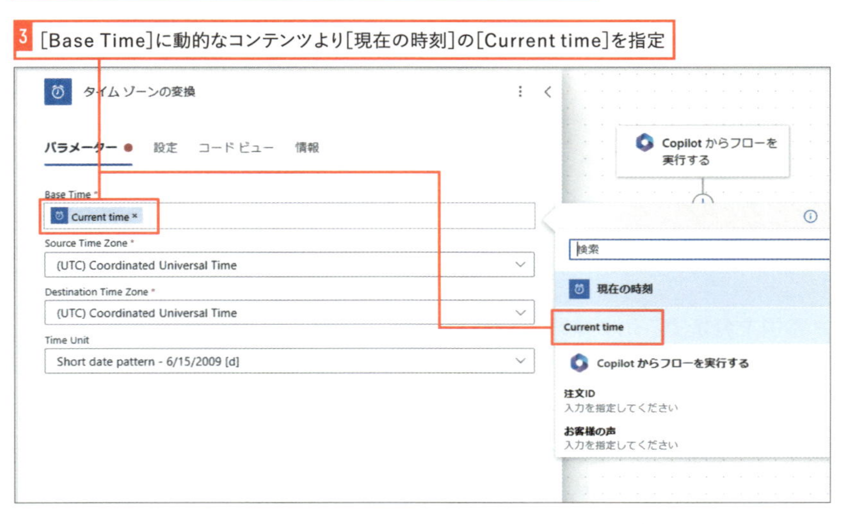

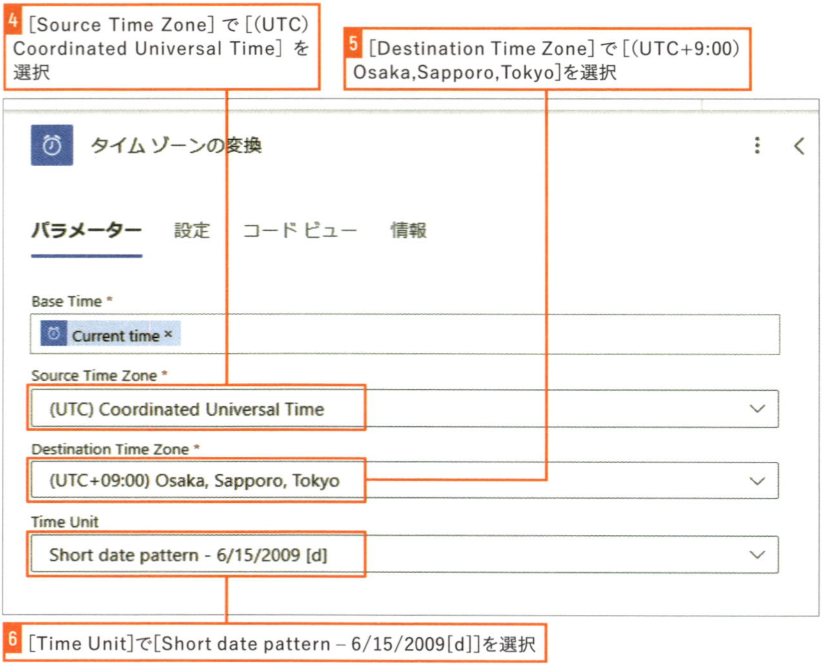

4 [Source Time Zone] で [(UTC) Coordinated Universal Time] を選択

5 [Destination Time Zone] で [(UTC+9:00) Osaka,Sapporo,Tokyo]を選択

タイムゾーンの変換

パラメーター　設定　コード ビュー　情報

Base Time *

Current time ×

Source Time Zone *

(UTC) Coordinated Universal Time

Destination Time Zone *

(UTC+09:00) Osaka, Sapporo, Tokyo

Time Unit

Short date pattern - 6/15/2009 [d]

6 [Time Unit]で[Short date pattern – 6/15/2009[d]]を選択

05 作成したAIプロンプトを呼び出す

AI Builderの[GPTでプロンプトを使用してテキストを作成する]アクションを使うことで、クラウドフローからAIプロンプトを呼び出せます。[プロンプト]に、作成したAIプロンプトの名前を選択すれば設定は完了です。このアクションを3つ順番に追加して、作成した3つのAIプロンプトを呼び出しましょう。AIプロンプトと連携後、保存時に警告が表示されますが、こちらは無視して問題ありません。

■感情を分析するAIプロンプトを呼び出す

まず、Copilotから受け取ったお客様の声の感情を分析するため作成した[お客様の声感情分析]を選択し、[お客様の声]入力変数には、トリガーの入力で定義した[お客様の声]、つまり、Copilotから受け取ったお客様の声を渡します。また、アクションの名前を「感情分析」にします。

1 [タイムゾーンの変換] の下に [AI Builder] コネクタの [GPTでプロンプトを使用してテキストを作成する]アクションを追加

2 [プロンプト]で[お客様の声感情分析]を選択

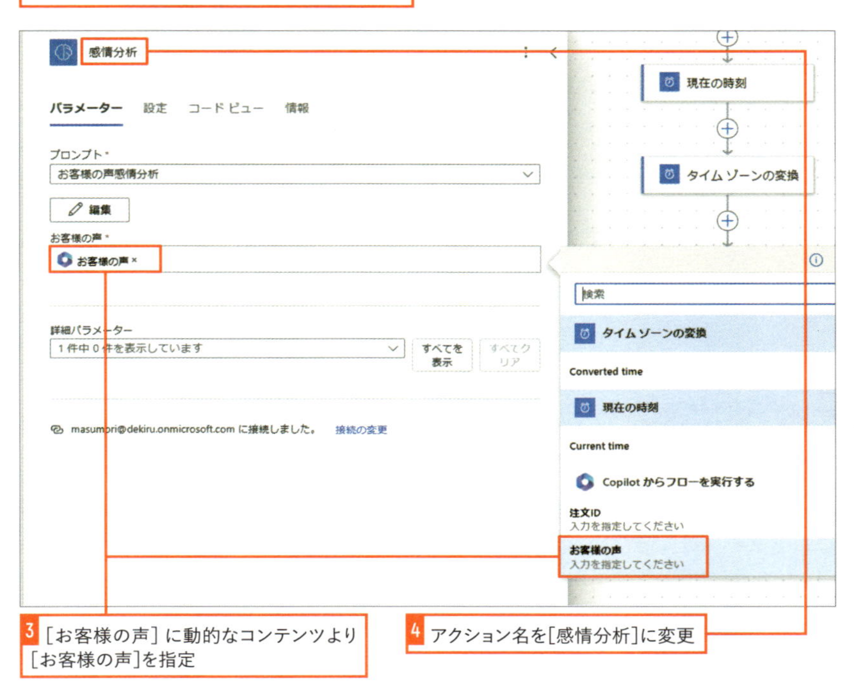

3 [お客様の声] に動的なコンテンツより[お客様の声]を指定

4 アクション名を[感情分析]に変更

■カテゴリ分類をするAIプロンプトを呼び出す

同様の手順で[GPTでプロンプトを使用してテキストを作成する]を追加して、Copilotから受け取ったお客様の声がカテゴリ分類されるようにしましょう。また、アクション名を「カテゴリ分類」にします。

■返答文を自動で生成するAIプロンプトを呼び出す

Copilotから受け取ったお客様の声とAIプロンプトが感情を分析した結果を基に返答文を作成するため、次は[お客様の声返答文作成]プロンプトを選択します。また、[感情分析結果]入力変数には、[感情分析]アクションの結果、つまり感情分析結果を意味する、動的なコンテンツ[Text]を渡します。最後にアクションの名前を「返答文作成」にしましょう。

1 [カテゴリ分類] の下に [AI Builder] コネクタの [GPTでプロンプトを使用してテキストを作成する]アクションを追加

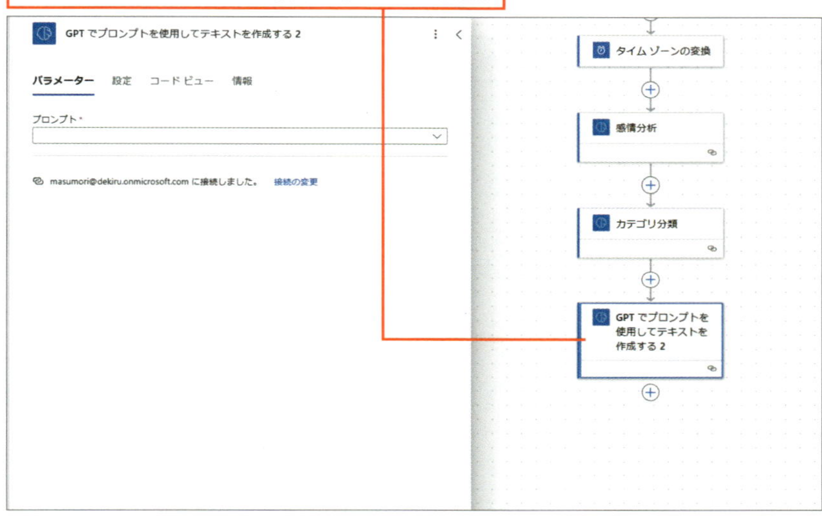

2 アクション名を[返答文作成]に変更

3 [プロンプト]で[お客様の声返答文作成]を選択

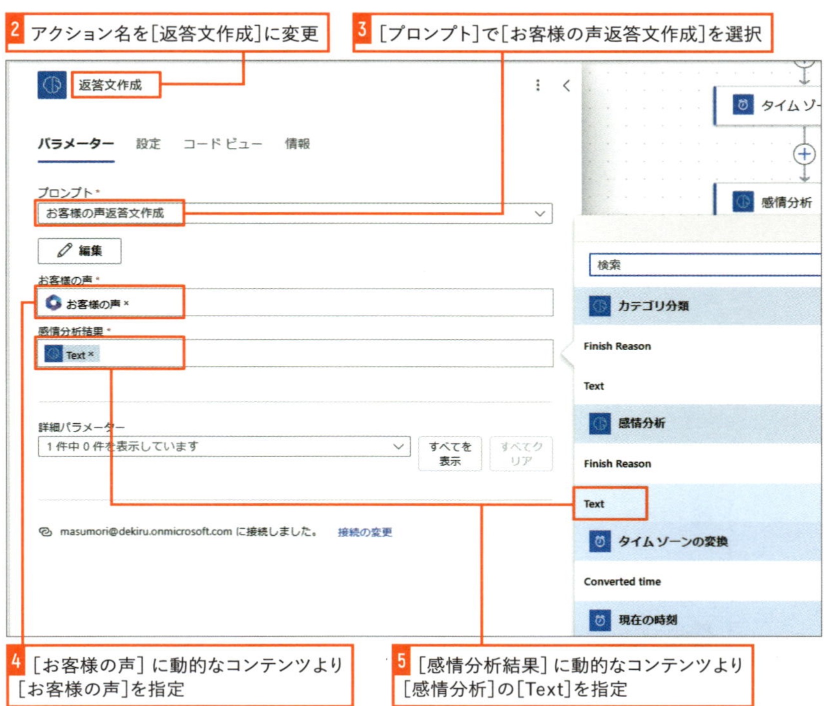

4 [お客様の声] に動的なコンテンツより[お客様の声]を指定

5 [感情分析結果] に動的なコンテンツより[感情分析]の[Text]を指定

クラウドフローでAIプロンプトからの応答を利用する

クラウドフローでAIプロンプトからの応答を利用する場合、[動的なコンテンツ]から、AIプロンプトと連携した際のアクション名の[Text]を選択します。これを使うことで、今回のように、[返答文作成]アクションの入力変数に利用することや、データベースに感情分析した結果を登録することが可能です。

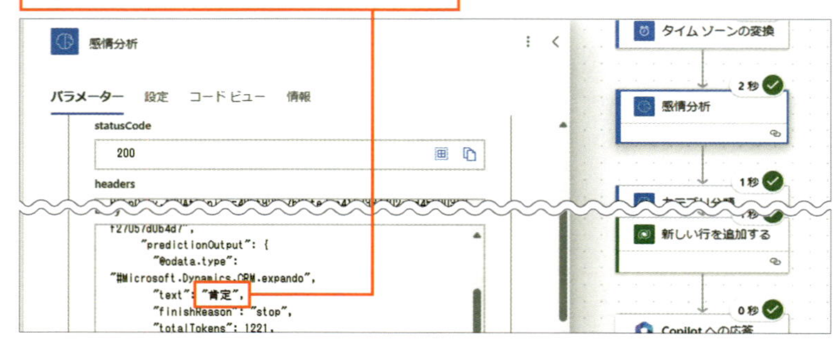

06 受け取った情報や生成結果をデータベースに登録

Copilotから受け取ったお客様の声、日付、AIプロンプトが生成した感情分析結果、カテゴリ分類結果、返答文等をデータベースに登録します。テーブルにデータを登録するために[Microsoft Dataverse]コネクタの[新しい行を追加する]アクションを追加しましょう。テーブル名は[Customer Feedback]を選択し、各列にAIプロンプトからの応答やトリガーで定義した[お客様の声]や[注文ID]を代入していきます。

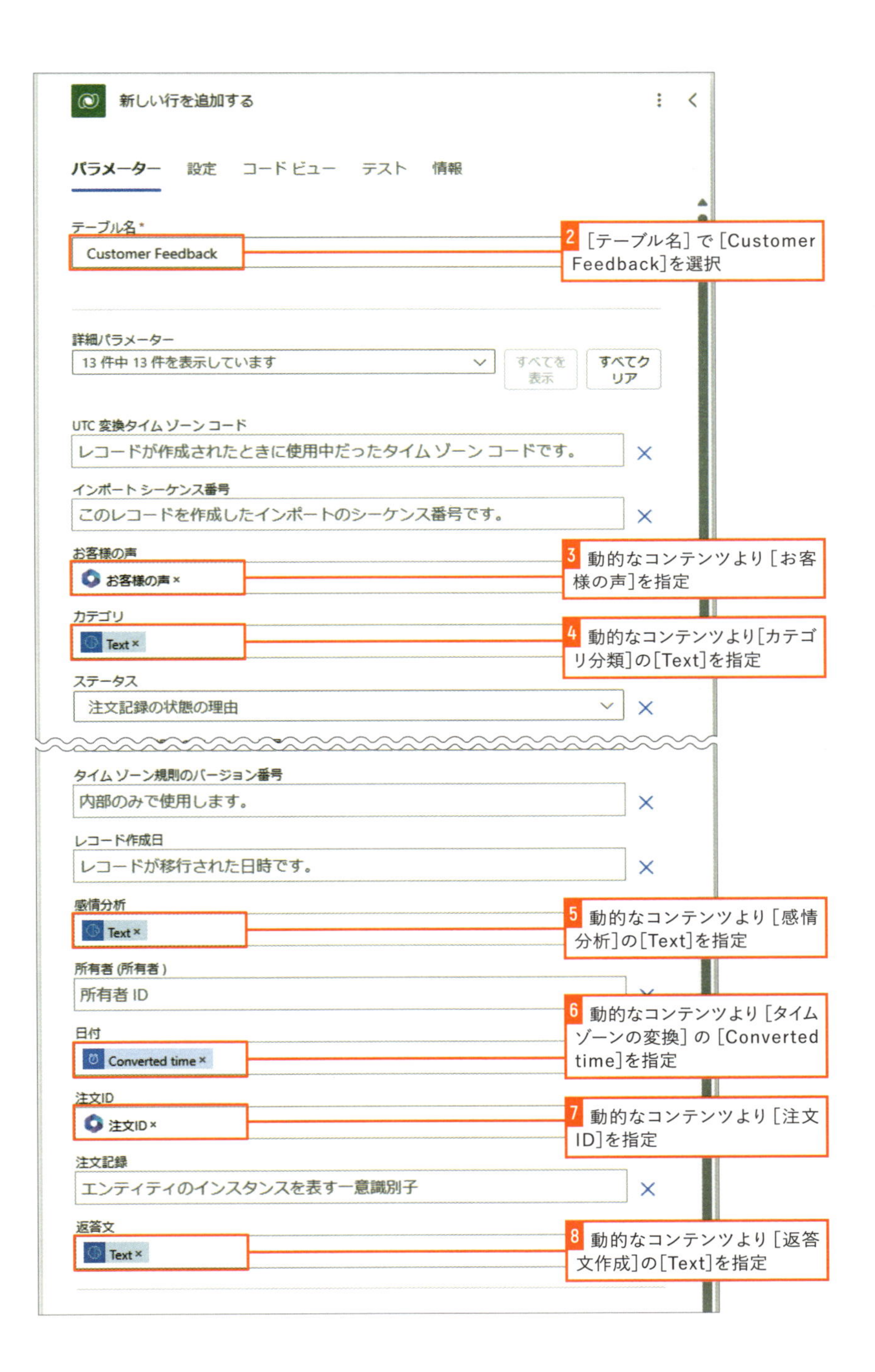
新しい行を追加する
パラメーター
設定
コード ビュー
テスト
情報
テーブル名*
Customer Feedback
2 [テーブル名]で[Customer Feedback]を選択
詳細パラメーター
13 件中 13 件を表示しています
すべてを表示
すべてクリア
UTC 変換タイム ゾーン コード
レコードが作成されたときに使用中だったタイム ゾーン コードです。
インポート シーケンス番号
このレコードを作成したインポートのシーケンス番号です。
お客様の声
お客様の声
3 動的なコンテンツより[お客様の声]を指定
カテゴリ
Text
4 動的なコンテンツより[カテゴリ分類]の[Text]を指定
ステータス
注文記録の状態の理由
タイム ゾーン規則のバージョン番号
内部のみで使用します。
レコード作成日
レコードが移行された日時です。
感情分析
Text
5 動的なコンテンツより[感情分析]の[Text]を指定
所有者 (所有者)
所有者 ID
日付
Converted time
6 動的なコンテンツより[タイムゾーンの変換]の[Converted time]を指定
注文ID
注文ID
7 動的なコンテンツより[注文ID]を指定
注文記録
エンティティのインスタンスを表す一意識別子
返答文
Text
8 動的なコンテンツより[返答文作成]の[Text]を指定

07 CopilotにAIプロンプトが生成した返答文を返す

クラウドフローからCopilotに情報を返すためには、[Copilotへの応答]アクションを利用する必要があります。今回、AIプロンプトが作成した返答文を返すため、出力を追加し、[動的なコンテンツ]から、[返答文作成]の[Text]を追加し、[保存]します。最後に、作成したフローを[お客様の声ソリューション]に追加します。[既存を追加]-[自動化]-[クラウドフロー]から作成したフローを選択します。

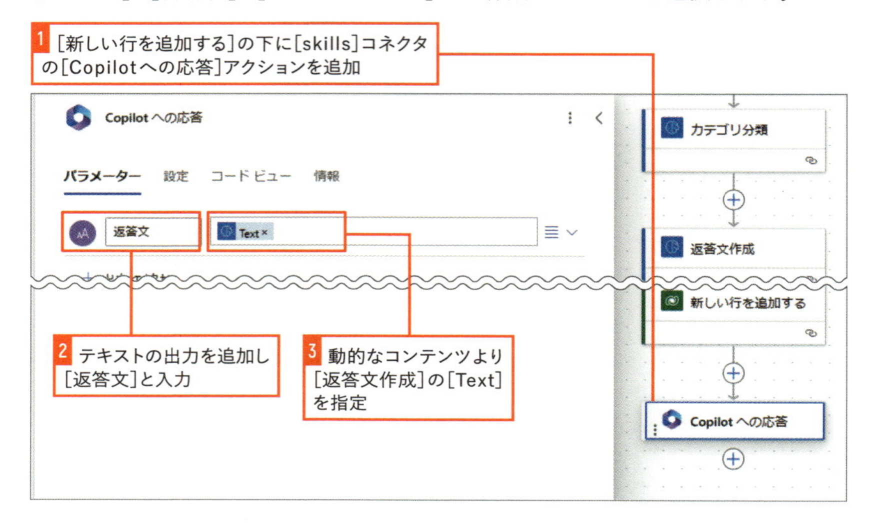

■作成したフローをソリューションに追加する

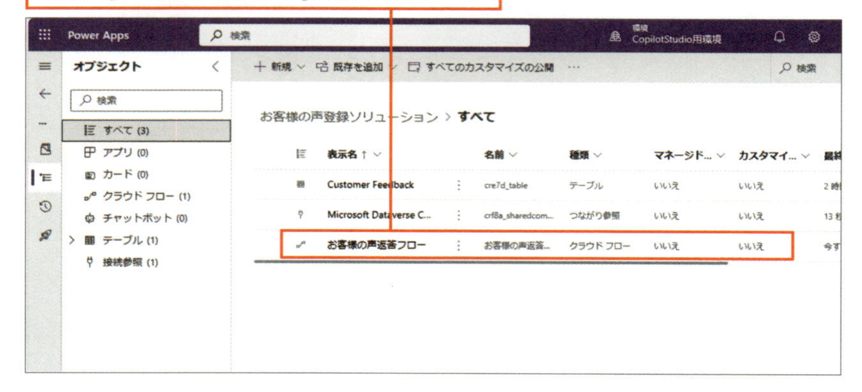

さらに上達!

お客様の声を基に緊急の通知をする

　お客様の声を基に、緊急通知を行うことも可能です。例えば、以下は、作成したクラウドフローを用いて、感情分析の結果が「否定」だった際にTeamsで通知を行う例です。

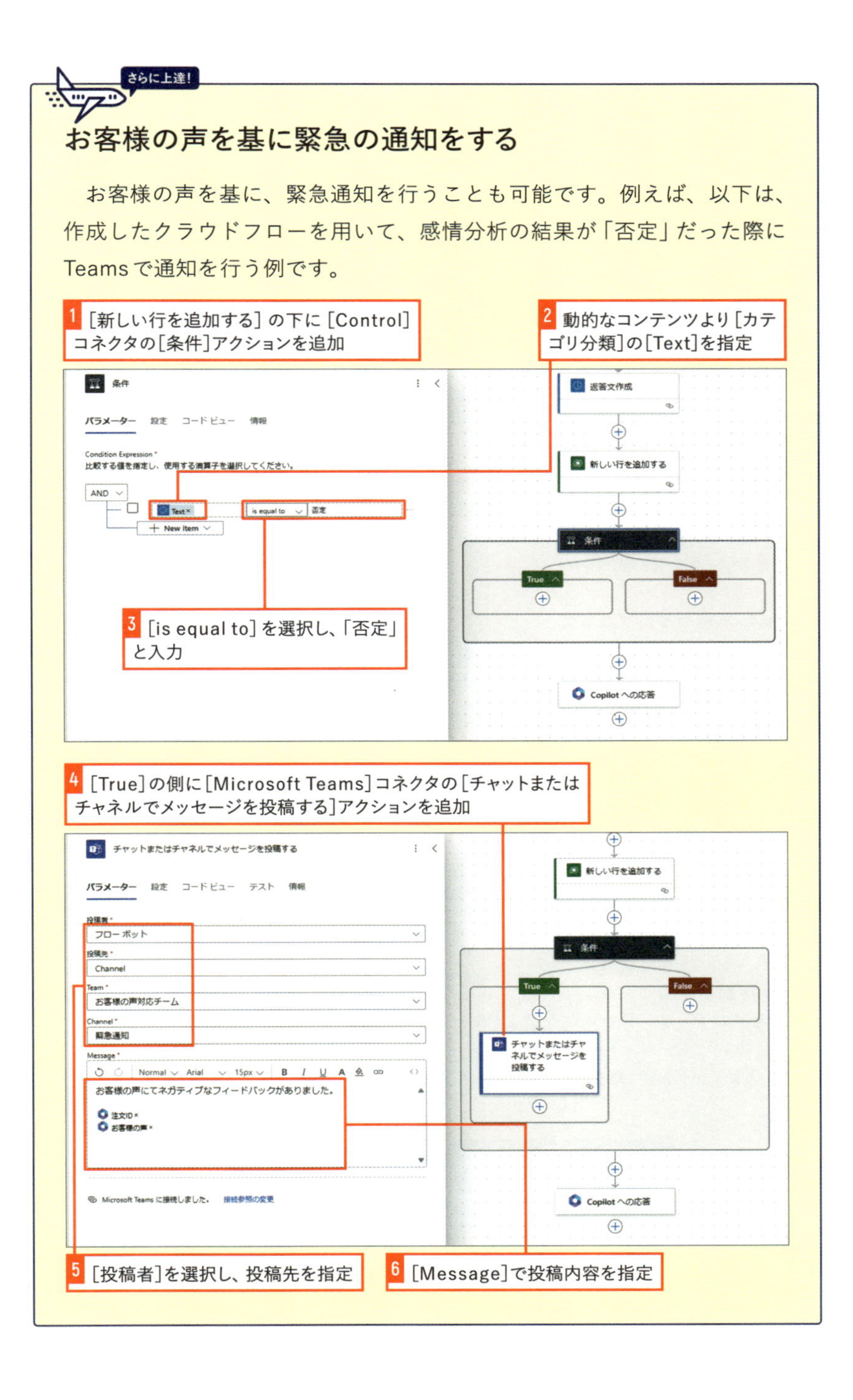

さらに、プロンプトを工夫することで、食品業界で人体に影響を与える問題が報告された場合や、製薬業界で副作用に関する報告がされた場合に、即座に通知することも可能です。以下は、そのような判定を行うためのプロンプトの例です。

■AIプロンプトの例

###前提条件
あなたは食品業界のオンラインショッピングサイトのチャットボットです。

###ゴールと変数の定義
ゴール：お客様の声に人体に影響を及ぼす可能性がある内容を検出し、それに基づいて「必要」か「不要」の応答を返す。

変数：お客様の声 ―― 入力変数

###手順の実行プロセス
[C1] お客様の声の内容を分析する。
[C2] お客様の声に以下のキーワードや表現が含まれているかをチェックする：
「アレルギー」「健康に影響」「副作用」「体調不良」「異物混入」「有害」
[C3] キーワードや表現が含まれているかどうか検出して「必要」か「不要」を返答する

・含まれる場合
必要

・含まれていない場合
不要

###制約事項
特定のキーワードや表現が含まれていない場合は、「不要」とする。
具体的なキーワードや表現に基づき、正確に判断してください。
「必要」か「不要」以外の文字は返答しない。

プロンプトを工夫することで、業界や業務に特化した緊急通知の処理を組み込むことが可能です。自身の業務に応じたプロンプトを作成してみましょう。

LESSON 18

お客様の声を受け付けるCopilotの作成

最後に、利用者からお客様の声を受け付けて、クラウドフローに情報を渡すCopilotを作成します。クラウドフローがお客様の声やAIプロンプトが生成した情報をデータベースへ登録し、Copilotに返答文を返すため、返された情報を利用者に返します。

01 新規Copilotの作成

「お客様の声返答Copilot」という新規Copilotを作成します。作成するCopilotが行うことは主に以下の3つです。

1) 利用者に注文ID、お客様の声の入力を求める
2) 利用者から受け取った情報をクラウドフローに渡す
3) クラウドフロー経由でAIプロンプトが生成した返答文を利用者に返答する

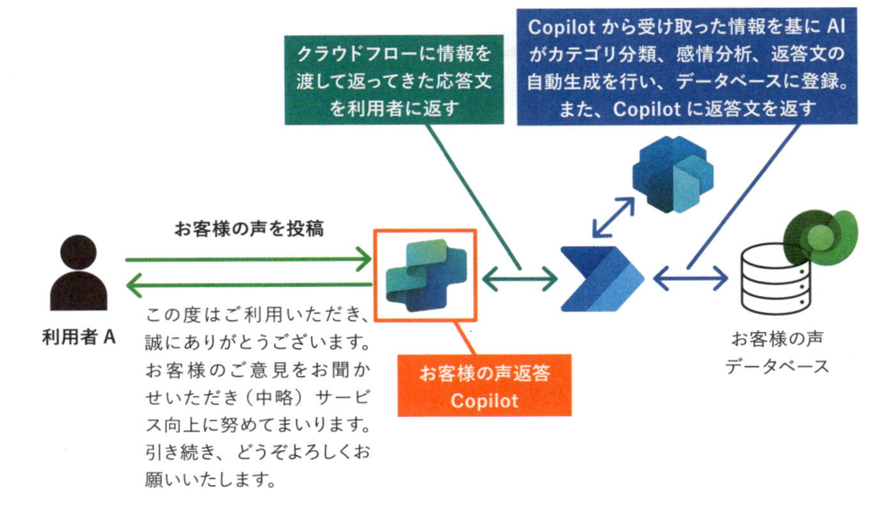

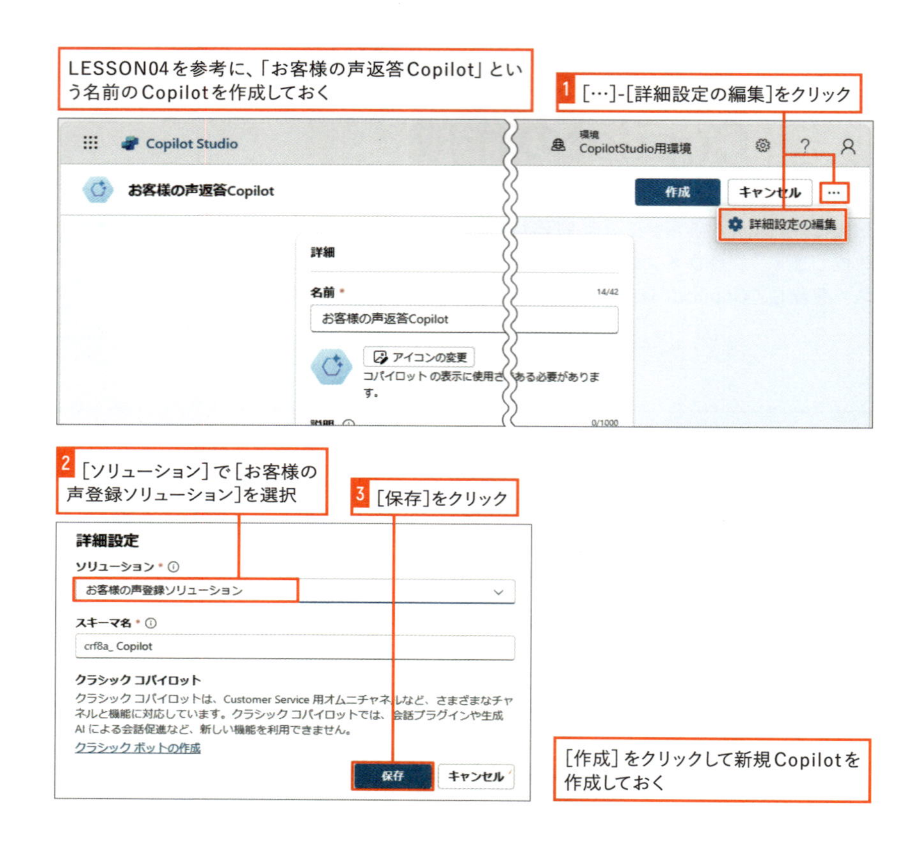

02 注文IDやお客様の声の入力を求める

まず、Copilot利用者に対して、注文IDの入力を求めるための処理を実装します。今回は、会話を開始すると、すぐに入力を求めるようにするため、[会話の開始]システムトピックを開きます。

開始のメッセージにて、お客様の声を受け付けるチャットボットであることが伝わるメッセージに変更しましょう。そして、[質問]ノードを追加し、利用者に注文ID、お客様の声の入力を求め、利用者が入力した内容を変数に格納するようにします。ユーザーが入力した内容を保存する場合は、[特定]で[ユーザーの応答全体]を選択します。また、[ユーザーの応答を名前を付けて保存]の変数には、利用者が入力した注文IDやお客様の声を格納するため、分かりやすい名前にします。

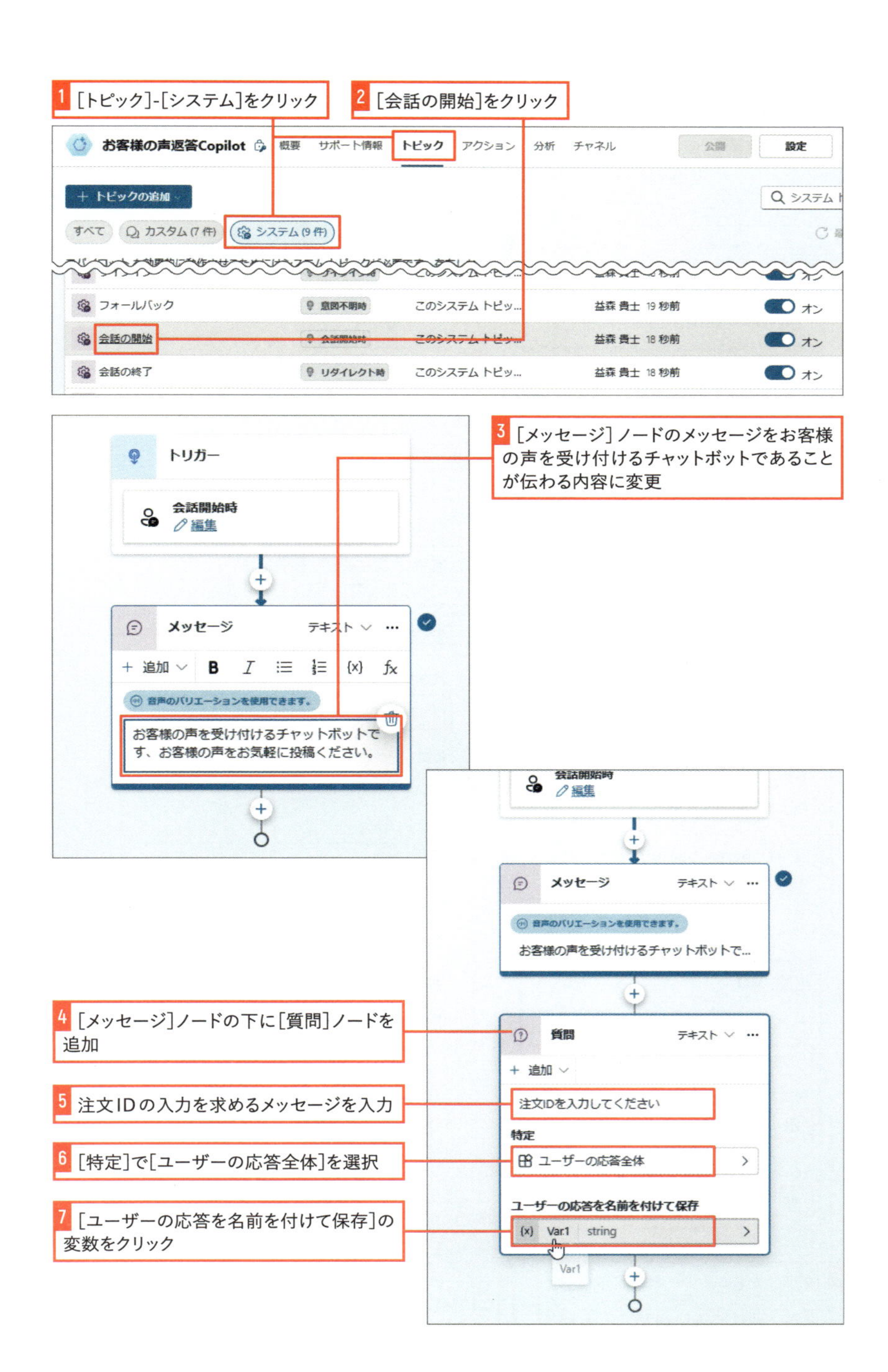
1 [トピック]-[システム]をクリック
2 [会話の開始]をクリック
お客様の声返答Copilot
概要
サポート情報
トピック
アクション
分析
チャネル
公開
設定
トピックの追加
すべて
カスタム (7 件)
システム (9 件)
フォールバック
意図不明時
このシステム トピッ...
益森 貴士 19 秒前
オン
会話の開始
会話開始時
益森 貴士 18 秒前
会話の終了
リダイレクト時
3 [メッセージ]ノードのメッセージをお客様の声を受け付けるチャットボットであることが伝わる内容に変更
トリガー
会話開始時
編集
メッセージ
テキスト
追加
音声のバリエーションを使用できます。
お客様の声を受け付けるチャットボットです、お客様の声をお気軽に投稿ください。
お客様の声を受け付けるチャットボットで...
4 [メッセージ]ノードの下に[質問]ノードを追加
5 注文IDの入力を求めるメッセージを入力
6 [特定]で[ユーザーの応答全体]を選択
7 [ユーザーの応答を名前を付けて保存]の変数をクリック
質問
注文IDを入力してください
特定
ユーザーの応答全体
ユーザーの応答を名前を付けて保存
Var1
string

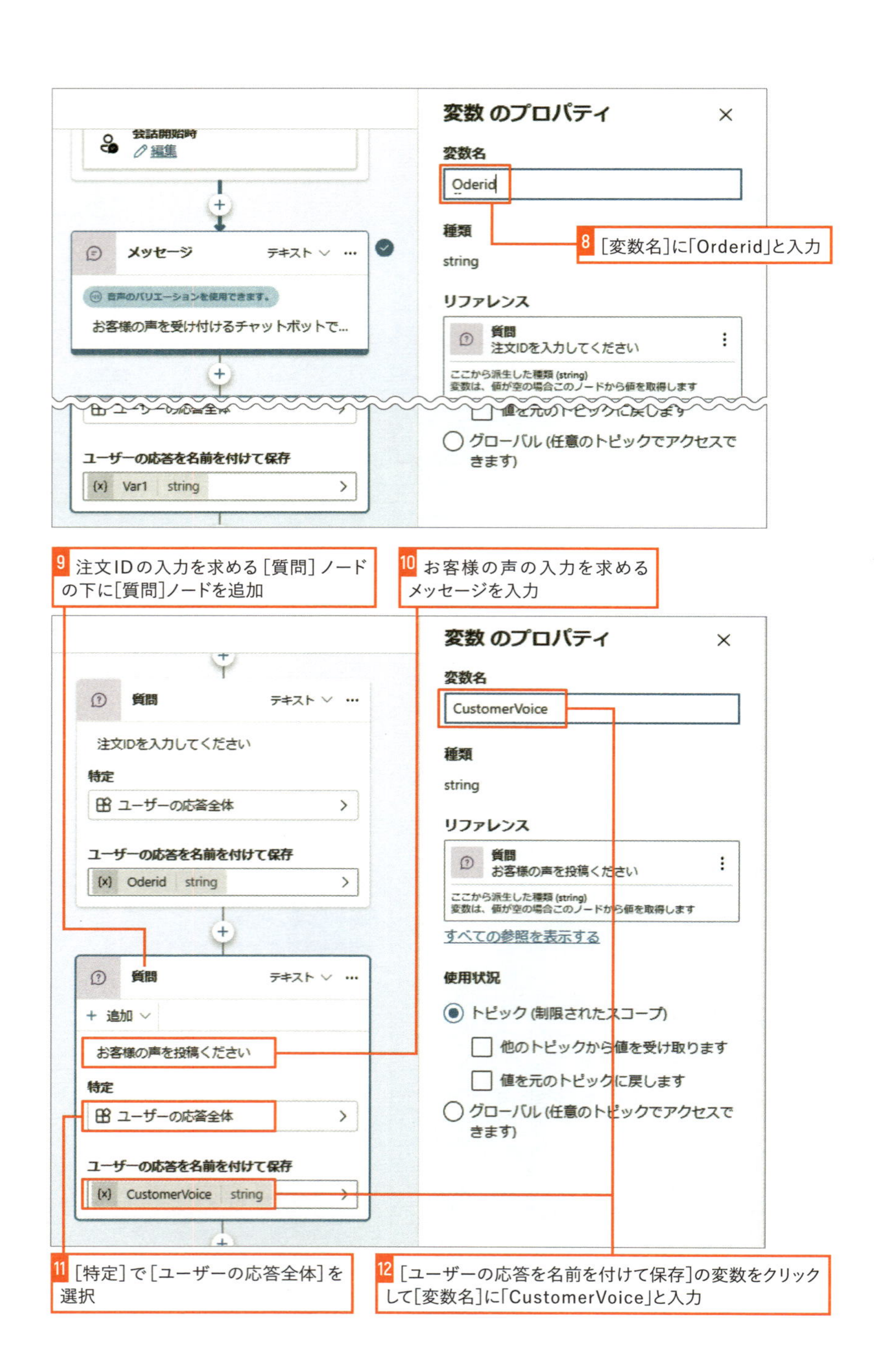

変数 のプロパティ
変数名
Oderid
種類
string
リファレンス
質問
注文IDを入力してください
ここから派生した種類 (string)
変数は、値が空の場合このノードから値を取得します
値を元のトピックに戻します
グローバル (任意のトピックでアクセスできます)
会話開始時
編集
メッセージ
テキスト
音声のバリエーションを使用できます。
お客様の声を受け付けるチャットボットで...
ユーザーの応答を名前を付けて保存
Var1 string
8 [変数名]に「Orderid」と入力
9 注文IDの入力を求める[質問]ノードの下に[質問]ノードを追加
10 お客様の声の入力を求めるメッセージを入力
変数 のプロパティ
変数名
CustomerVoice
種類
string
リファレンス
質問
お客様の声を投稿ください
ここから派生した種類 (string)
変数は、値が空の場合このノードから値を取得します
すべての参照を表示する
使用状況
トピック (制限されたスコープ)
他のトピックから値を受け取ります
値を元のトピックに戻します
グローバル (任意のトピックでアクセスできます)
質問
テキスト
注文IDを入力してください
特定
ユーザーの応答全体
ユーザーの応答を名前を付けて保存
Oderid string
質問
テキスト
追加
お客様の声を投稿ください
特定
ユーザーの応答全体
ユーザーの応答を名前を付けて保存
CustomerVoice string
11 [特定]で[ユーザーの応答全体]を選択
12 [ユーザーの応答を名前を付けて保存]の変数をクリックして[変数名]に「CustomerVoice」と入力

利用者が入力した内容を受け取って変数に保存する

Copilot Studioでは、[質問] ノードを利用して、ユーザーに質問をして、その応答を変数に保存することができます。その際、[特定]にて、[ユーザーの応答全体] を選択すると、ユーザーが入力した内容すべてを変数に格納することができます。この変数に格納した情報をクラウドフローに連携することができます。

03 クラウドフローを呼び出す

利用者に質問をして注文IDとお客様の声の回答を得たら、その情報をお客様の声データベースに登録し、返答文を利用者に返すために、作成したクラウドフローを呼び出します。[アクションを呼び出す] より、作成した [お客様の声返答フロー] を選択し、入力には、利用者が入力した内容を格納した変数である、「Orderid」と「CustomerVoice」を指定します。また、**クラウドフロー側からの返答が「返答文」という変数に自動で格納されます。つまり、こちらの変数にAIプロンプトが生成した返答文が入ります。**

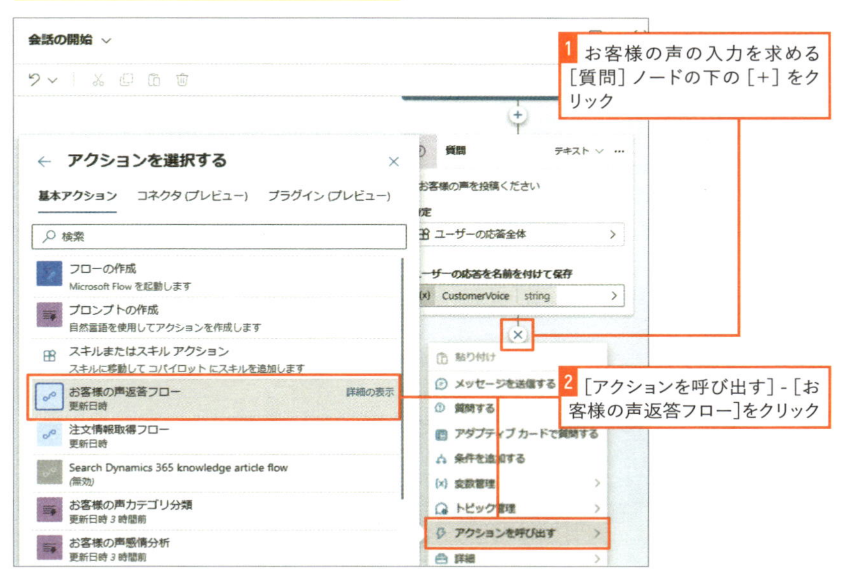

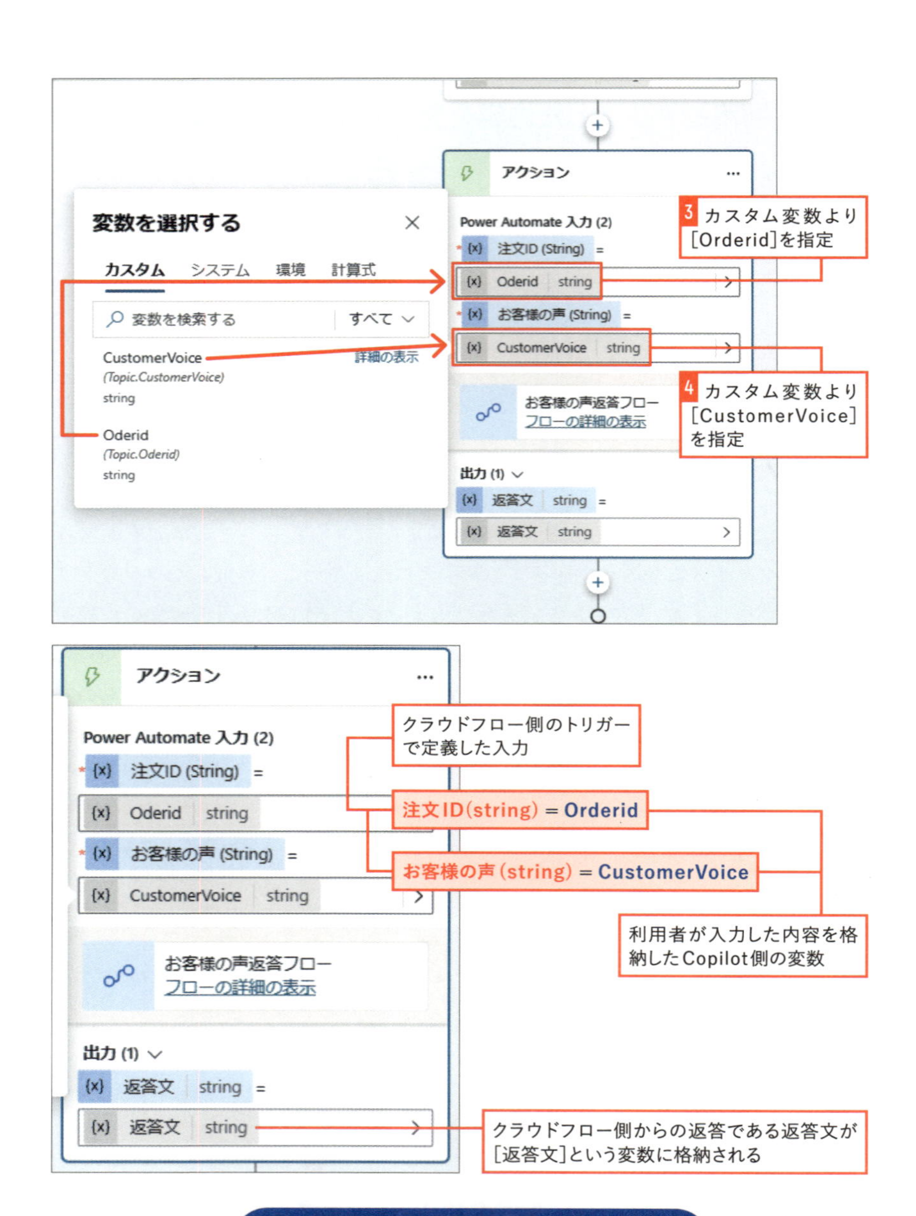

クラウドフローとノーコードで連携してさまざまなクラウドサービスやAIプロンプトと連携できることは、Copilot Studioの強みです。

04 利用者に返答する

クラウドフローがAIプロンプトと連携して作成した返答文をCopilot利用者に返答するために、[メッセージ]ノードを追加します。

クラウドフロー側からの返答が格納されている「返答文」という変数の内容をそのまま送付するため、変数を意味する{x}のアイコンより「返答文」を選択します。最後に、今回はお客様の声を登録する以外の機能は実装していないため、利用者に返答をしたら、[会話の開始]トピックの最初に戻るようにします。

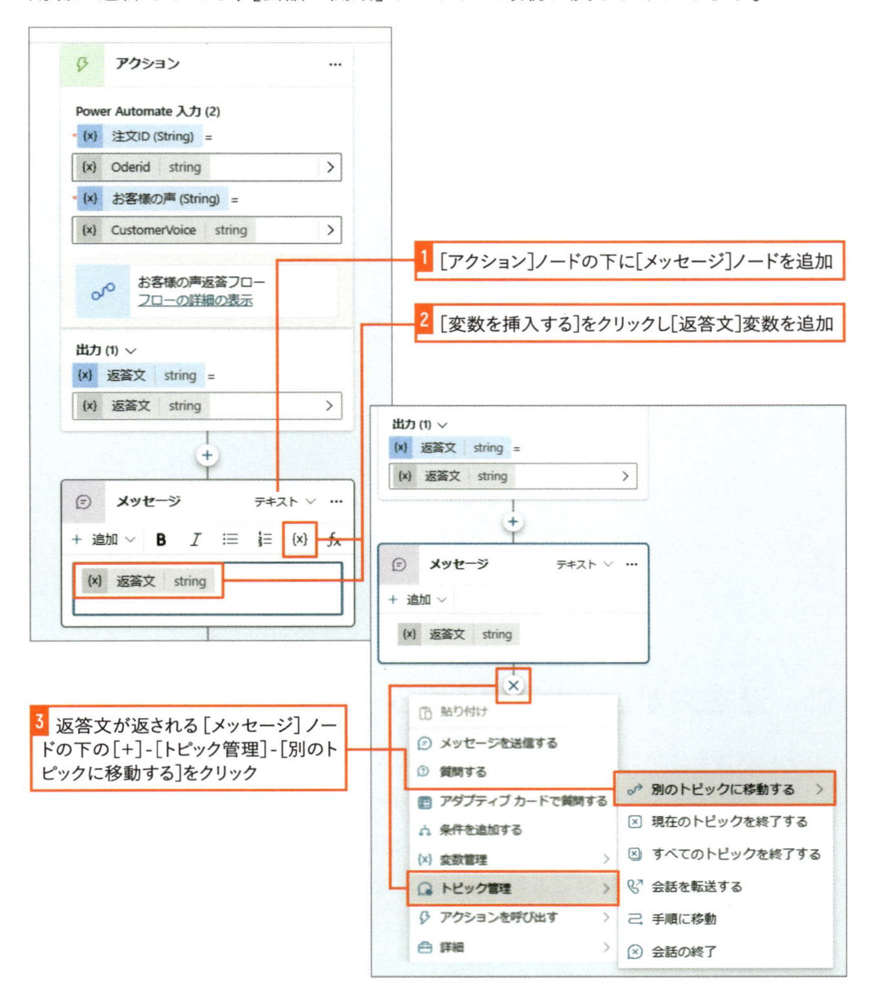

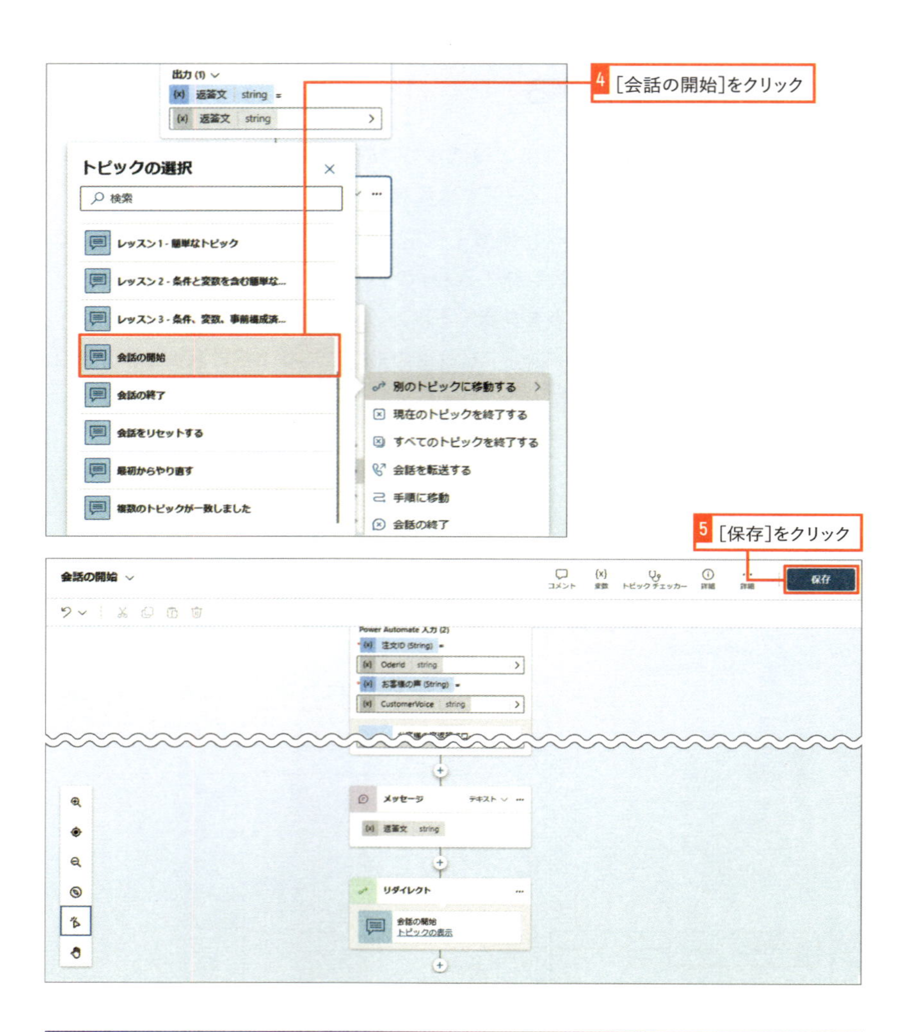

05 返答文が返るかテストする

お客様の声を投稿して、返答文が返ってくるかテストをしてみます。まず、トピックに修正を加えたため、テスト画面でリフレッシュアイコンをクリックし、一旦会話をリセットします。注文IDとお客様の声を入力後、入力内容を踏まえた返答文が返されるか確認しましょう。例えば、満足した旨のお客様の声を投稿すると、その内容についてうれしく思う内容が返され、不満を感じる旨のお客様の声を投稿すると、謝罪をするような内容が返されることを確認します。

［お客様の声返答フロー］側の実行履歴も確認してみましょう。例えば、不満を感じるお客様の声を投稿した際、感情分析の結果が「否定」となっていることやお客様の声データベースに登録されている内容を確認することができます。

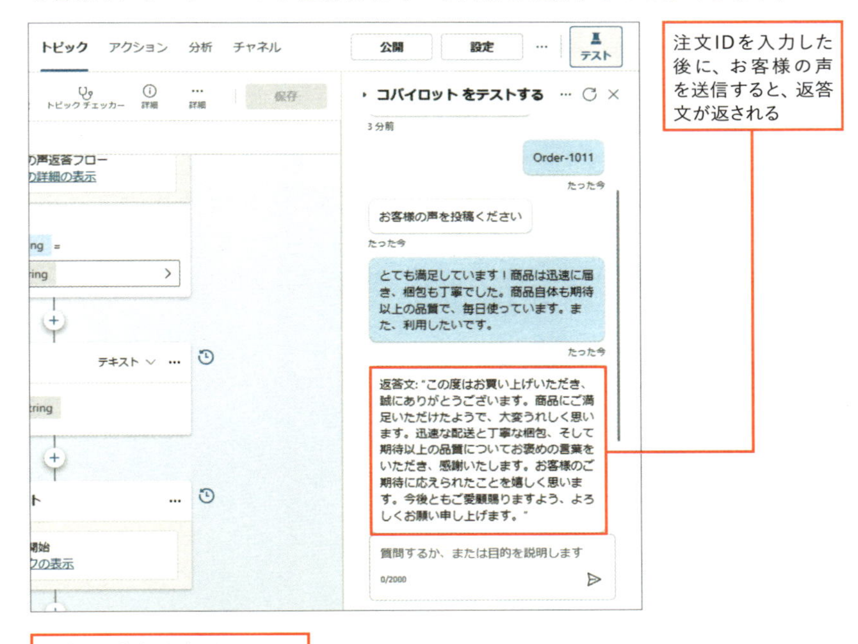

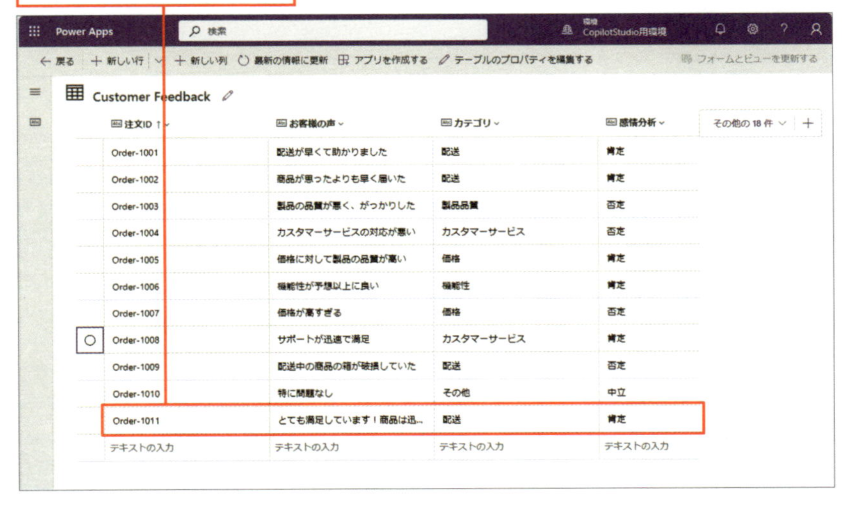

注文ID	お客様の声	カテゴリ	感情分析
Order-1001	配送が早くて助かりました	配送	肯定
Order-1002	商品が思ったよりも早く届いた	配送	肯定
Order-1003	製品の品質が悪く、がっかりした	製品品質	否定
Order-1004	カスタマーサービスの対応が悪い	カスタマーサービス	否定
Order-1005	価格に対して製品の品質が高い	価格	肯定
Order-1006	機能性が予想以上に良い	機能性	肯定
Order-1007	価格が高すぎる	価格	否定
Order-1008	サポートが迅速で満足	カスタマーサービス	肯定
Order-1009	配送中の商品の箱が破損していた	配送	否定
Order-1010	特に問題なし	その他	中立
Order-1011	とても満足しています！商品は迅…	配送	肯定
テキストの入力	テキストの入力	テキストの入力	テキストの入力

クラウドフローがエラーとなる場合

以下のようなニュアンスの応答が返ってきたときは、クラウドフローが失敗したことが原因です。例えば、入力した文章がAIプロンプトによってフィルターされてしまった際などにフローが失敗します。過激な表現とAIプロンプトが判断した場合、有害なコンテンツを防ぐためにフィルターされて、結果的にクラウドフローが失敗に終わります。この場合は入力文を変更してリトライしてみてください。もちろん、クラウドフローで、エラーハンドリングを行い、AIプロンプトの処理でエラーが発生した際は、固定文を返すような処理を実装するようにすることも可能です。

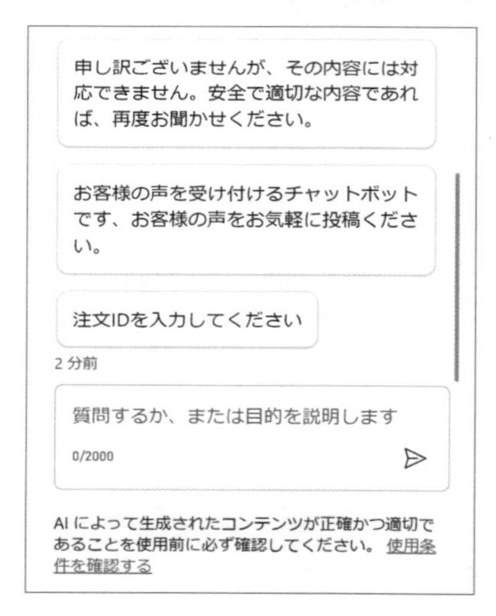

また、AI Builderのクレジットが不足している際にもフローがエラーとなります。AI Builderはクレジットという単位でライセンスが消費されます。例えば、今回のようにAIプロンプトを利用して感情を分析したり、カテゴリの分類を行ったりするたびに、クレジットが消費されます。テナントにクレジットがあるかどうかは、Power AppsやPower Automateの有償ライセンスを購入しているかや、AI Builderのアドオンを購入しているかによりますが、前述したAI Builderの試用版ライセンスを利用することでも、200,000クレジットが付与されるため、今回作成したAIプロンプトを評価することはできます。

応用編

第5章

機能を拡張してFAQに答える汎用的なCopilotを作る

第3章と第4章でPower AutomateやAI Builderと連携するCopilotを作成しました。これらのサービスと連携して第2章で作成したFAQに答えるCopilotを拡張してみましょう。

LESSON 19

作成するCopilotと機能拡張の流れを確認する

第5章では第2章で作成したCopilotの機能を拡張します。本章を通読することで、既存の他システムのデータベースを含め、利用者の質問に対して複数のナレッジから回答を提供する方法が学べます。まずは作成するCopilotについて確認しましょう。

01 横断的に検索するCopilotを作成する

LESSON05で作成したCopilotについて、SharePointに格納されているFAQ用ファイルの内容から回答できなかった場合にデータベースを検索して回答を試みるようにします。**複数のナレッジから回答を得ることで、質問に対する自動回答の精度が向上します**。また、もしこれらのナレッジベースのどちらからも回答が得られなかった場合は、問い合わせ対応チームに直接連絡するかどうかを確認するボタンを表示します。そして、Copilot利用者が連絡することを選んだ場合、データベースに問い合わせ内容を登録し、新規問い合わせがあったことを知らせるメッセージをTeamsのチームに通知します。

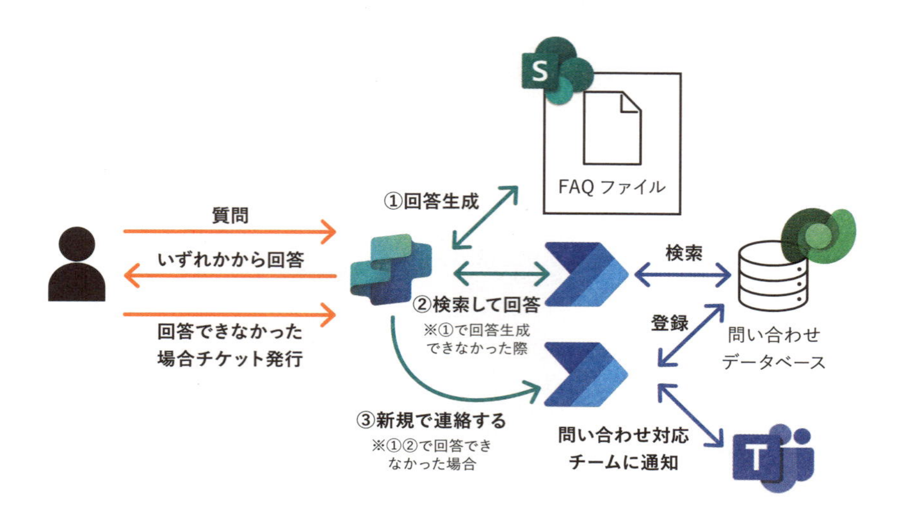

これによって、人による対応が必要な問い合わせが発生したことをチームのメンバーが認識し、データベースの内容を確認し、質問者に連絡を取るなど、対応をすることが可能です。

02 Copilotを作成するための工程を確認する

作成の流れも確認しましょう。組織で問い合わせ情報を蓄積している外部システムのデータベースを持っていると仮定し、そこにあるテーブルからも検索をするようにするため、まず、問い合わせ情報を格納するデータベースを新規作成します。本書では、作業を簡略化するため、ソリューションをインポートして「問い合わせデータベース」という名前のテーブルを用意します。次に、テーブルに架空の過去の問い合わせデータを追加します。そして、データベースから情報検索するクラウドフローを作成します。最後に、利用者からの質問に対して、データベースからも回答を試みるようにします。

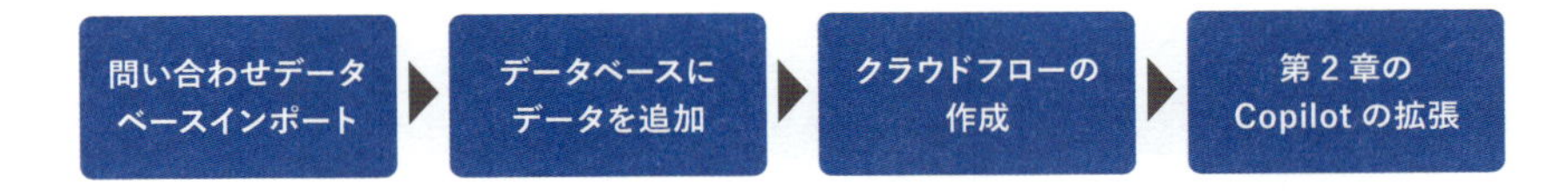

ここもポイント!

既存のナレッジを活用しよう

今回、新たに問い合わせ情報を格納するデータベースを作成しますが、既にMicrosoft DataverseやAzure SQL Databaseなどにナレッジが蓄積されている場合、それらのデータベースとコネクタを介して連携することが可能です。さらに、ServiceNowなどのサービスのデータを参照することも可能です。このように、さまざまなデータベースやサービスに蓄積された既存のナレッジを、ローコードやノーコードで活用できる点は、Copilot Studioの大きな強みの一つです。

LESSON 20

事前準備と検索先のデータベースの作成

まずは、問い合わせ情報を格納するDataverseのテーブルを新規作成し、架空の問い合わせデータを追加するなど、Copilotから外部システムの問い合わせデータベースも検索できるようにするための準備をします。

01 Dataverseのテーブルから検索されるようにする

クラウドフローからDataverseのテーブルを検索できるようにするために、Power Platform管理センターの[環境]メニューで[Dataverse検索]をオンにします。Power Platformの管理者の場合、テナントのすべての環境が表示されますが、管理者ではない場合、自分が管理者となっている環境のみ表示されます。ここでは、第2章で作成した環境を選択します。

4 [設定]をクリック

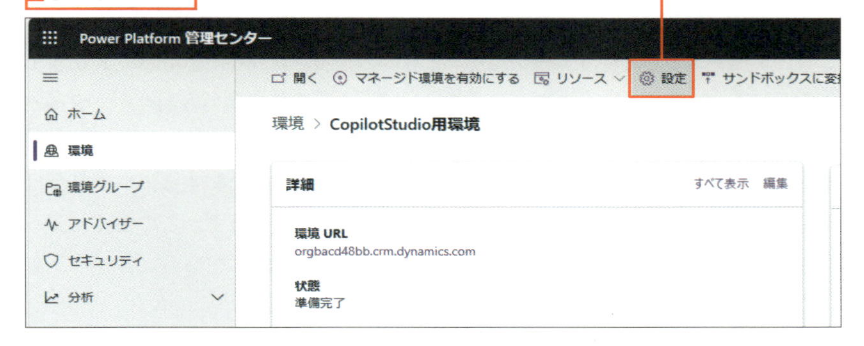

5 [製品]-[機能]をクリック

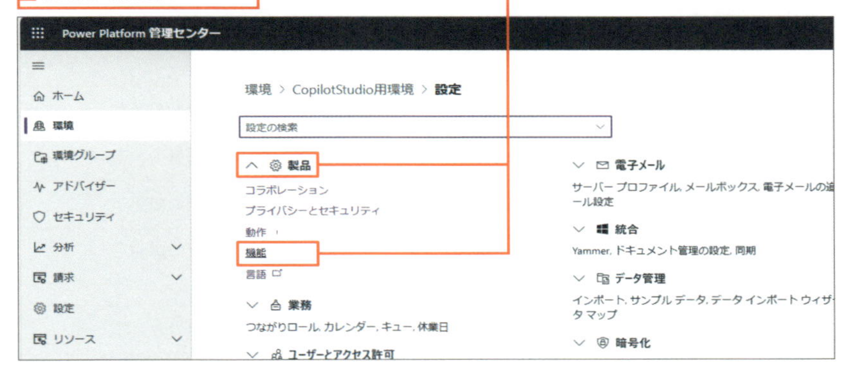

6 [Dataverse検索]をオンに設定し、[保存]をクリック

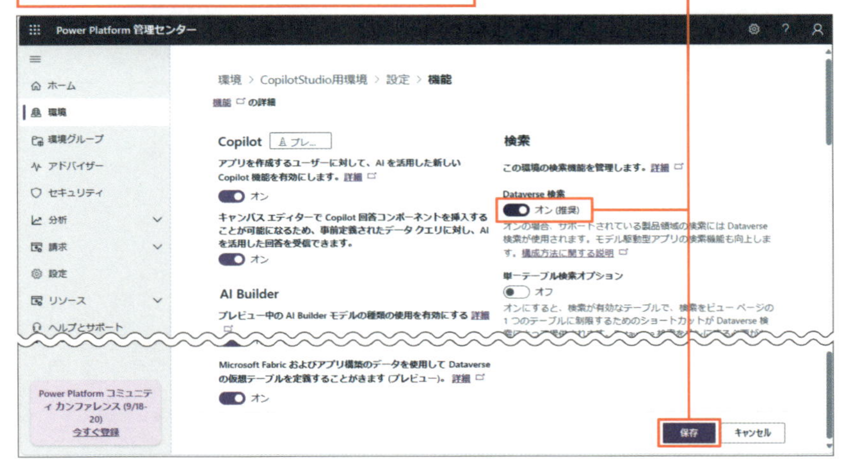

02 インポートするソリューションの内容を確認する

データベースとして使うテーブルが含まれている[InquiryManagement_1_0_0_1.zip] というソリューションのファイルをインポートします。問い合わせデータベースは、第3章の注文情報データベースと同様に、Microsoft Dataverseで作成しています。テーブル内の行のデータ、つまり、問い合わせに関するデータ自体はインポートされないため、インポート後に、手動で追加します。このため、データを追加する際に利用する「IT HelpDesk 問い合わせ管理アプリ」もソリューションに加えています。

■問い合わせデータベース

列名	例	説明
質問者名	タクマス花子	質問者の名前
質問者Email	takmashanako@example.com	質問者のメールアドレス
質問概要	Excelマクロ実行エラー	質問の概要
質問内容	Excelでマクロを実行しようとするとエラーが出ます。どうすればいいですか?	質問の詳細
カテゴリー	オフィスアプリケーション	質問のカテゴリー
問い合わせ日	2024/6/1	問い合わせ日
解決希望日	2024/6/4	解決希望日
担当者名	タクマス太郎	担当者の名前
担当者Email	takmastaro@example.com	担当者のメールアドレス
回答内容	マクロを実行する前に、Excelの「オプション」メニューから「セキュリティセンター」を開き、「マクロの設定」で「すべてのマクロを有効にする」を選択してください。問題が続く場合は、マクロのコードを確認し、文法や実行可能なコマンドに誤りがないかをチェックしてください。	回答内容
回答日	2024/6/3	回答日
参考URL	https://example.com	回答の参考となるURL
対応ステータス	完了	対応のステータス

■ソリューションに含まれるもの

説明	種類	説明
問い合わせデータベース	テーブル	問い合わせデータベース。作成するクラウドフローでは、こちらのテーブルから情報を検索する
IT HelpDesk 問い合わせ管理アプリ	モデル駆動型アプリ	問い合わせデータベースにデータを追加するときに使用するアプリ。モデル駆動型アプリというPower Appsで作成されたアプリ
IT HelpDesk 問い合わせ管理アプリ	サイトマップ	モデル駆動型アプリの全体の構造やページの配置を視覚的に示した図。モデル駆動型アプリを作成するとこれも作成される。本章では使用しない

練習用ファイル InquiryManagement_1_0_0_1.zip

03 ソリューションをインポートする

実際に[InquiryManagement_1_0_0_1.zip]をインポートしましょう。インポートが完了したら、インポートした内容を利用できるようにするため、[すべてのカスタマイズの公開]を行います。

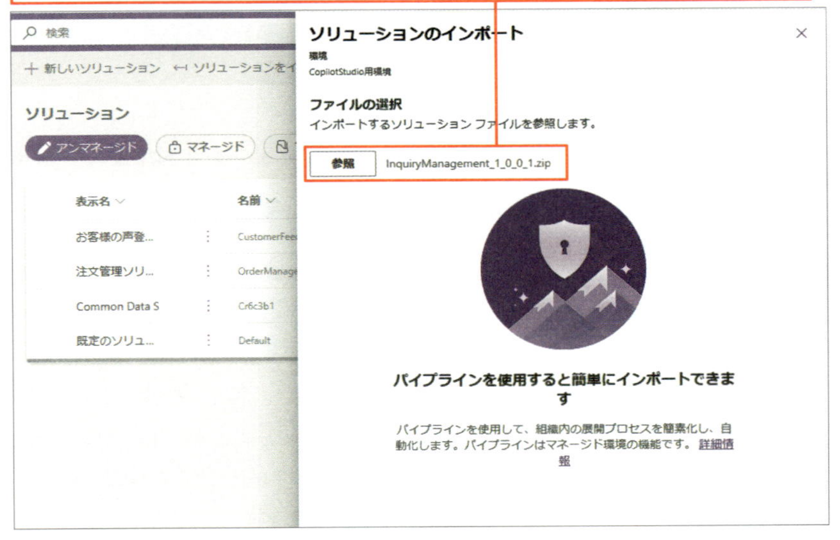

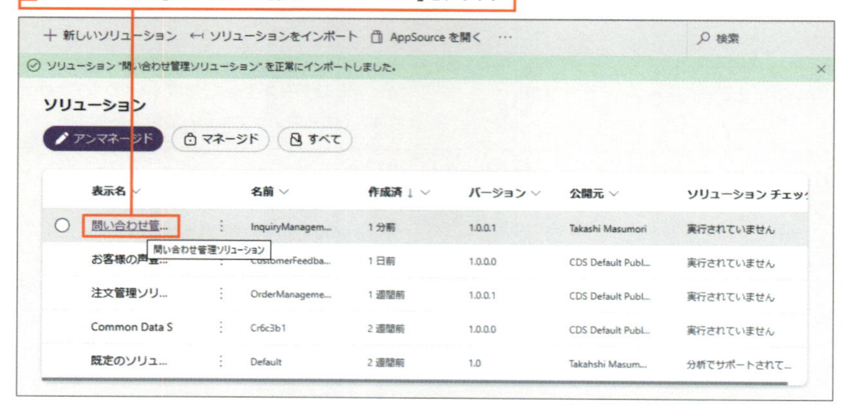

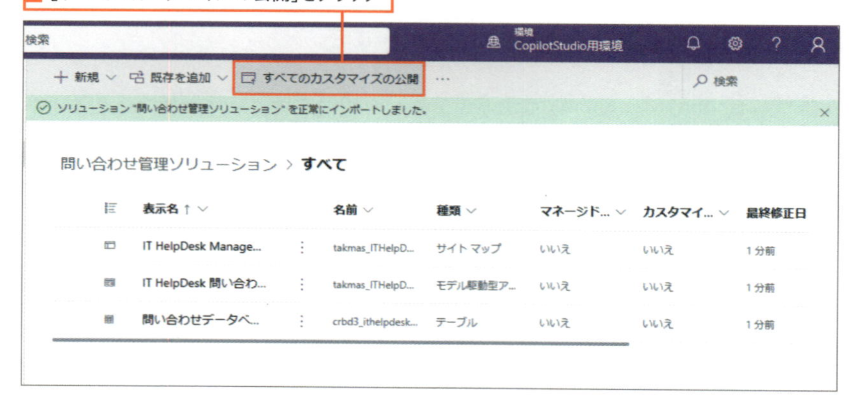

練習用ファイル 5章データベースに追加するデータ.txt

04 問い合わせ情報のデータを追加する

過去の問い合わせ情報を蓄積したデータベースを基にCopilotが回答をするためには、問い合わせ情報のデータが必要です。データの追加のために、インポートした、[IT HelpDesk 問い合わせ管理アプリ] を利用します。このアプリを利用するためには、一旦編集モードで開き、[公開] を選択し、[再生] を選択します。「5章データベースに追加するデータ.txt」ファイルを使用して、2件ほどデータを追加しましょう。質問概要、質問内容、回答内容列以外は空白、または適当に入力して問題ないです。再生後は編集画面の方は [戻る] を選択して戻ります。

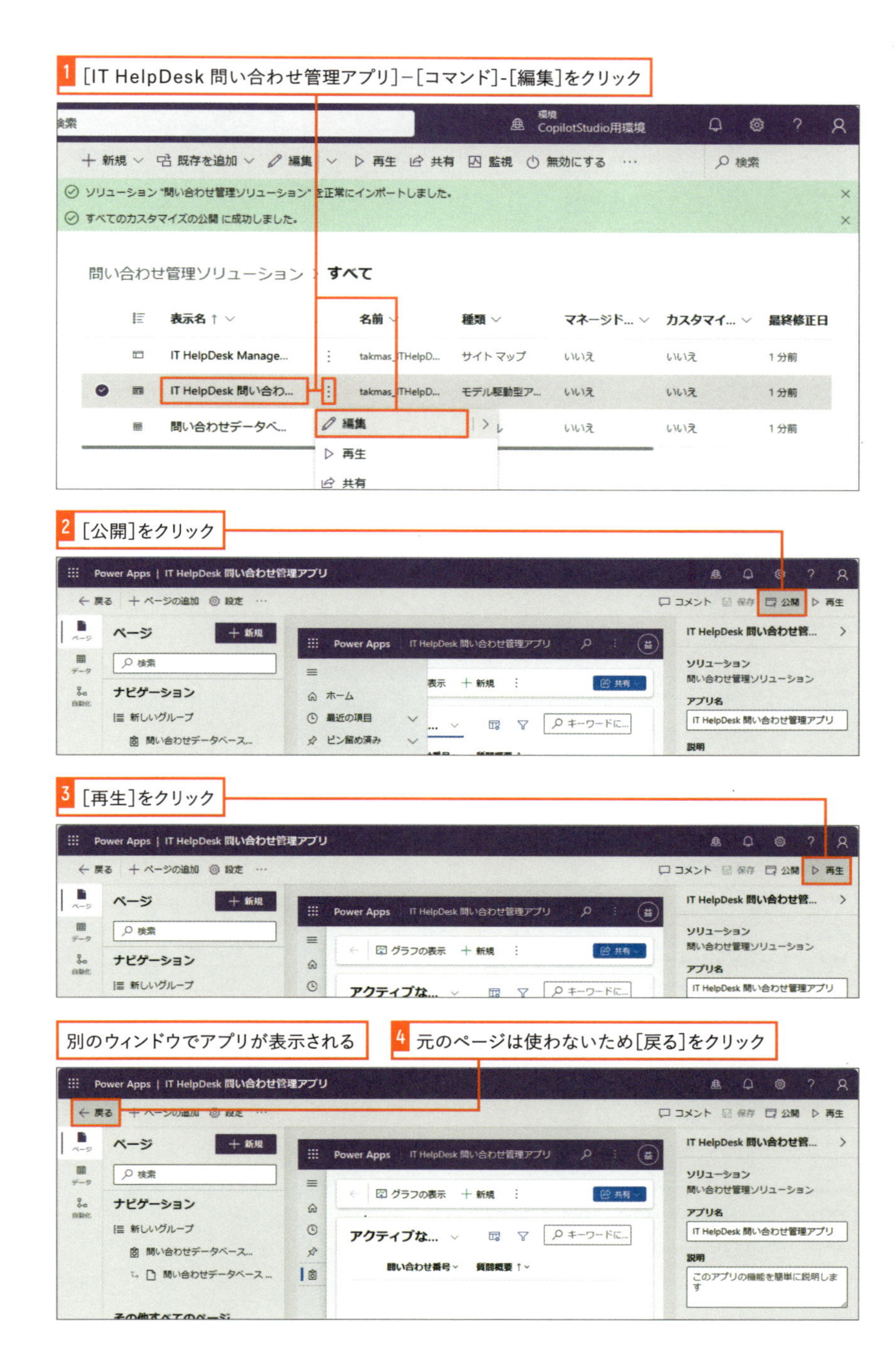

1 [IT HelpDesk 問い合わせ管理アプリ]−[コマンド]-[編集]をクリック
2 [公開]をクリック
3 [再生]をクリック
別のウィンドウでアプリが表示される
4 元のページは使わないため[戻る]をクリック

別のウィンドウで起動したアプリを表示しておく
5 [新規]をクリック
Power Apps
IT HelpDesk 問い合わせ管理アプリ
検索
新デザイン
ホーム
最近の項目
ピン留め済み
新しいグループ
問い合わせデータベ...
グラフの表示
新規
削除
最新の情報に更新
このビューを視覚化...
共有
アクティブな問い合わせ
列の編集
フィルターを編集する
キーワードによるフ...
問い合わせ番号
質問概要
作成日
カテゴリー
解決希望日
回答内容
保存
保存して閉じる
新規
フロー
新しい問い合わせデータベース
全般
6 「5章データベースに追加するデータ.txt」にある1件目のデータをそれぞれ入力
7 [保存]をクリックし[新規]をクリック
問い合わせ番号
質問概要
社内でのドローン使用許可
所有者
質問者名
質問者Email
担当者名
担当者Email
対応ステータス
カテゴリー
問い合わせ日
回答日
解決希望日
質問内容
社内でのドローン使用許可の取得手順を教えてください。
回答内容
社内でドローンを使用するためには、以下の手順を踏んでください。
参考URL
Attachements
8 「5章データベースに追加するデータ.txt」にある2件目のデータをそれぞれ入力
9 [保存して閉じる]をクリック
社内ハッカソンの開催手順
社内ハッカソンの開催手順を教えてください。
社内ハッカソンを開催するためには、以下の手順を踏んでください。

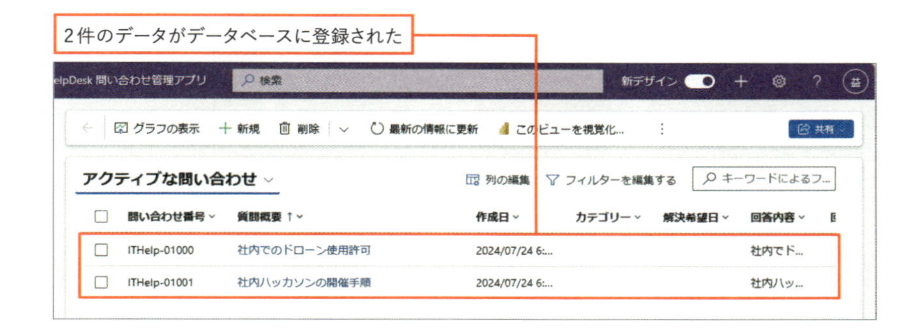

05 Copilotの追加とソリューションの公開

［既存を追加］より、［コパイロット］を選択し、第2章で作成した［IT部門FAQCopilot］を選択してソリューションに追加します。また、変更した内容を利用できるようにするため［すべてのカスタマイズの公開］を選択します。完了するまで、数十秒から数分ほど要する場合があります。

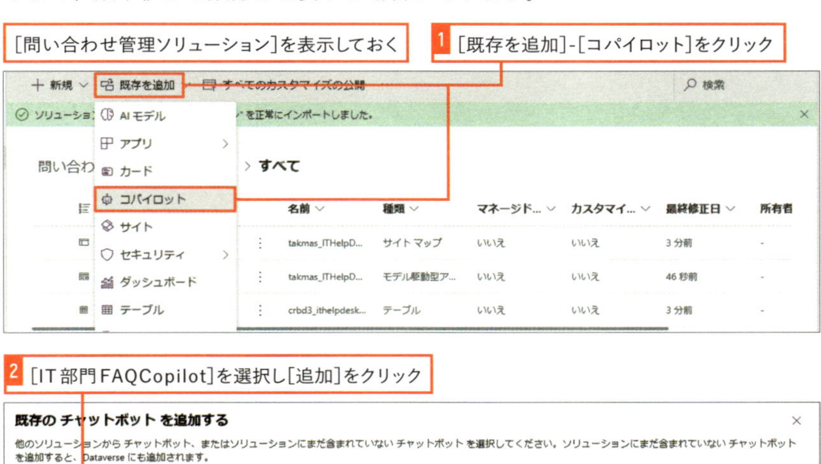

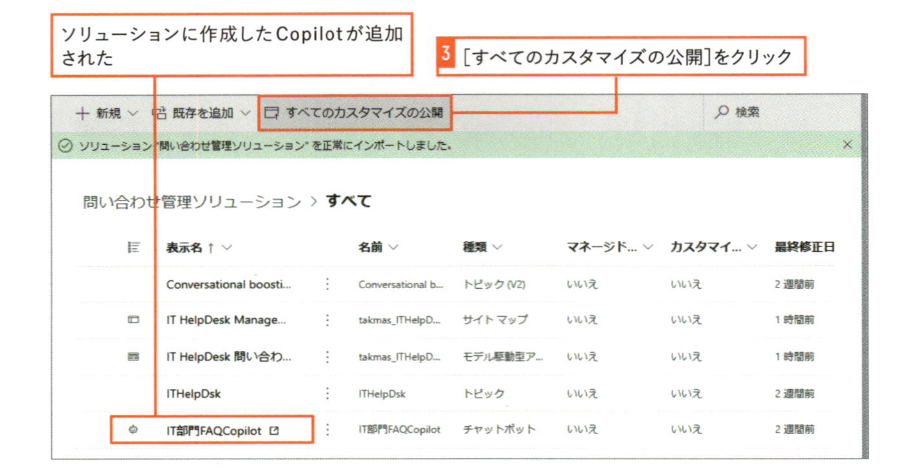

関連オブジェクトの追加

達人のノウハウ

Copilotをソリューションに追加すると、自動的に関連するトピックも追加されます。アプリ、フロー、テーブル、Copilotなどは、内部的にさまざまな関連オブジェクトと連携して動作しています。そのため、ソリューションを異なる環境にインポートする際に、これらの関連オブジェクトがすべて含まれていないと、インポートが失敗する可能性があります。したがって、ソリューションをエクスポートする前に、[詳細]メニューから[必須オブジェクトを追加]を選択し、関連オブジェクトを追加しておくことをおすすめします。

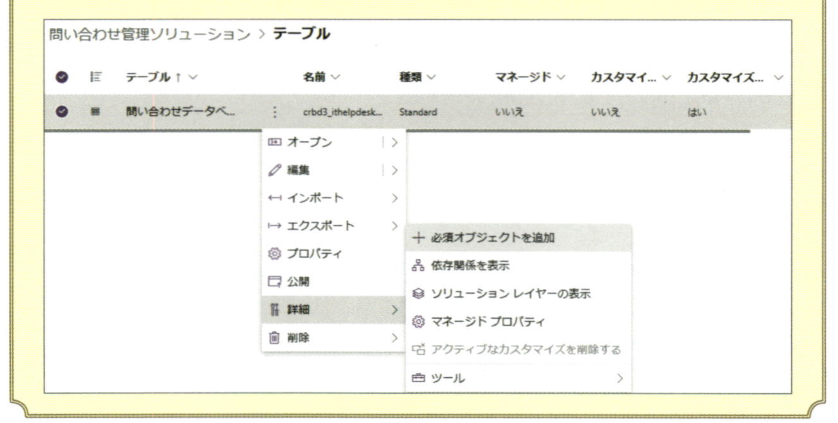

LESSON 21

データベースを検索するクラウドフローの作成

Copilotから受け取った質問内容を基に、問い合わせデータベースを検索し、結果をCopilotに返すためのクラウドフローを作成します。検索結果が見つからない場合も考慮し、その状況にも対応できる設計にします。

01 クラウドフローでデータベースを検索する

Copilotから質問内容を受け取り、データベースを検索して結果を返すクラウドフローを作成します。作成するクラウドフローの処理の流れは以下の通りです。**[AI Builder]コネクタで、質問文からキーフレーズを抽出したり、配列形式のデータをテキスト形式に変換したりなど、問い合わせ対応を行うCopilotを作成する際に役立つテクニックが多い**ので、LESSONを通して学んでいきましょう。

Copilotから
質問内容を取得

質問内容から
キーフレーズを抽出

問い合わせデータベース
を検索

検索結果を加工
※検索結果がある場合

Copilotに
検索結果を返す

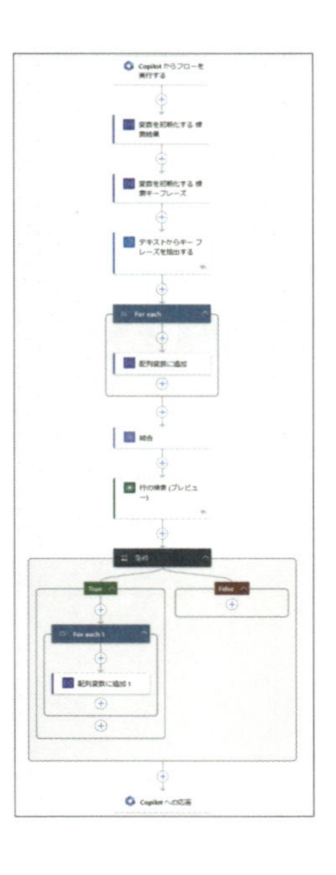

02 Copilotから質問内容を受け取る

新規クラウドフローを作成しましょう。トリガーは、これまでと同様に、[Copilotからフローを実行する] です。今回は、利用者がCopilotに対して入力した質問内容をシンプルにそのまま受け取るように設定します。

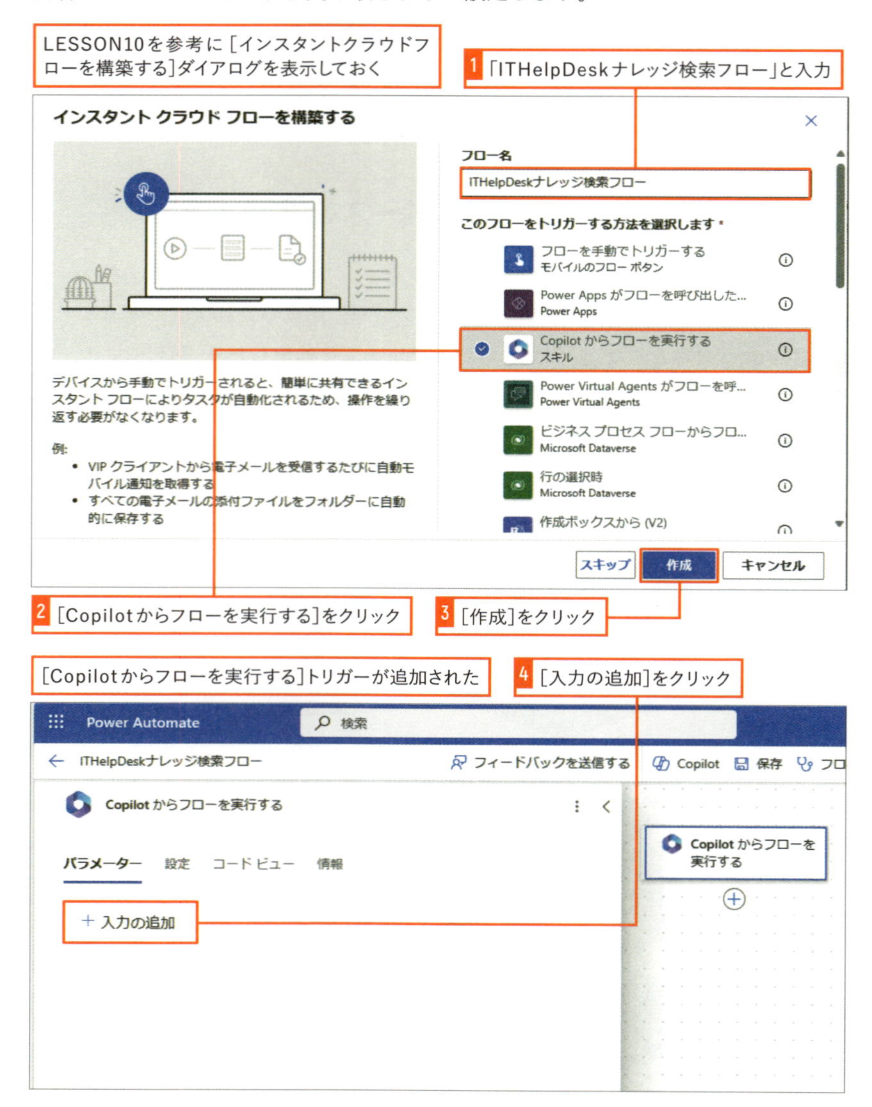

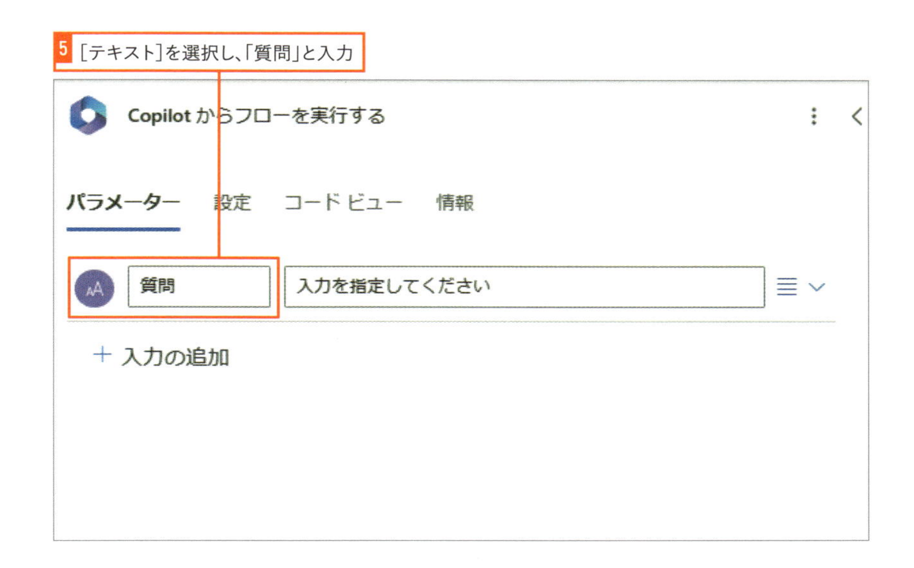

03 キーワードと検索結果を格納する変数の作成

Copilot利用者が入力した質問文全体をそのまま使ってデータベースを検索すると、適切な検索結果が見つからないことがあります。通常、検索サイトでは質問文全体ではなく、キーワードを使って検索を行います。今回は、複数のキーワードで検索を行うために、まず**利用者が入力した質問文からキーフレーズを抽出します**。ここでは、このキーフレーズを格納するための変数と、Copilotに返す検索結果を格納するための変数を作成します。

■質問文

「社内ネットワークが遅くなる原因とその対策について教えてください。」

■キーフレーズ（配列）

番号	中身
1つ目	社内ネットワーク
2つ目	遅くなる
3つ目	原因

応用編 第5章 機能を拡張してFAQに答える汎用的なCopilotを作る

■変数を作成する

［新しいステップ］を選択し［変数の初期化］アクションを選択して変数を二つ作成します。この変数は、後続の問い合わせデータベースを検索する際、検索結果をCopilotに返す際に使用します。

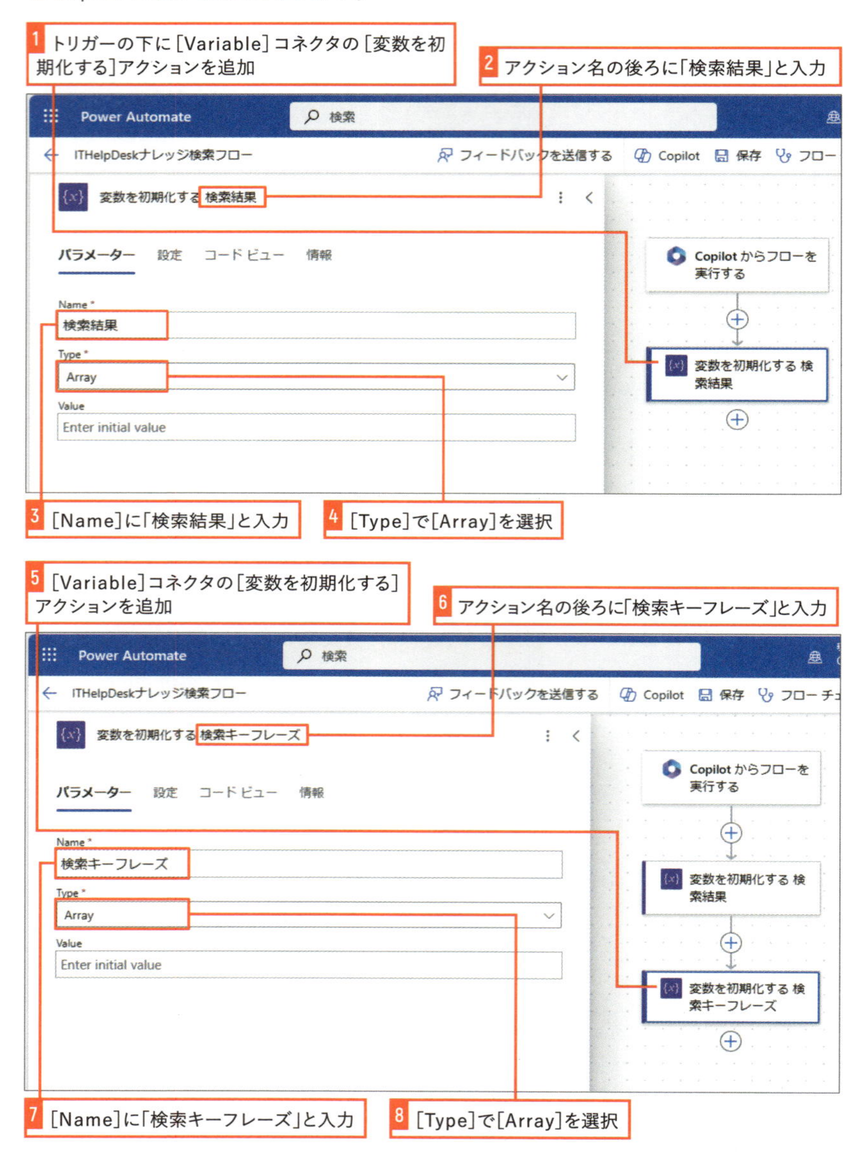

04 テキストからキーフレーズを抽出

［AI Builder］コネクタの［テキストからキーフレーズを抽出する］アクションを利用することで、質問文からキーフレーズを抽出できます。キーフレーズは複数のキーワードを含む可能性があることから、［テキストからキーフレーズを抽出する］アクションの結果は配列形式となります。データベースを検索するために加工をする必要があるため、［配列変数に追加］アクションで作成しておいた［キーフレーズ］配列変数に追加をします。また、［For each］アクションを利用することで配列形式のデータを一つずつ処理することができますが、クラウドフローでは配列形式のデータを操作する場合、［For each］アクションが自動で追加されます。

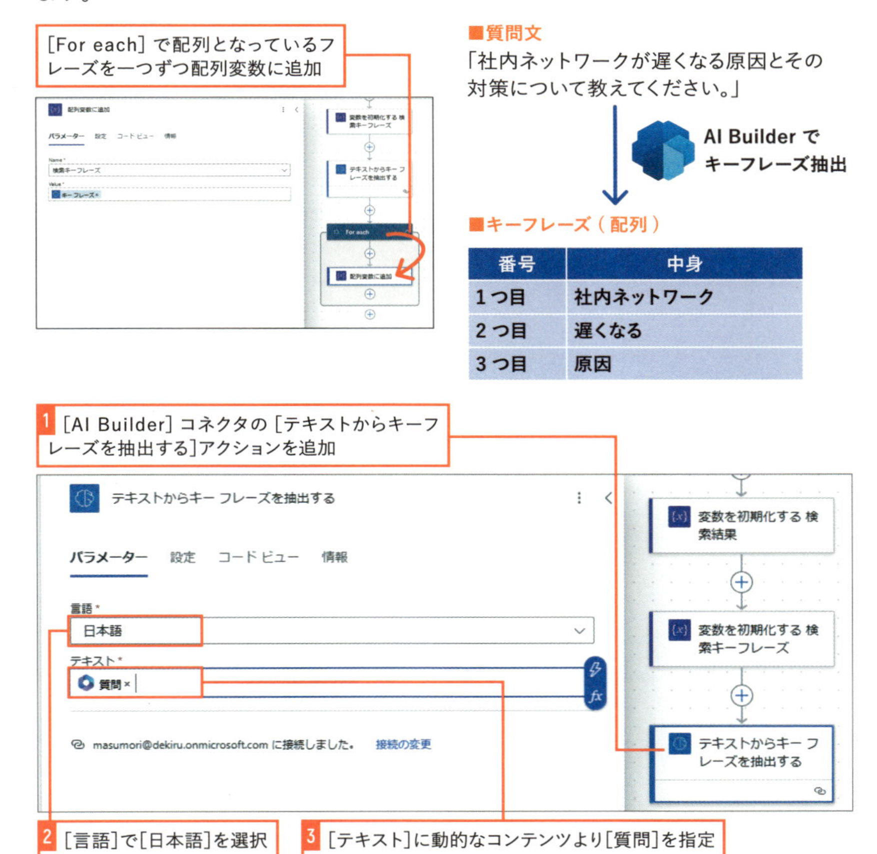

番号	中身
1つ目	社内ネットワーク
2つ目	遅くなる
3つ目	原因

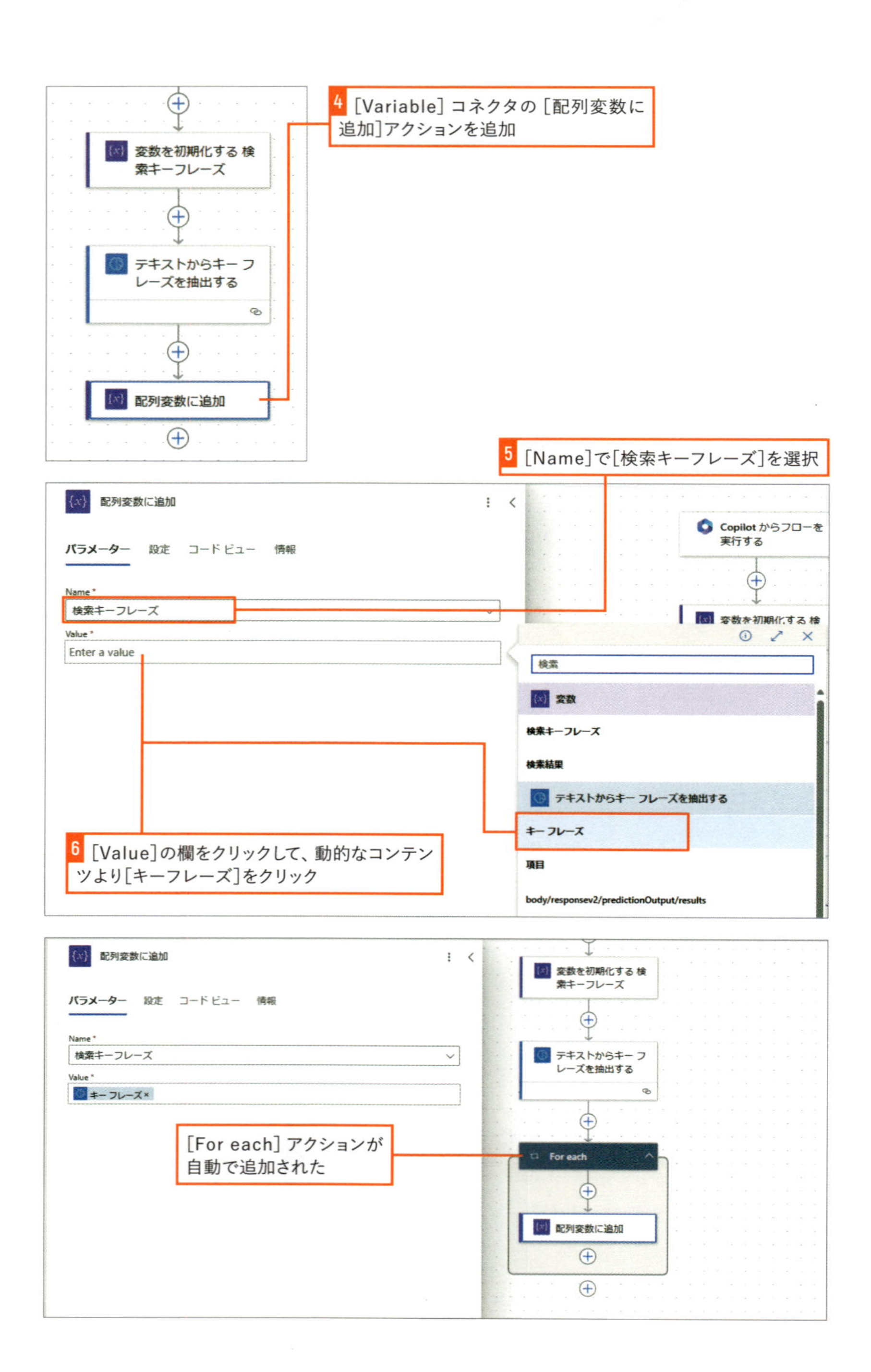
4 [Variable] コネクタの [配列変数に追加]アクションを追加
変数を初期化する 検索キーフレーズ
テキストからキー フレーズを抽出する
配列変数に追加
5 [Name]で[検索キーフレーズ]を選択
配列変数に追加
パラメーター
設定
コード ビュー
情報
Name *
検索キーフレーズ
Value *
Enter a value
Copilot からフローを実行する
検索
変数
検索キーフレーズ
検索結果
テキストからキー フレーズを抽出する
キー フレーズ
項目
body/responsev2/predictionOutput/results
6 [Value]の欄をクリックして、動的なコンテンツより[キーフレーズ]をクリック
配列変数に追加
パラメーター
設定
コード ビュー
情報
Name *
検索キーフレーズ
Value *
キー フレーズ
[For each] アクションが自動で追加された
変数を初期化する 検索キーフレーズ
テキストからキー フレーズを抽出する
For each
配列変数に追加

05 問い合わせデータベースの情報を検索する

利用者がCopilotに質問した内容からキーフレーズの抽出ができたため、データベースを検索します。ただし、配列形式のデータのままでは検索できません。以下のように、一行のテキストに変換します。クラウドフローでは、**［結合］アクションを利用することで、配列形式のデータをテキスト形式に変換できる**ため、［新しいステップ］より、［結合］アクションを追加します。

■キーフレーズ（配列）

番号	中身
1つ目	社内ネットワーク
2つ目	遅くなる
3つ目	原因

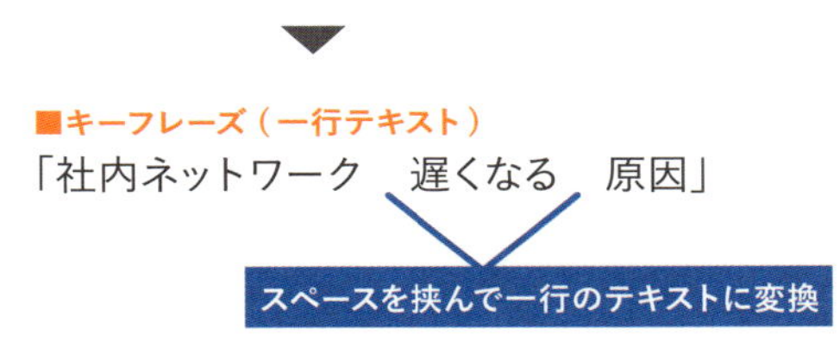

また、検索サイトで検索するときのように、それぞれのキーワードの間にはスペースを入れます。今回は、キーワード自体が日本語のため、全角のスペースを入れます。そして、**問い合わせデータベースを検索するため、［行の検索］アクションを追加します。テーブルフィルターに入力している、「crbd3_ithelpdeskticket」は、インポートした、問い合わせデータベースの内部名で、こちらの内部名は、ソリューションから確認可能です**。

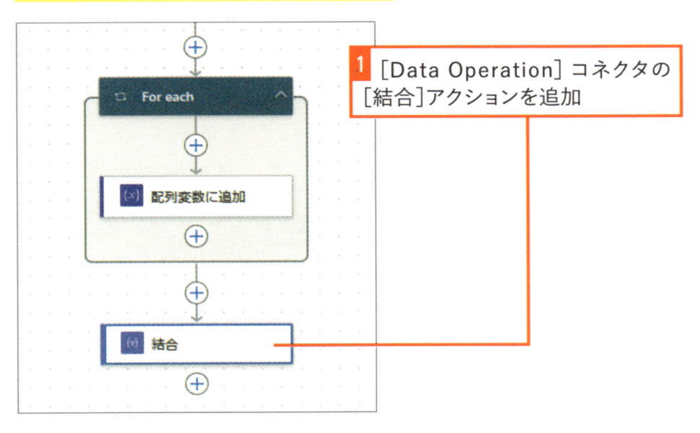

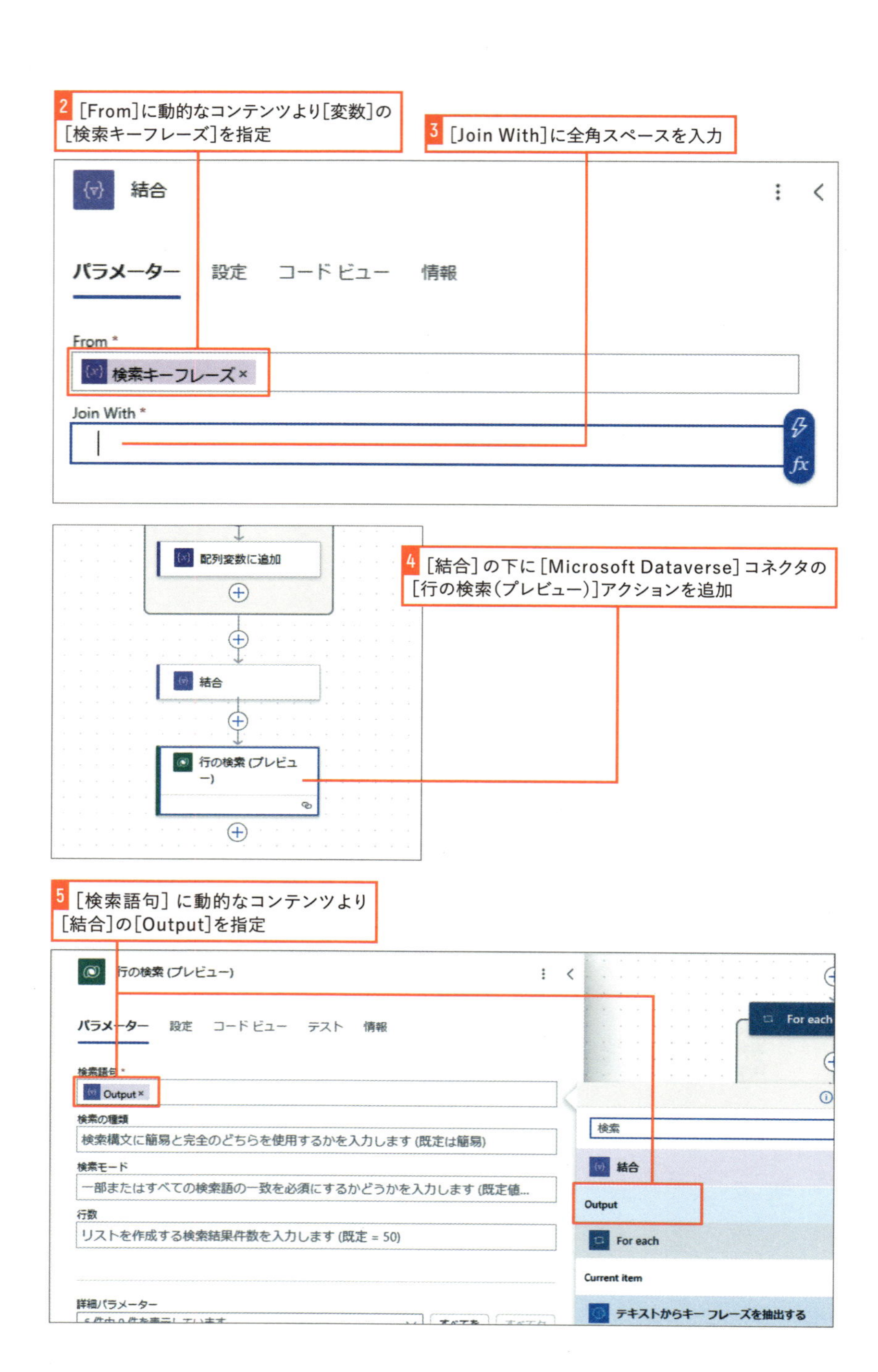
2 [From]に動的なコンテンツより[変数]の[検索キーフレーズ]を指定
3 [Join With]に全角スペースを入力
結合
パラメーター
設定
コード ビュー
情報
From *
検索キーフレーズ
Join With *
配列変数に追加
結合
行の検索 (プレビュー)
4 [結合]の下に[Microsoft Dataverse]コネクタの[行の検索(プレビュー)]アクションを追加
5 [検索語句]に動的なコンテンツより[結合]の[Output]を指定
行の検索 (プレビュー)
パラメーター
設定
コード ビュー
テスト
情報
検索語句 *
Output
検索の種類
検索構文に簡易と完全のどちらを使用するかを入力します (既定は簡易)
検索モード
一部またはすべての検索語の一致を必須にするかどうかを入力します (既定値...
行数
リストを作成する検索結果件数を入力します (既定 = 50)
詳細パラメーター
For each
検索
結合
Output
For each
Current item
テキストからキー フレーズを抽出する

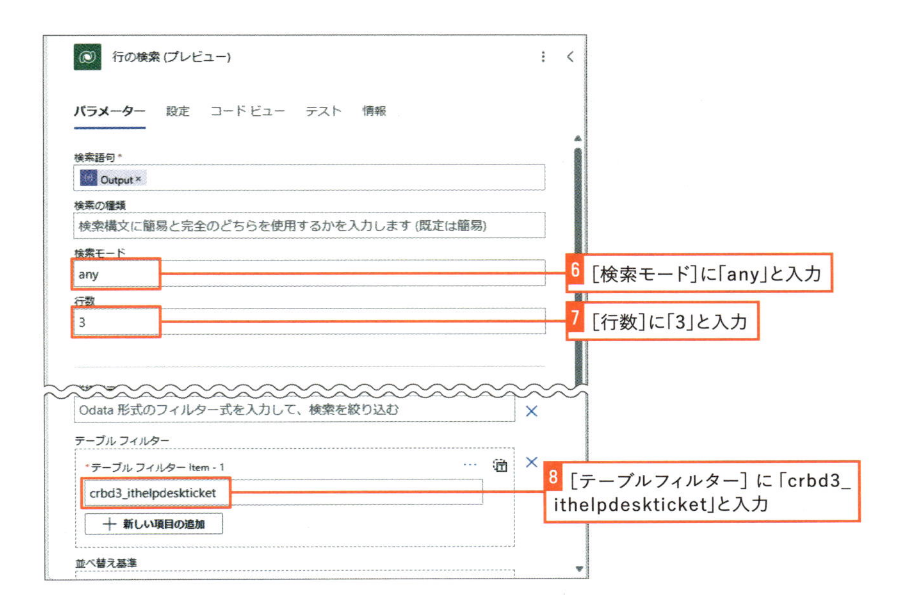

[行の検索(プレビュー)]アクションの指定について

Dataverseコネクタの[行の検索(プレビュー)]アクションを利用することで、検索語句を基にデータベースの検索をすることができます。主要な項目の意味や指定方法は以下の通りです。

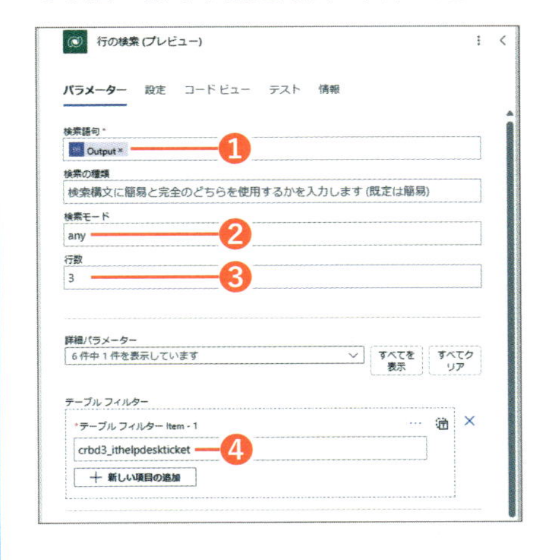

❶ [結合] アクションの結果。つまり、一行テキスト形式のキーフレーズ

❷ anyの場合、いずれかのキーワードに合致した結果を取得する。allの場合はすべてのキーワードに合致した結果を取得する

❸ 3の場合、検索結果に合致したものを最大三件取得する

❹ 問い合わせデータベースの内部名

06 検索結果が存在するか判定する

データベースを検索した結果、情報が見つからない場合があります。そのため、まずは検索結果が存在するかを［条件］アクションを用いて判定します。**検索結果が空かどうかは、length関数を利用して判断できます。length関数は判定対象を引数として受け取り、その結果の長さを返します。例えば、今回の場合、検索結果が一件だった場合、1を返します**。

今回はlength関数に［行の検索（プレビュー）］アクションの結果を引数として渡し、結果が0より大きいかどうかを判定するため、条件式に「is greater than」を指定します。0より大きい場合は検索結果が存在することになります。

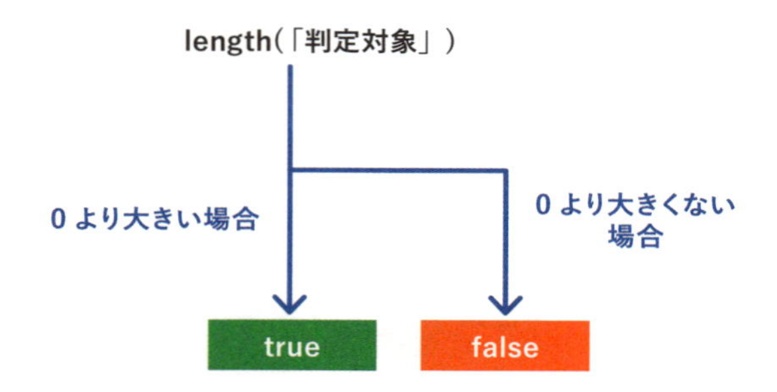

■条件を設定する

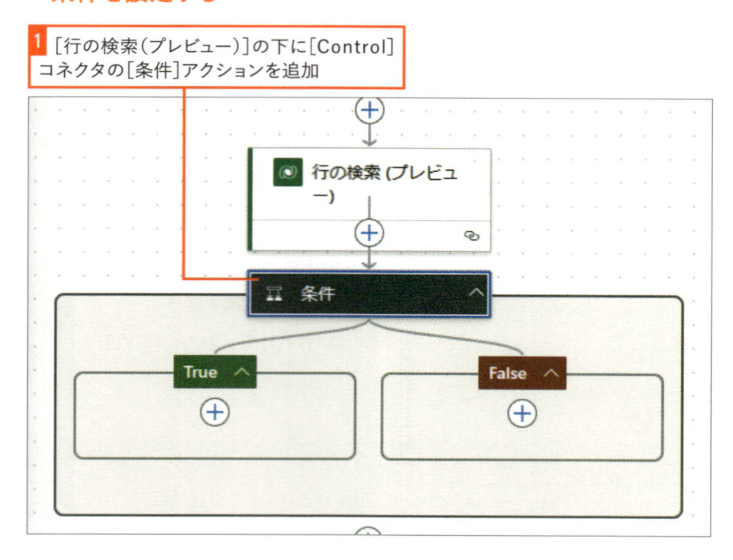

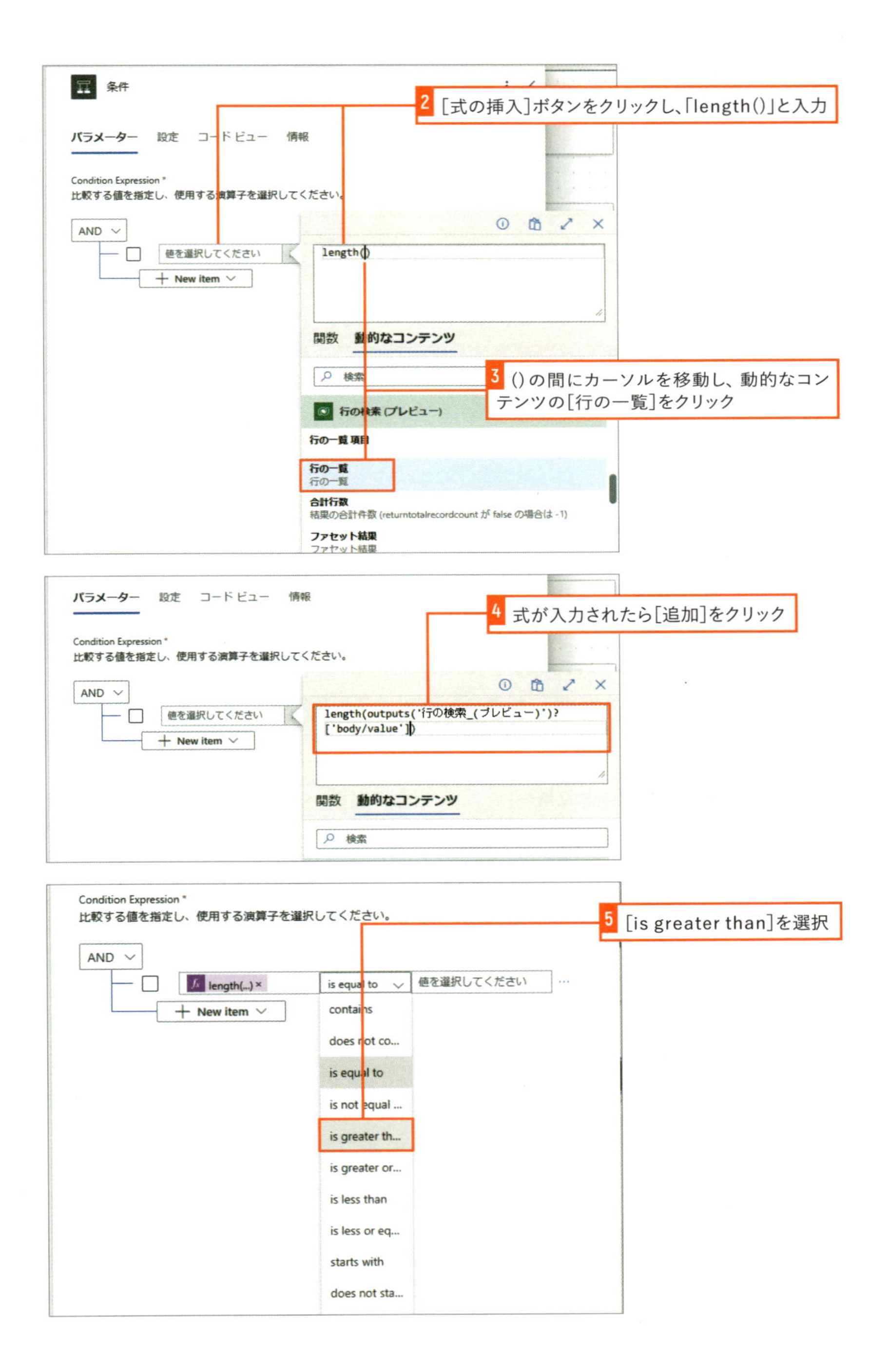
条件
パラメーター
設定
コード ビュー
情報
Condition Expression *
比較する値を指定し、使用する演算子を選択してください。
AND
値を選択してください
New item
length()
関数
動的なコンテンツ
検索
行の検索 (プレビュー)
行の一覧 項目
行の一覧
行の一覧
合計行数
結果の合計件数 (returntotalrecordcount が false の場合は -1)
ファセット結果
2 [式の挿入]ボタンをクリックし、「length()」と入力
3 ()の間にカーソルを移動し、動的なコンテンツの[行の一覧]をクリック
length(outputs('行の検索_(プレビュー)')?['body/value'])
4 式が入力されたら[追加]をクリック
length(...)
is equal to
contains
does not co...
is not equal ...
is greater th...
is greater or...
is less than
is less or eq...
starts with
does not sta...
5 [is greater than]を選択

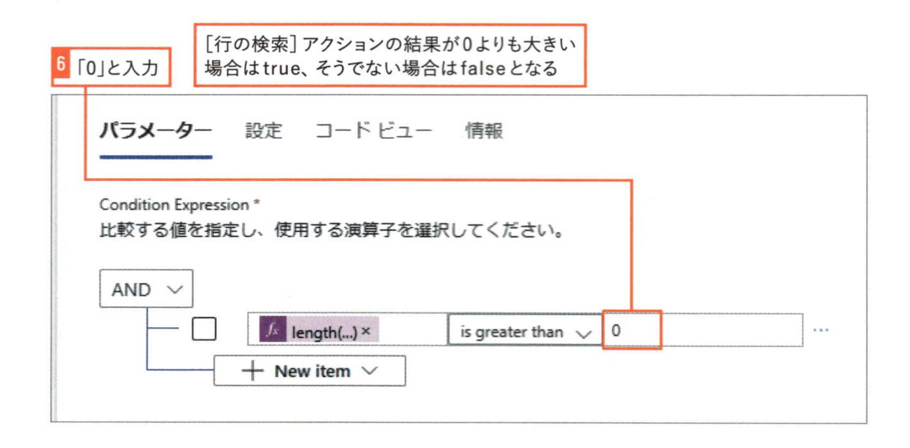

練習用ファイル 5章検索結果の加工.txt

07 データベースの検索結果を加工する

検索結果が空ではなかった場合、検索結果をCopilotに返します。**最終的には、クラウドフローから返された結果を基に、Copilotが［生成型の回答を作成する］ノードを利用して回答を生成します。このノードを利用するための加工処理を行います。**

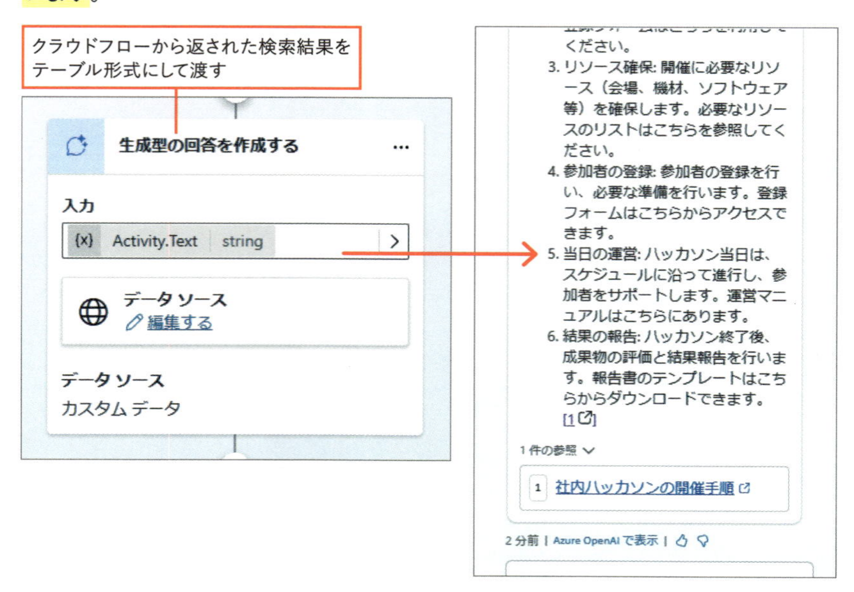

まず、検索結果は最大で三つ、つまり、配列のデータとなるため、[それぞれに適用する] アクションと [配列変数に追加] アクションを追加して、一つずつ、検索結果を格納するために作成しておいた配列に追加していきます。この際、以下の形式にすることで、[生成型の回答を作成] するノードを利用して回答を生成することができます。少し複雑な形式のためミスがないよう、「5章検索結果の加工.txt」の内容をコピーし、一部変更します。「IT HelpDesk問い合わせ管理アプリのURL」の箇所は、インポートしたアプリのURLに置き換えます。

■検索結果を格納する配列に追加する際の形式

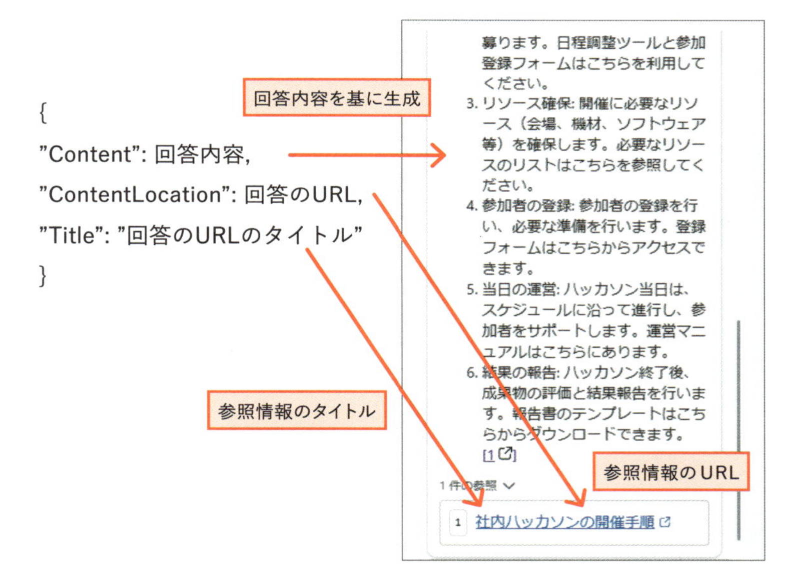

少し難しいですが、こちらの形式にすることで、Copilotが回答の基となった情報のリンクを添えて回答することができるようになります。

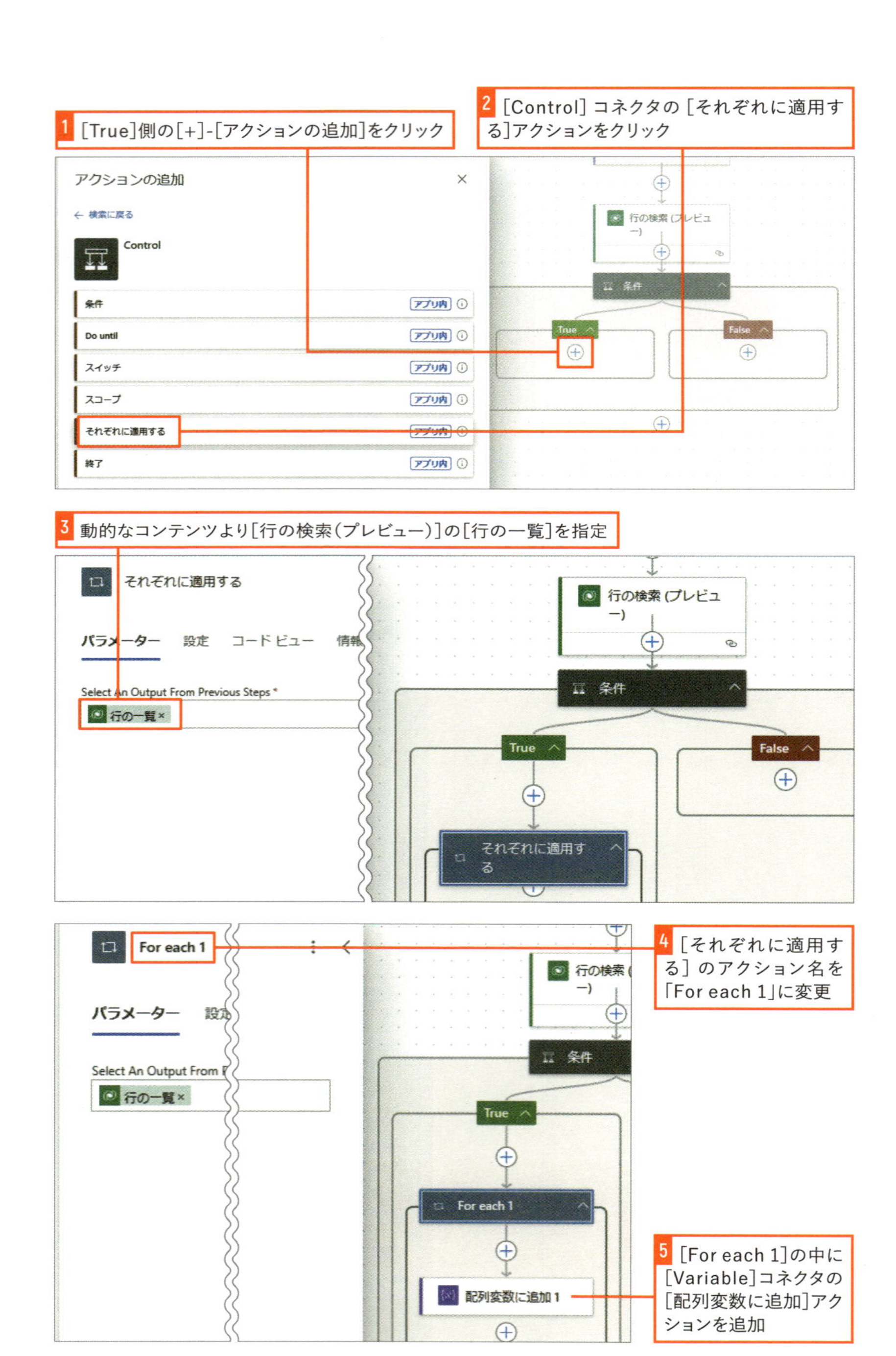
1 [True]側の[+]-[アクションの追加]をクリック
2 [Control] コネクタの [それぞれに適用する]アクションをクリック
アクションの追加
← 検索に戻る
Control
条件
Do until
スイッチ
スコープ
それぞれに適用する
終了
アプリ内
行の検索 (プレビュー)
条件
True
False
3 動的なコンテンツより[行の検索(プレビュー)]の[行の一覧]を指定
それぞれに適用する
パラメーター
設定
コードビュー
Select An Output From Previous Steps *
行の一覧
4 [それぞれに適用する] のアクション名を「For each 1」に変更
For each 1
5 [For each 1]の中に[Variable]コネクタの[配列変数に追加]アクションを追加
配列変数に追加 1

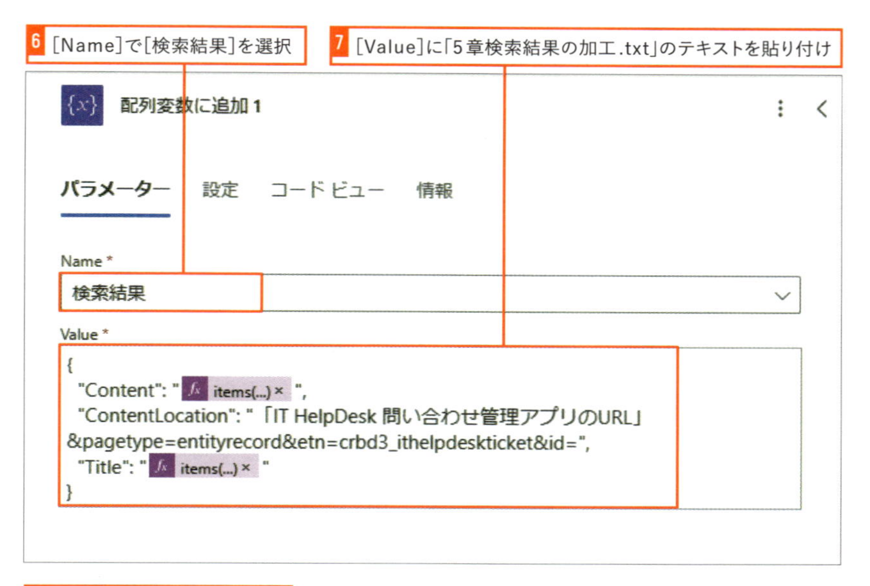
6 [Name]で[検索結果]を選択
7 [Value]に「5章検索結果の加工.txt」のテキストを貼り付け
配列変数に追加 1
パラメーター
設定
コード ビュー
情報
Name *
検索結果
Value *
{
"Content": " items(...) × ",
"ContentLocation": " 「IT HelpDesk 問い合わせ管理アプリのURL」
&pagetype=entityrecord&etn=crbd3_ithelpdeskticket&id=",
"Title": " items(...) × "
}

8 id=の後ろにカーソルを移動
配列変数に追加 1
パラメーター
設定
コード ビュー
情報
Name *
検索結果
Value *
条件
True
For each 1
検索
行の検索 (プレビュー)
行の一覧 行の検索スコア
行の検索スコア
行の一覧 行の検索ハイライト
行の検索ハイライト
行の一覧 行のテーブル名
この行を含むテーブル
行の一覧 行のオブジェクト ID
行の Objectid
行の一覧 行オブジェクトの種類コード
行の Objecttypecode
行の一覧 項目
結合
Output
For each
9 動的なコンテンツより[行の検索(プレビュー)]の
[行の一覧 行のオブジェクト ID]をクリック

■アプリのURLを取得して貼り付ける

1 [IT HelpDesk 問い合わせ管理アプリ]－[コマンド]-[再生]をクリック

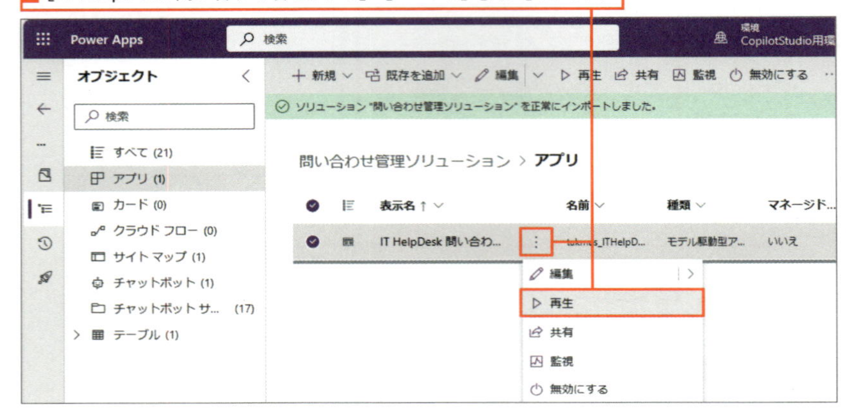

2 いずれかの行をクリック

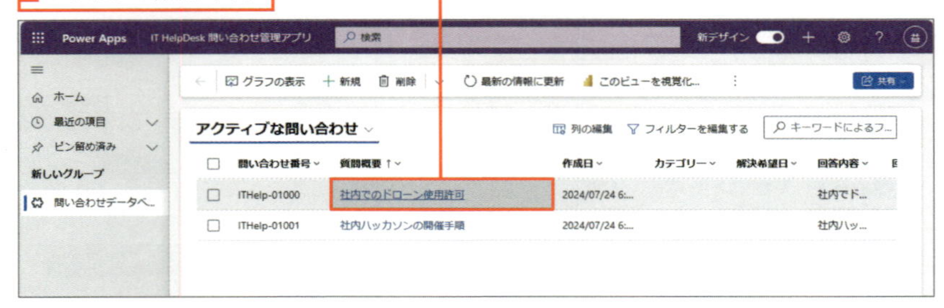

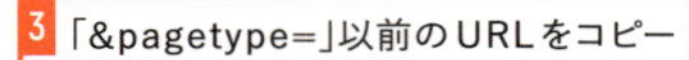

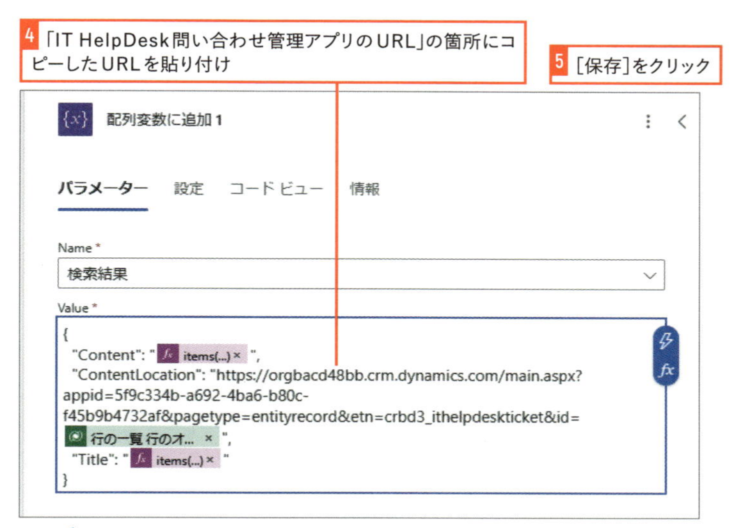

データベースの検索結果を配列に追加する方法

データベースの検索結果の回答内容の列を「Content」、質問概要の列を「Title」要素、回答内容の基となった行のid等を「ContentLocation」要素に追加します。また、「ContentLocation」要素については、「IT HelpDesk問い合わせ管理アプリ」のURLと併せて追加します。これによって、Copilotが生成した回答の[参照]をクリックすると、「IT HelpDesk問い合わせ管理アプリ」を通じて回答の基となった行を直接開けます。

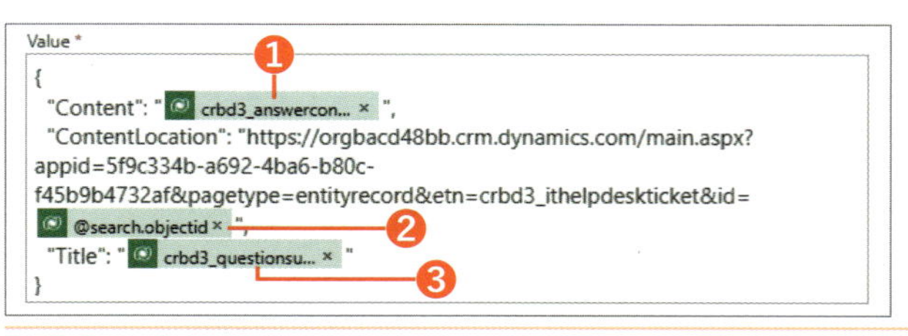

❶ 行の検索結果の[回答内容]列
"@{items('For_each_1')?['crbd3_answercontent']}"

❷ 「IT HelpDesk 問い合わせ管理アプリのURL」のURLのパラメーターにて、id=行のIDとすることで回答の基となった行を直接開くことができる

❸ 行の検索結果の[質問概要]列
"@{items('For_each_1')?['crbd3_questionsummary']}"

08 検索結果をCopilotに返答する

［Copilotへの応答］アクションを追加し、検索結果をCopilotに返答するようにします。**Copilotに返す情報の種類には配列がないため、配列変数をテキスト形式に変換して返答します**。具体的には、以下の式を使用して、検索結果を格納した配列変数をテキスト形式に変換します。この式では、まず、**join関数を使用して配列を文字列に変換します。次に、文字列に変換すると配列を意味する[]の文字がなくなるため、文字列を連結するconcat関数で[]を追加します**。

```
concat('[', join(variables('検索結果'), ','), ']')
```

結果として、以下のような文字列になります。このような文字列にすることで、Copilot側で、［生成型の回答を作成する］ノードを使用して回答を生成できるようになります。

```
"[{¥"Content¥":¥"社内ハッカソンを開催するためには、以下の手順を踏んでください。...¥"},{¥"Content¥":¥"回答内容：社内でドローンを使用するためには、以下の手順を踏んでください。...¥"}]"
```

なお、検索結果が空の場合、［検索結果］配列変数は空となり、[]のみがCopilotに返されます。**Copilotは、クラウドフローから返された情報が空かどうかを[]で判定し、空ではない場合にのみ［生成型の回答を作成する］ノードで回答を生成します**。

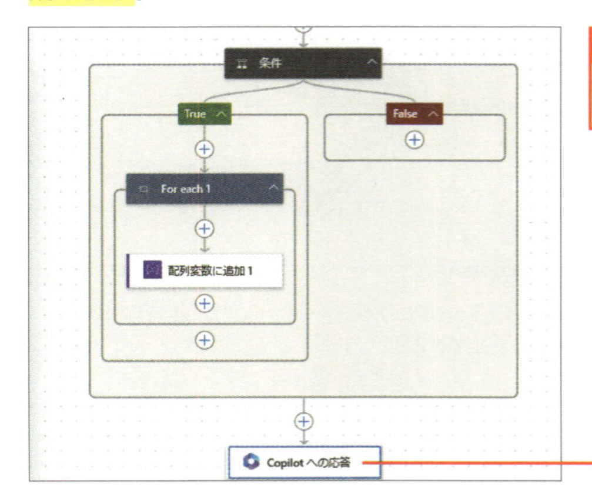

1 ［条件］アクションの外に［skills］コネクタの［Copilotへの応答］アクションを追加

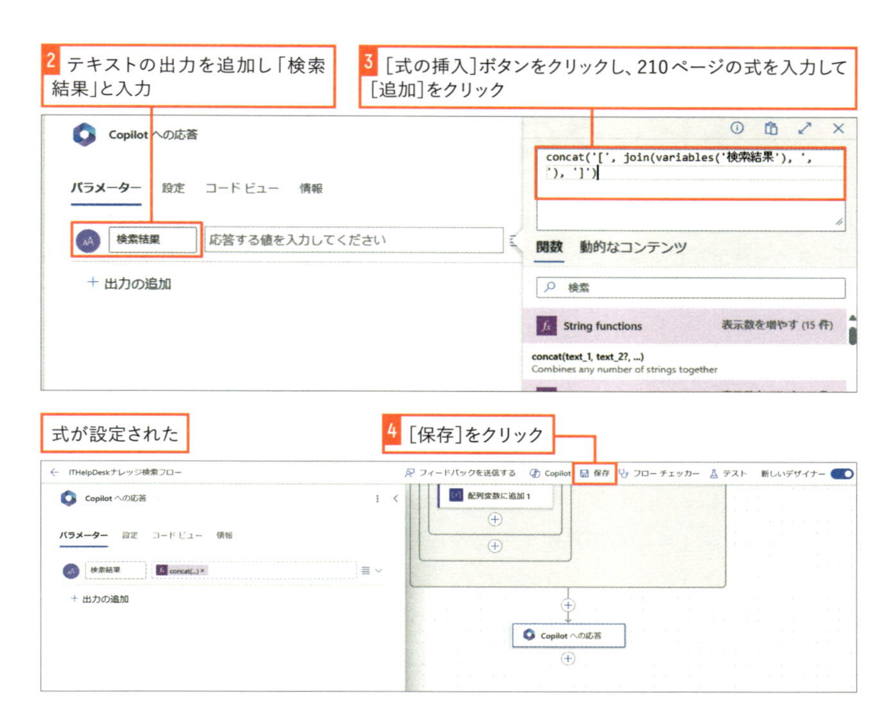

■クラウドフローをソリューションに追加する

113ページを参考に、［問い合わせ管理ソリューション］に作成した［ITHelpDeskナレッジ検索フロー］を追加しておく

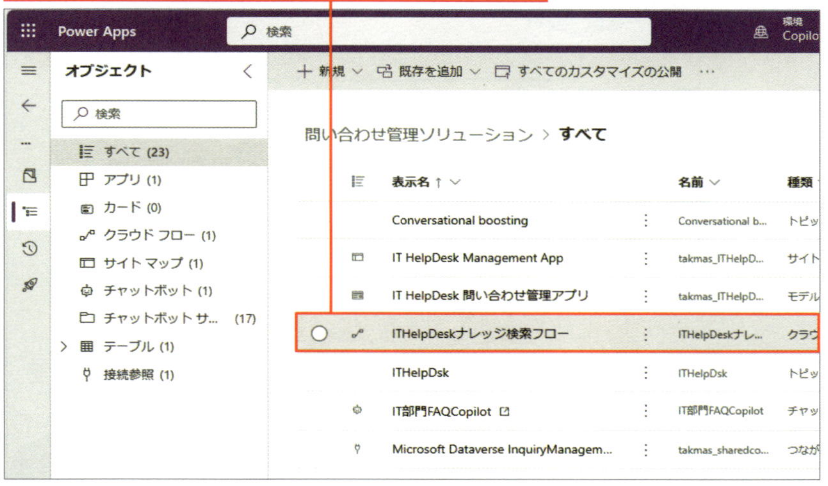

LESSON 22

Conversation boosting トピックの修正

利用者からの質問に対して、SharePointサイトに格納したファイルに加え、問い合わせデータベースからも検索をして回答を試みるよう[Conversation boosting]トピックを修正します。

01 データベースから検索をする

[IT部門FAQCopilot]の[Conversation boosting]トピックを編集し、SharePointに保存したファイルから回答ができなかった場合は、問い合わせデータベースから検索をするようにします。具体的には、**[生成型の回答を作成する]ノードの結果が空白であった場合、作成したクラウドフローを呼ぶようにします**。入力には、[Activity.Text]システム変数を設定します。これによって利用者がCopilotに質問した内容がフローに渡されます。

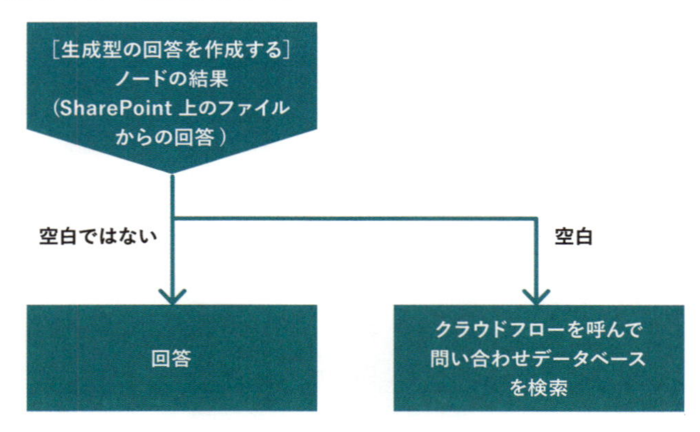

[Conversation boosting]トピックを編集することで、複数の情報源から情報を検索し、それに基づいて回答を行うCopilotを作成できます。

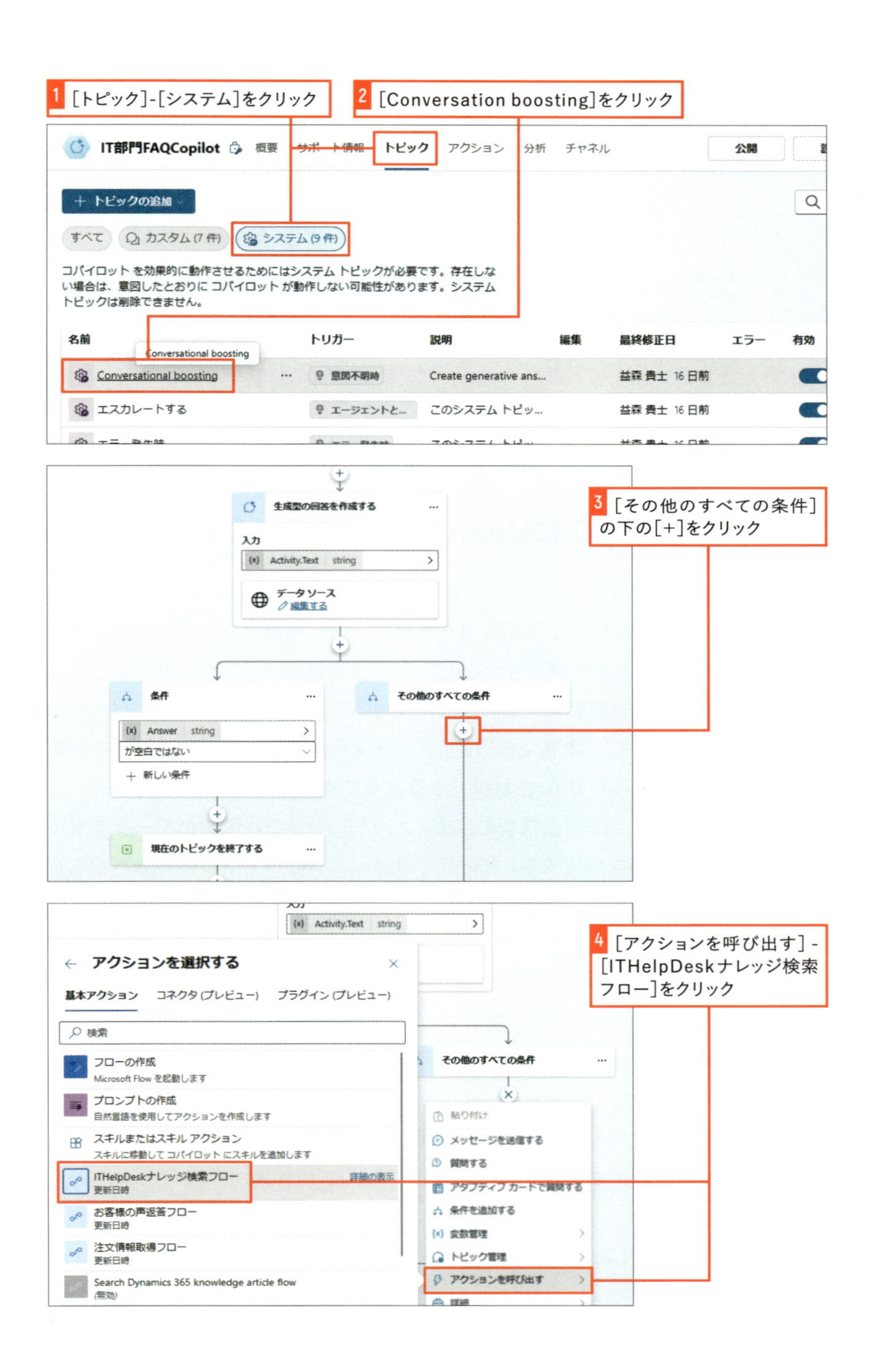
1 [トピック]-[システム]をクリック
2 [Conversation boosting]をクリック
IT部門FAQCopilot
概要
サポート情報
トピック
アクション
分析
チャネル
公開
＋ トピックの追加
すべて
カスタム (7 件)
システム (9 件)
コパイロット を効果的に動作させるためにはシステム トピックが必要です。存在しない場合は、意図したとおりに コパイロット が動作しない可能性があります。システム トピックは削除できません。
名前
トリガー
説明
編集
最終修正日
エラー
有効
Conversational boosting
意図不明時
Create generative ans...
益森 貴士 16 日前
エスカレートする
エージェントと...
このシステム トピッ...
益森 貴士 16 日前
生成型の回答を作成する
入力
Activity.Text string
データソース
編集する
条件
Answer string
が空白ではない
新しい条件
現在のトピックを終了する
その他のすべての条件
3 [その他のすべての条件]の下の[+]をクリック
アクションを選択する
基本アクション
コネクタ (プレビュー)
プラグイン (プレビュー)
検索
フローの作成
Microsoft Flow を起動します
プロンプトの作成
自然言語を使用してアクションを作成します
スキルまたはスキル アクション
スキルに移動して コパイロット にスキルを追加します
ITHelpDeskナレッジ検索フロー
更新日時
詳細の表示
お客様の声返答フロー
更新日時
注文情報取得フロー
更新日時
Search Dynamics 365 knowledge article flow
(無効)
その他のすべての条件
貼り付け
メッセージを送信する
質問する
アダプティブ カードで質問する
条件を追加する
変数管理
トピック管理
アクションを呼び出す
詳細
4 [アクションを呼び出す]-[ITHelpDeskナレッジ検索フロー]をクリック

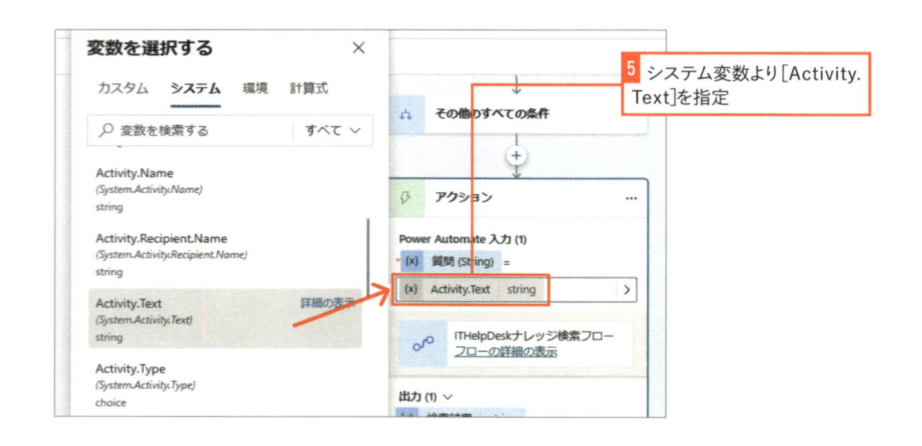

02 検索結果を基にCopilotが回答を生成する

クラウドフローから返されたデータベースの検索結果を基に、利用者への回答を生成します。まず、検索結果の有無を確認し、検索結果がある場合のみ回答を生成するようにするため、条件を追加し、クラウドフローの応答の配列が空かどうか判定します。回答の配列が空ではない場合、Copilot利用者に回答をします。回答を行うにあたって、**[生成型の回答]ノードを利用することで、回答内容の要約や、回答の基となったURLを参照できるようにすることができます**。ただし、回答を生成するためには、**[生成型の回答]ノードにテーブル形式のデータを渡す必要があるため、[値を解析する]ノードを追加し、クラウドフローの応答をテーブル形式にします**。次に、[生成型の回答]ノードを追加し、テーブル形式にしたデータを追加します。

また、Copilotにナレッジを追加している場合、[生成型の回答]ノードを追加すると、既定でそのナレッジから回答をしようとする動作となります。今回の場合、「ITHelpDsk」SharePointサイトをナレッジとして追加しているため、そのナレッジから回答を生成しようとします。今回は、クラウドフロー経由で問い合わせデータベースを検索した結果のみから回答を生成するようにするため、[選択したソースのみを検索する]設定をオンにして、「ITHelpDsk」にチェックを入れないようにします。

回答をしたら会話を終了するため、最後に、[現在のトピックを終了する]ノードを追加します。

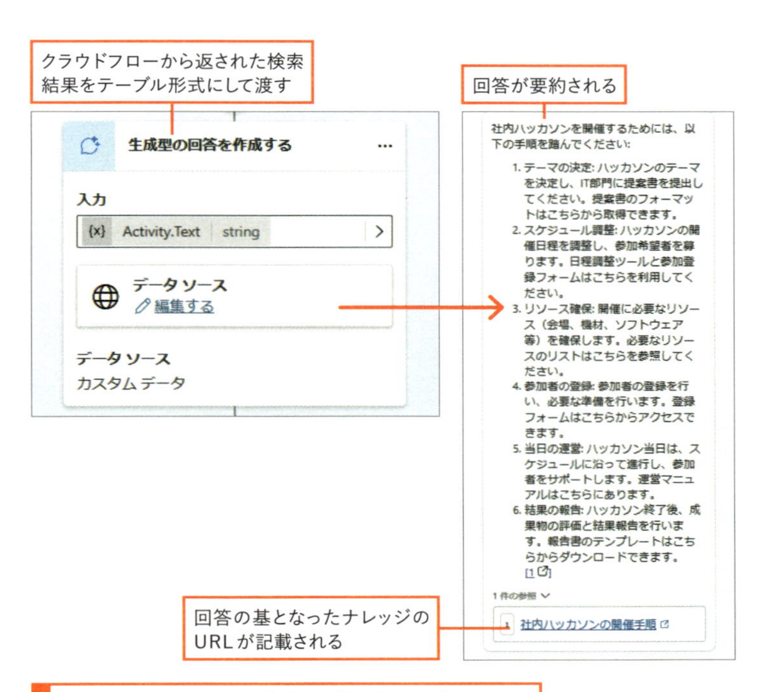

1 [アクション]ノードの下の[+]-[条件を追加する]をクリック

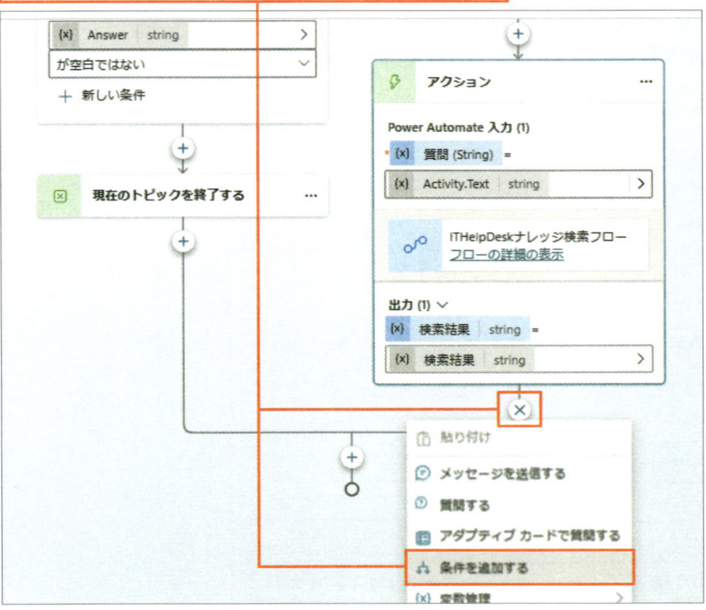

応用編 第5章 機能を拡張してFAQに答える汎用的なCopilotを作る

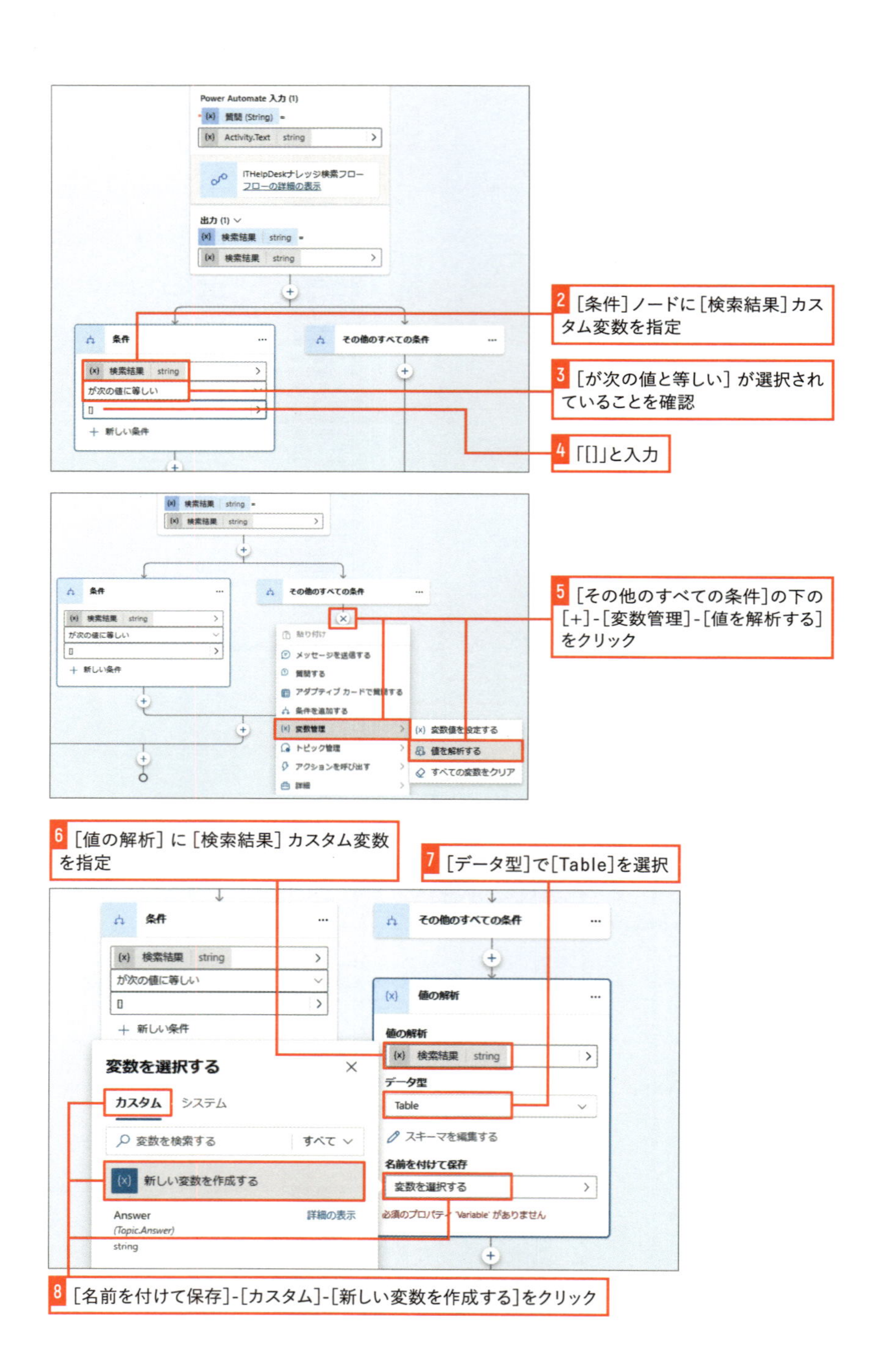
2 [条件]ノードに[検索結果]カスタム変数を指定
3 [が次の値と等しい]が選択されていることを確認
4 「[]」と入力
5 [その他のすべての条件]の下の[+]-[変数管理]-[値を解析する]をクリック
6 [値の解析]に[検索結果]カスタム変数を指定
7 [データ型]で[Table]を選択
8 [名前を付けて保存]-[カスタム]-[新しい変数を作成する]をクリック
Power Automate 入力 (1)
質問 (String)
Activity.Text string
ITHelpDeskナレッジ検索フロー
フローの詳細の表示
出力 (1)
検索結果 string
条件
その他のすべての条件
が次の値に等しい
新しい条件
貼り付け
メッセージを送信する
質問する
アダプティブ カードで質問する
条件を追加する
変数管理
トピック管理
アクションを呼び出す
詳細
変数値を設定する
値を解析する
すべての変数をクリア
値の解析
データ型
Table
スキーマを編集する
名前を付けて保存
変数を選択する
必須のプロパティ 'Variable' がありません
変数を選択する
カスタム
システム
変数を検索する
すべて
新しい変数を作成する
Answer
(Topic.Answer)
string
詳細の表示

9 ［名前を付けて保存］の変数をクリックして［変数名］に「SearchResults」と入力

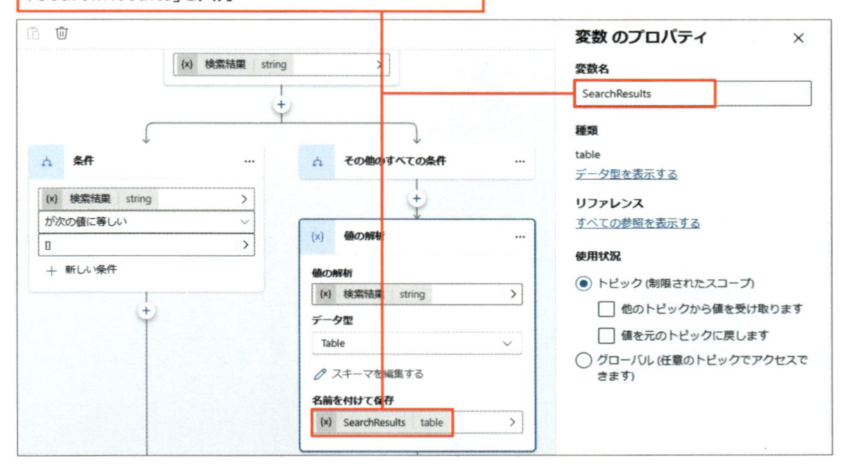

10 ［値の解析］の下の［+］-［詳細］-［生成型の回答］をクリック

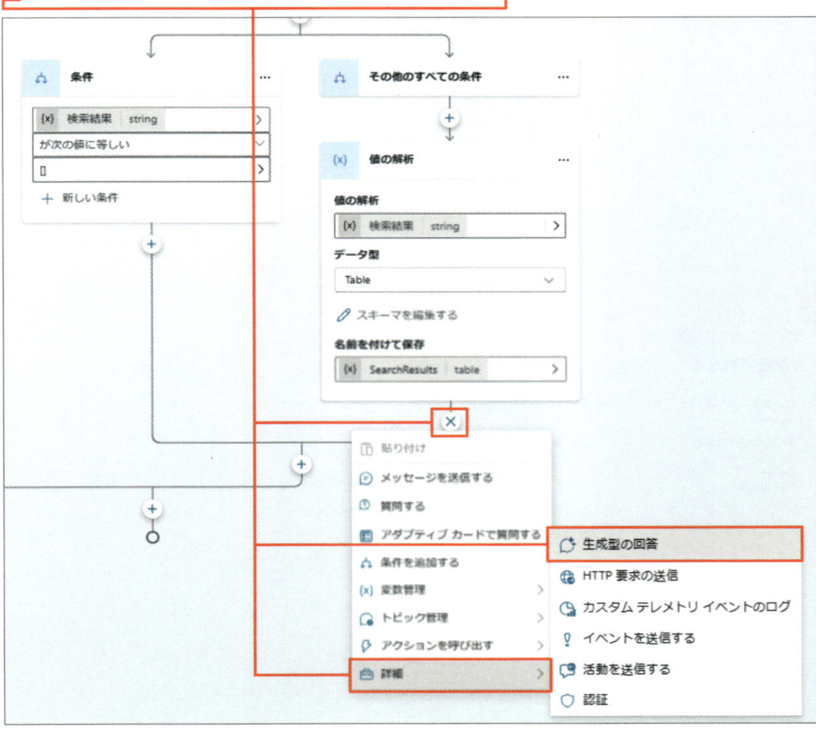

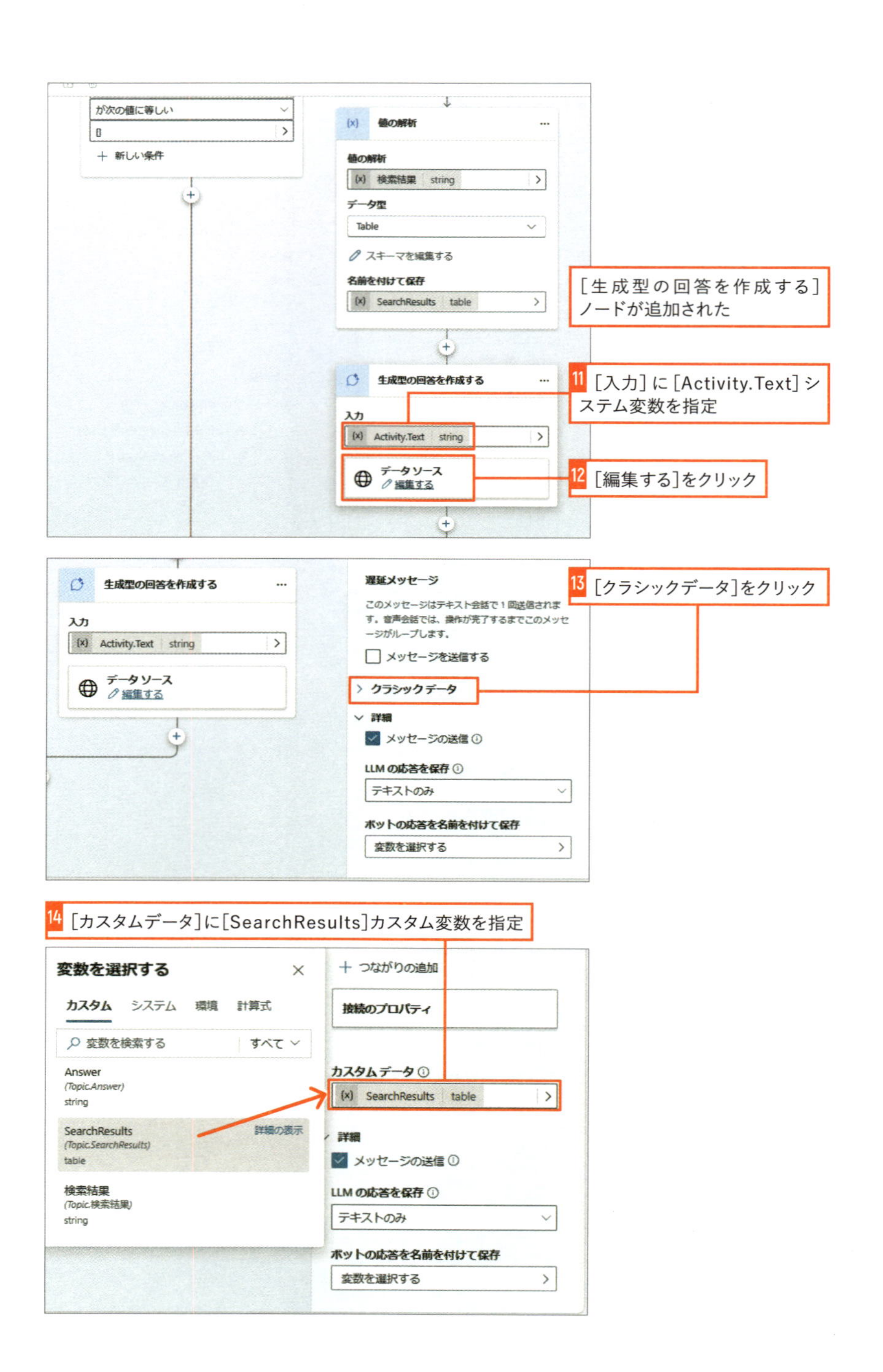
が次の値に等しい
新しい条件
値の解析
値の解析
検索結果 string
データ型
Table
スキーマを編集する
名前を付けて保存
SearchResults table
[生成型の回答を作成する]ノードが追加された
生成型の回答を作成する
入力
Activity.Text string
データソース
編集する
11 [入力]に[Activity.Text]システム変数を指定
12 [編集する]をクリック
生成型の回答を作成する
入力
Activity.Text string
データソース
編集する
遅延メッセージ
このメッセージはテキスト会話で1回送信されます。音声会話では、操作が完了するまでこのメッセージがループします。
メッセージを送信する
クラシックデータ
詳細
メッセージの送信
LLM の応答を保存
テキストのみ
ボットの応答を名前を付けて保存
変数を選択する
13 [クラシックデータ]をクリック
14 [カスタムデータ]に[SearchResults]カスタム変数を指定
変数を選択する
カスタム
システム
環境
計算式
変数を検索する
すべて
Answer
(Topic.Answer)
string
SearchResults
(Topic.SearchResults)
table
詳細の表示
検索結果
(Topic.検索結果)
string
つながりの追加
接続のプロパティ
カスタムデータ
SearchResults table
詳細
メッセージの送信
LLM の応答を保存
テキストのみ
ボットの応答を名前を付けて保存
変数を選択する

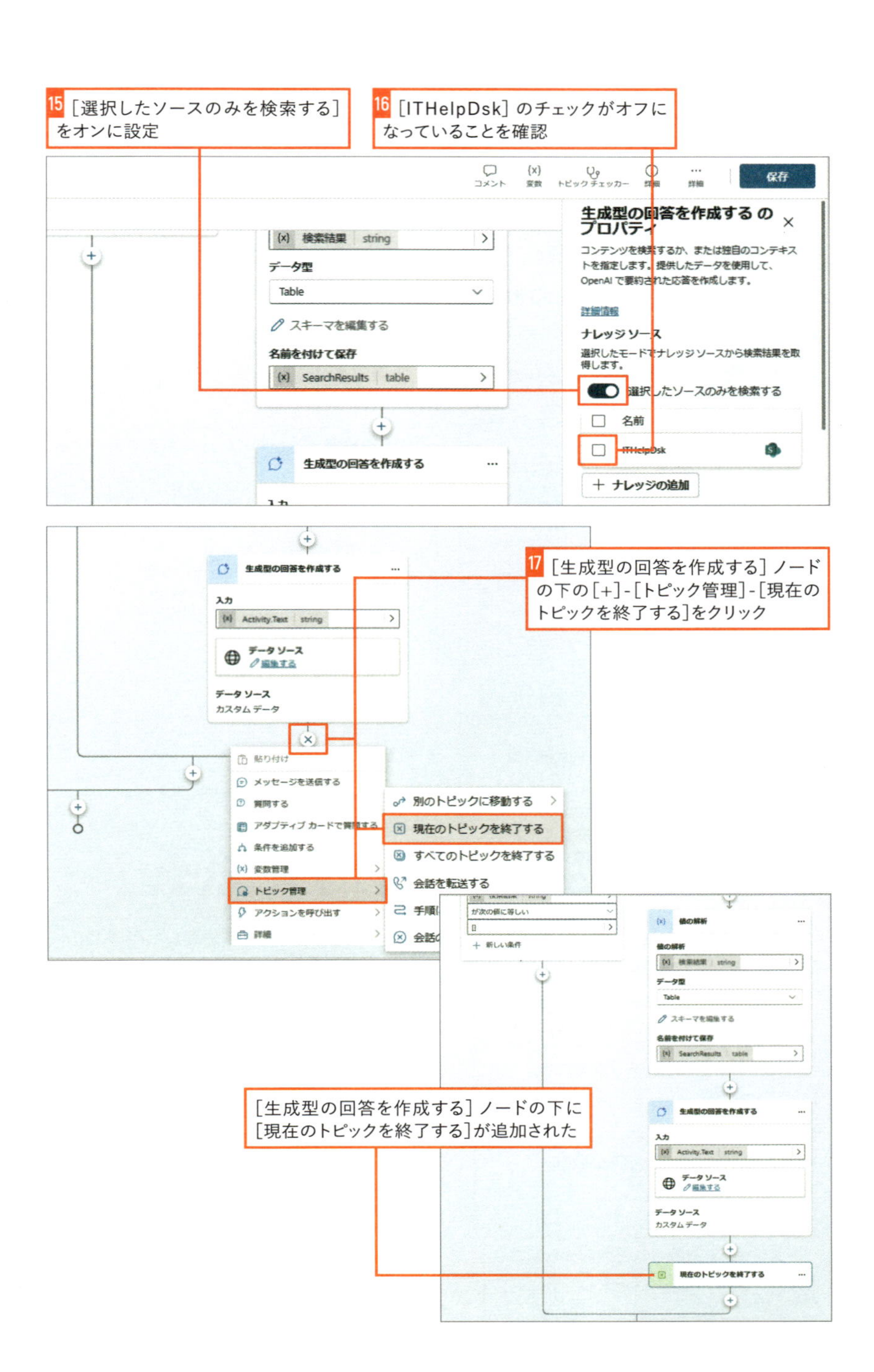

15 [選択したソースのみを検索する]をオンに設定
16 [ITHelpDsk] のチェックがオフになっていることを確認
保存
生成型の回答を作成する のプロパティ
コンテンツを検索するか、または独自のコンテキストを指定します。提供したデータを使用して、OpenAI で要約された応答を作成します。
詳細情報
ナレッジ ソース
選択したモードでナレッジ ソースから検索結果を取得します。
選択したソースのみを検索する
名前
ITHelpDsk
ナレッジの追加
データ型
Table
スキーマを編集する
名前を付けて保存
SearchResults table
生成型の回答を作成する
17 [生成型の回答を作成する] ノードの下の[+]-[トピック管理]-[現在のトピックを終了する]をクリック
入力
データ ソース
カスタム データ
メッセージを送信する
質問する
条件を追加する
変数管理
トピック管理
アクションを呼び出す
詳細
別のトピックに移動する
現在のトピックを終了する
すべてのトピックを終了する
会話を転送する
[生成型の回答を作成する] ノードの下に[現在のトピックを終了する]が追加された

03 ナレッジを基に回答するかテストする

変更を［保存］し、テストしてみましょう。まず、SharePointに保存したファイルで回答可能な質問をしてみます。次に、問い合わせデータベースにのみ情報がある質問をしてみます。なお、どちらでも回答が難しい場合は、フォールバックシステムトピックが呼び出され、問い合わせ内容を理解できない旨の返答が返されます。問い合わせデータベースから回答が返ってきた際は、回答のリンクを開くと、問い合わせ管理アプリから情報を確認できます。

「社内ハッカソンの開催手順を教えて」と質問を入力する

社内ハッカソンの開催手順を教えて
たった今
自分だけが表示できます
これへ回答に役立つ情報は見つかりませんでした。
ナレッジ ソースの編集
たった今 | デバッグのインサイト
社内ハッカソンを開催するためには、以下の手順を踏んでください:
1. テーマの決定: ハッカソンのテーマを決定し、IT部門に提案書を提出してください。提案書のフォーマットはこちらから取得できます。
2. スケジュール調整: ハッカソンの開催日程を調整し、参加希望者を募ります。日程調整ツールと参加
6. 結果の報告: ハッカソン終了後、成果物の評価と結果報告を行います。報告書のテンプレートはこちらからダウンロードできます。[1]
1 件の参照
1 社内ハッカソンの開催手順
1 分前 | Azure OpenAI で表示 |

データベースに登録された内容から回答される。リンクをクリックするとデータベースが表示される

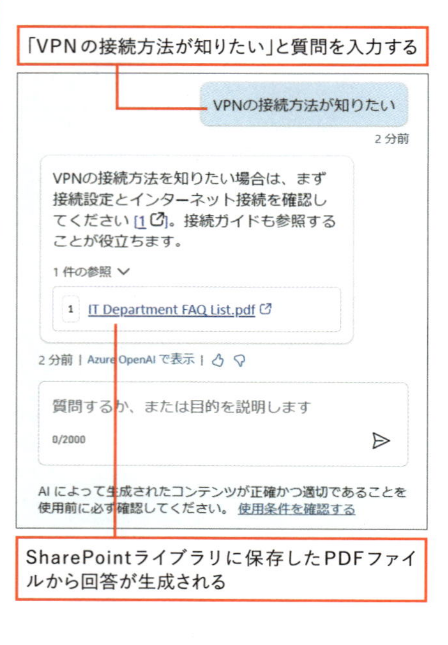

コンテンツがフィルターされた場合

AIによってコンテンツが望ましくないと判断された際、コンテンツがフィルターされ、以下のような回答が返されます。この際は、再度テストをしてみる、または、[生成型の回答]ノードの[コンテンツモデレーション]の設定を下げてみて、回答がフィルターされなくなるか確認してください。

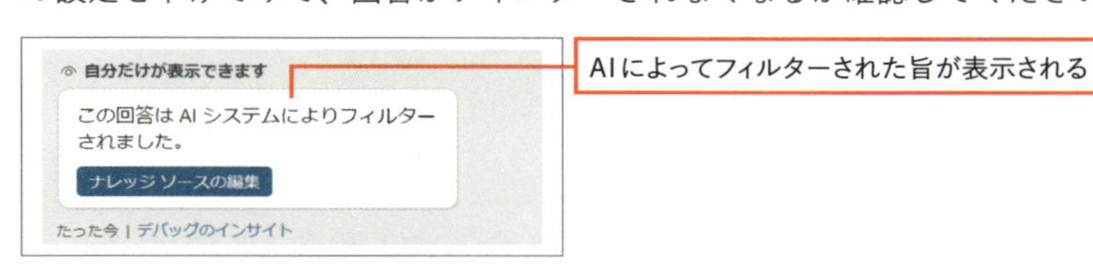

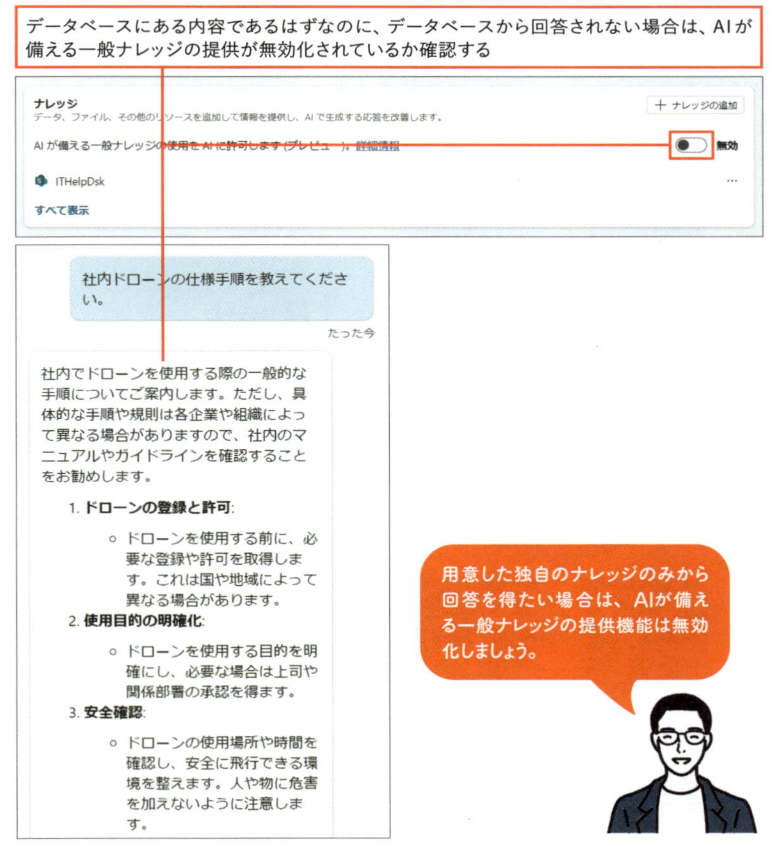

LESSON 23

回答できなかった場合の処理を作成する

利用者からの質問に対して、SharePointに保存したファイル、データベースのどちらにも情報がなく回答ができない場合、問い合わせ対応チームに連絡するか質問をして、希望する場合、Teamsに通知する処理を追加します。

01 人による対応が必要な場合の処理を実装する

Copilotから受け取った質問情報を基に、データベースにデータを登録し、Teamsのチームに利用者から問い合わせがあったことを通知する処理を実装します。

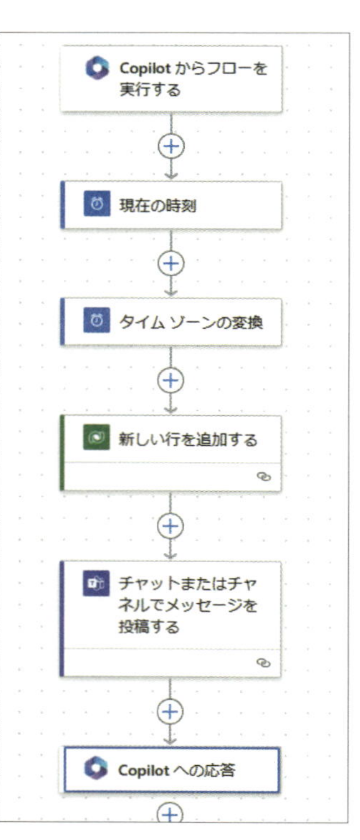

今回は、あらかじめ作成しておいた「IT HelpDesk」チームに通知します。次に、Copilot側にて、SharePointに保存したファイル、データベースのどちらにも情報がない場合、問い合わせを行うか確認をして、[問い合わせをする] を選択したときは、クラウドフローを呼ぶように修正を行います。これにより、**既存の情報が見つかればCopilotが自動で回答することで人の負担を軽減し、情報が見つからない場合は人が対応するという一連の問い合わせ対応業務をスムーズに行うことができます**。

02 Copilotから質問情報と日時を取得する

これまでと同様に、ソリューションから新規作成し、[Copilotからフローを実行する] トリガーを使いましょう。[入力の追加] - [テキスト] を選択し、Copilotから質問内容、質問者の名前、質問者のメールアドレス情報を受け取るように設定します。データベースへの登録とチームに通知する際に、この情報を利用します。また、データベースに質問の日時も登録するため、現在の日時を取得し、UTCから日本のタイムゾーンに変換をします。

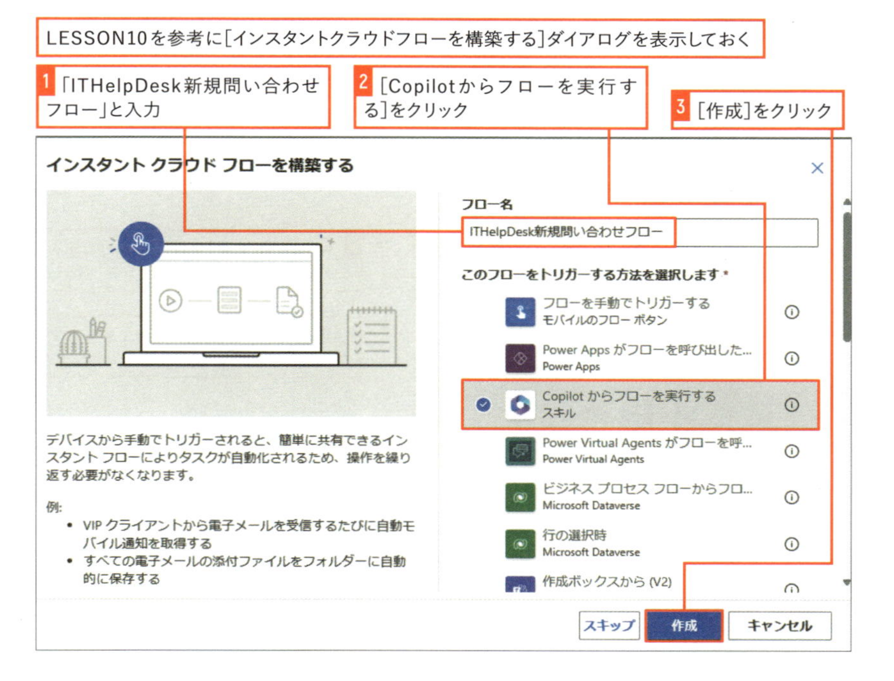

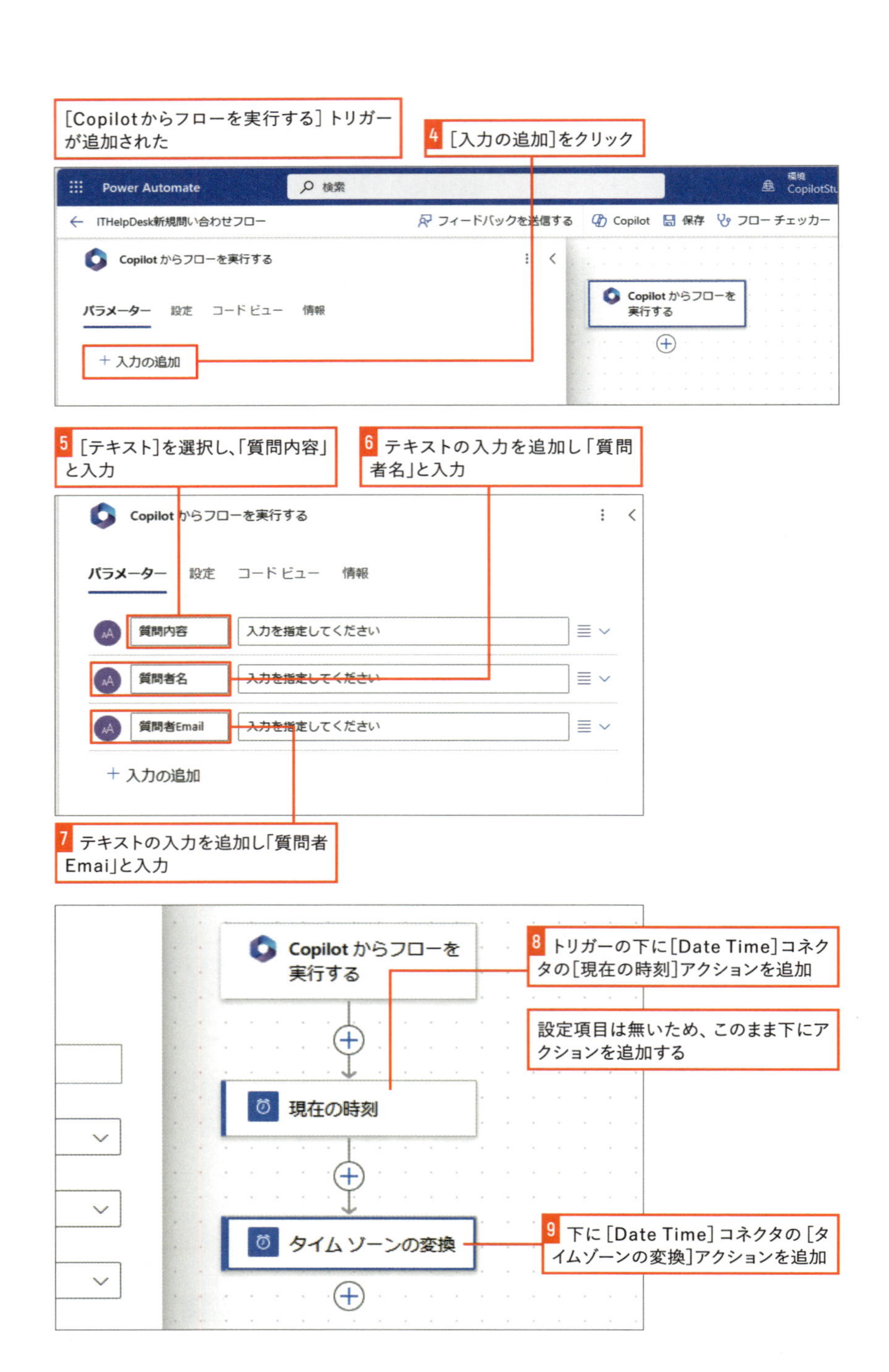
[Copilotからフローを実行する] トリガーが追加された
4 [入力の追加]をクリック
Power Automate
検索
CopilotStu
ITHelpDesk新規問い合わせフロー
フィードバックを送信する
Copilot
保存
フロー チェッカー
Copilot からフローを実行する
パラメーター
設定
コード ビュー
情報
+ 入力の追加
Copilot からフローを実行する
5 [テキスト]を選択し、「質問内容」と入力
6 テキストの入力を追加し「質問者名」と入力
Copilot からフローを実行する
パラメーター
設定
コード ビュー
情報
質問内容
入力を指定してください
質問者名
入力を指定してください
質問者Email
入力を指定してください
+ 入力の追加
7 テキストの入力を追加し「質問者Email」と入力
Copilot からフローを実行する
8 トリガーの下に[Date Time]コネクタの[現在の時刻]アクションを追加
設定項目は無いため、このまま下にアクションを追加する
現在の時刻
タイム ゾーンの変換
9 下に[Date Time]コネクタの[タイムゾーンの変換]アクションを追加

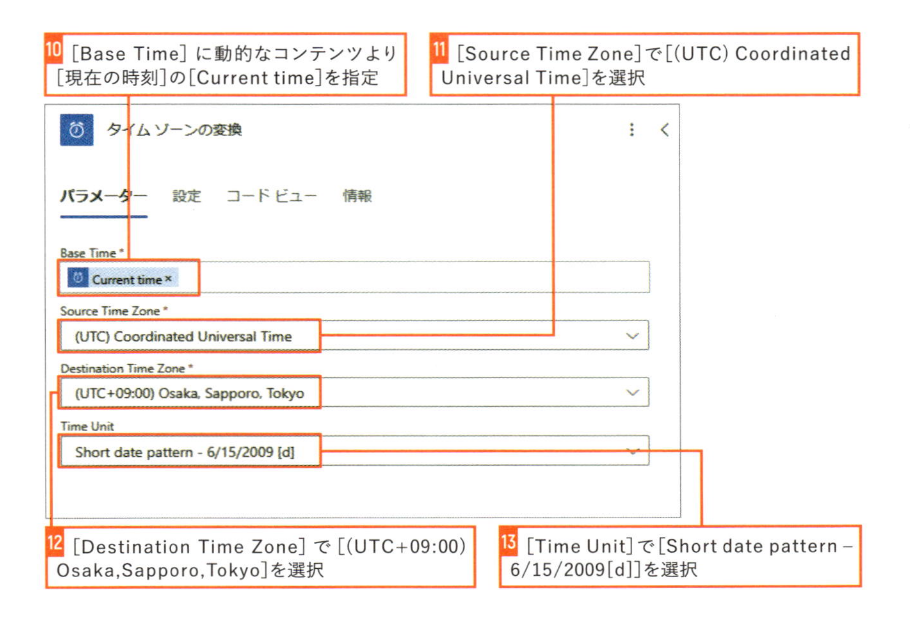

03 問い合わせ内容を自動登録する

データベースに問い合わせ内容を新規に登録します。[Microsoft Dataverse] コネクタの [新しい行を追加する] を選択し、[問い合わせ日] に [タイムゾーンの変換] アクションの結果を、[質問] [質問者Email] [質問者名] に、Copilotから受け取った情報を代入します。データベースにこれらの情報を登録することで、過去の問い合わせ情報が蓄積され、Copilotのナレッジとして活用することができます。また、問い合わせ傾向の分析やナレッジの改善につなげることもできます。

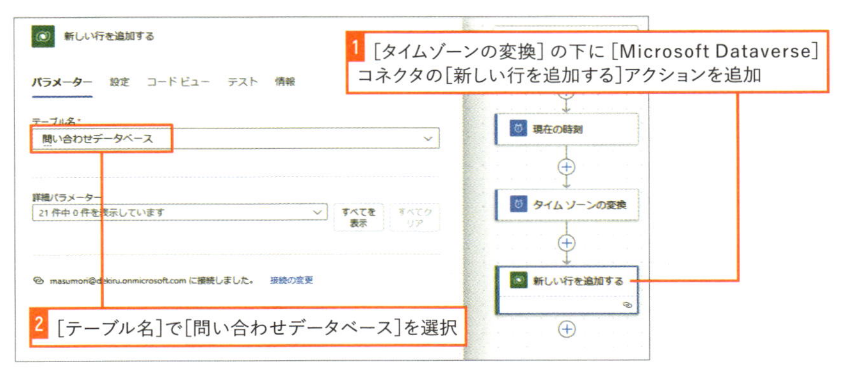

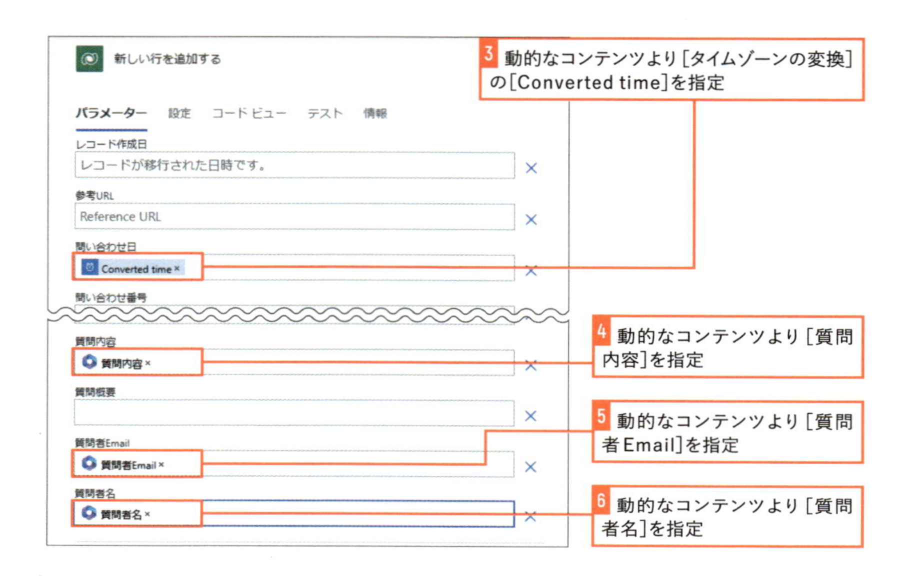

04 問い合わせ対応チームに通知をする

[Microsoft Teams]コネクタの[チャットまたはチャネルでメッセージを投稿する]アクションを選択し、作成したチームのGeneralチャネルに投稿するように設定します。メッセージには、テキスト入力と動的なコンテンツを組み合わせ、「質問者」、「質問内容」、およびデータベースに登録された際に採番される「問い合わせ番号」を含めるようにします。

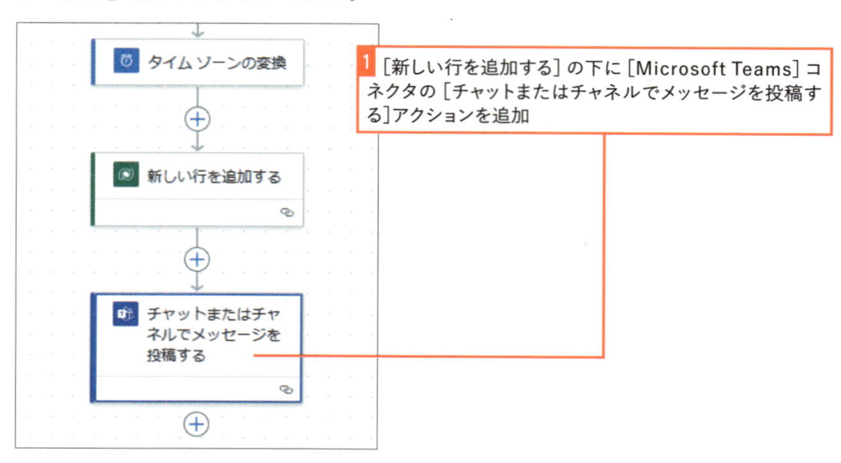

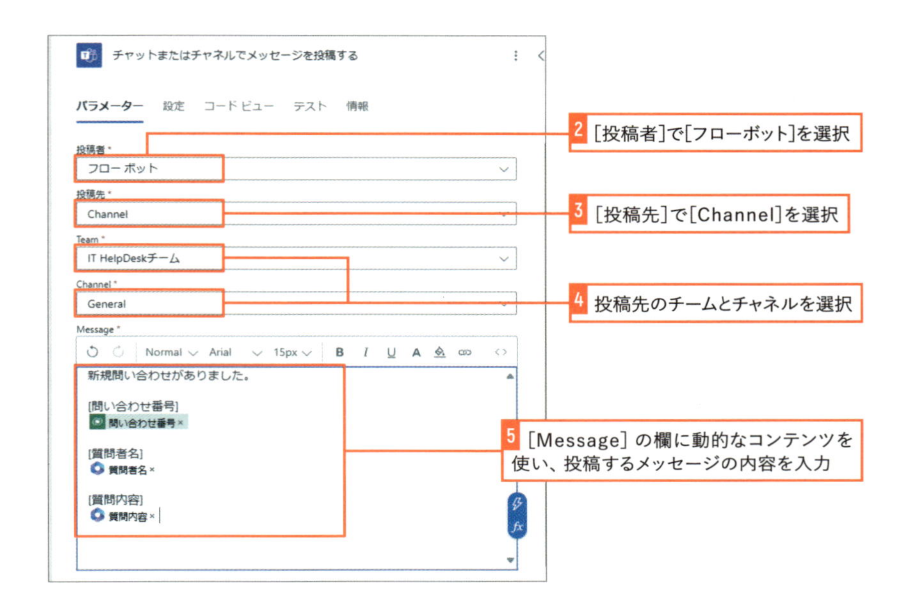

05 Copilotに問い合わせ番号を返答する

Copilotに問い合わせ番号を返答します。問い合わせ番号を受け取ったCopilotは、利用者、つまり質問者にこの番号を返答します。質問者と問い合わせ担当チームはこの番号を利用して連絡を取り合うことが可能です。

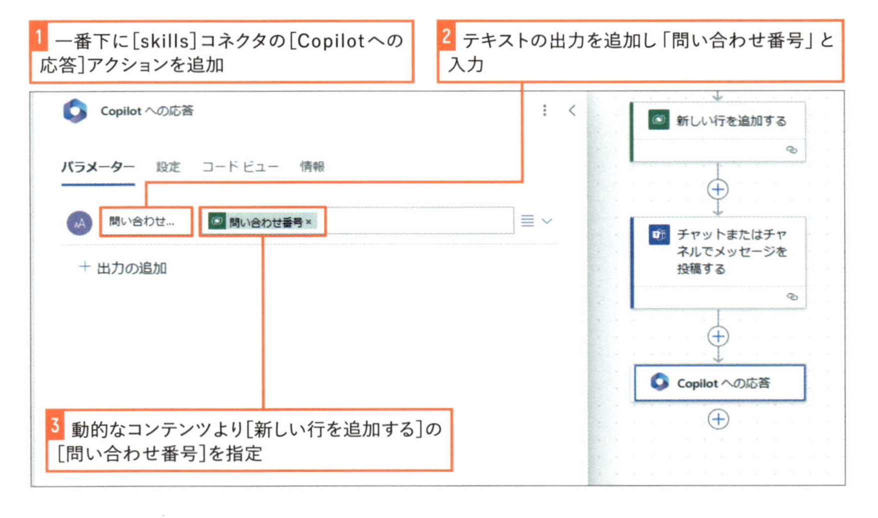

06 Copilot作成者の権限でTeamsコネクタを利用する

Copilot利用者は問い合わせ対応チームへアクセスする権限がない可能性があるため、Copilot作成者の権限でTeamsコネクタを利用するように設定します。 作成したクラウドフローの設定画面の［実行のみのユーザー］より、Microsoft Teamsコネクタの接続をCopilot作成者にして保存します。

113ページを参考に、［問い合わせ管理ソリューション］に作成した［ITHelpDesk新規問い合わせフロー］を追加しておく

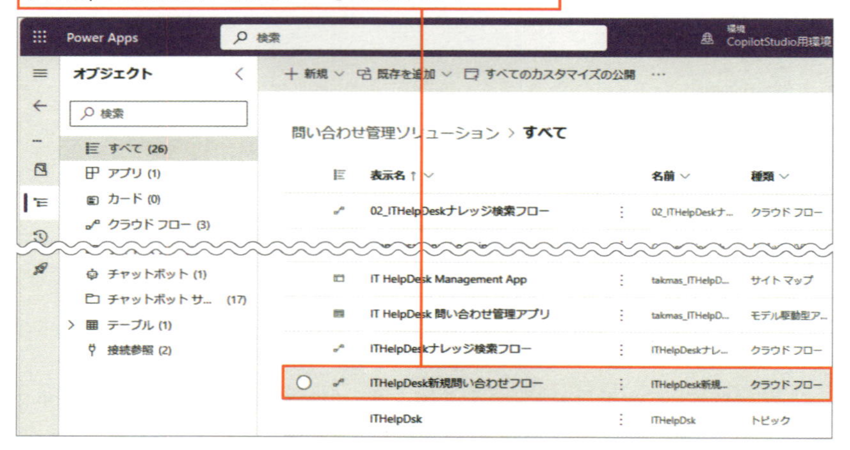

1 ［ITHelpDesk新規問い合わせフロー］をクリック

2 ［実行のみのユーザー］の［編集］をクリック

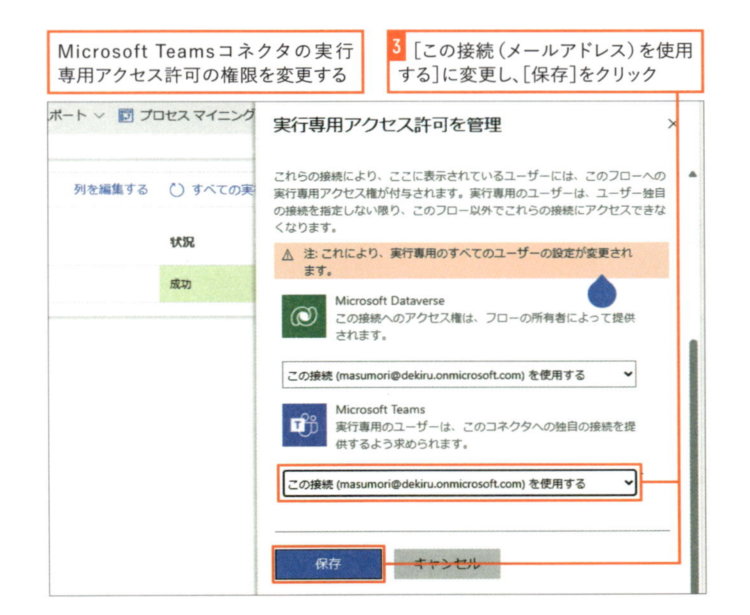

練習用ファイル 5章質問内容例.txt

07 新規問い合わせを行う

回答できなかった場合に新規問い合わせができるよう「IT部門FAQCopilot」を編集し、[Conversation Boosting]トピックを修正します。

まず、[質問]ノードを追加し、SharePointに格納したファイル、データベースのどちらからも回答ができなかった場合に、問い合わせ対応チームに連絡するか確認されるようにします。[連絡する]を選択した場合は、[質問]ノードを追加し、質問内容の入力を依頼します。こちらでは、**ユーザーが入力した内容全体を取得するため、[特定]にて、[ユーザーの応答全体]を選択し、変数名を「質問内容」とします**。利用者に質問をして、利用者が入力した内容をそのまま全文受け取って変数に格納する場合は、これを選択します。

また、情報に不足がないよう、どんな情報を入力してもらいたいかを踏まえ、メッセージ内容を作成します。「5章質問内容例.txt」のファイルを必要に応じて参考にしてください。そして、入力した質問内容を踏まえ、作成したクラウドフローを呼び出します。[質問者名]、[質問者Email]は、システム変数から取得できるため、それを利用します。

■問い合わせ対応チームに連絡するか確認するようにする

LESSON05で作成した、「IT部門FAQCopilot」を表示しておく

1 [トピック]-[システム]をクリック

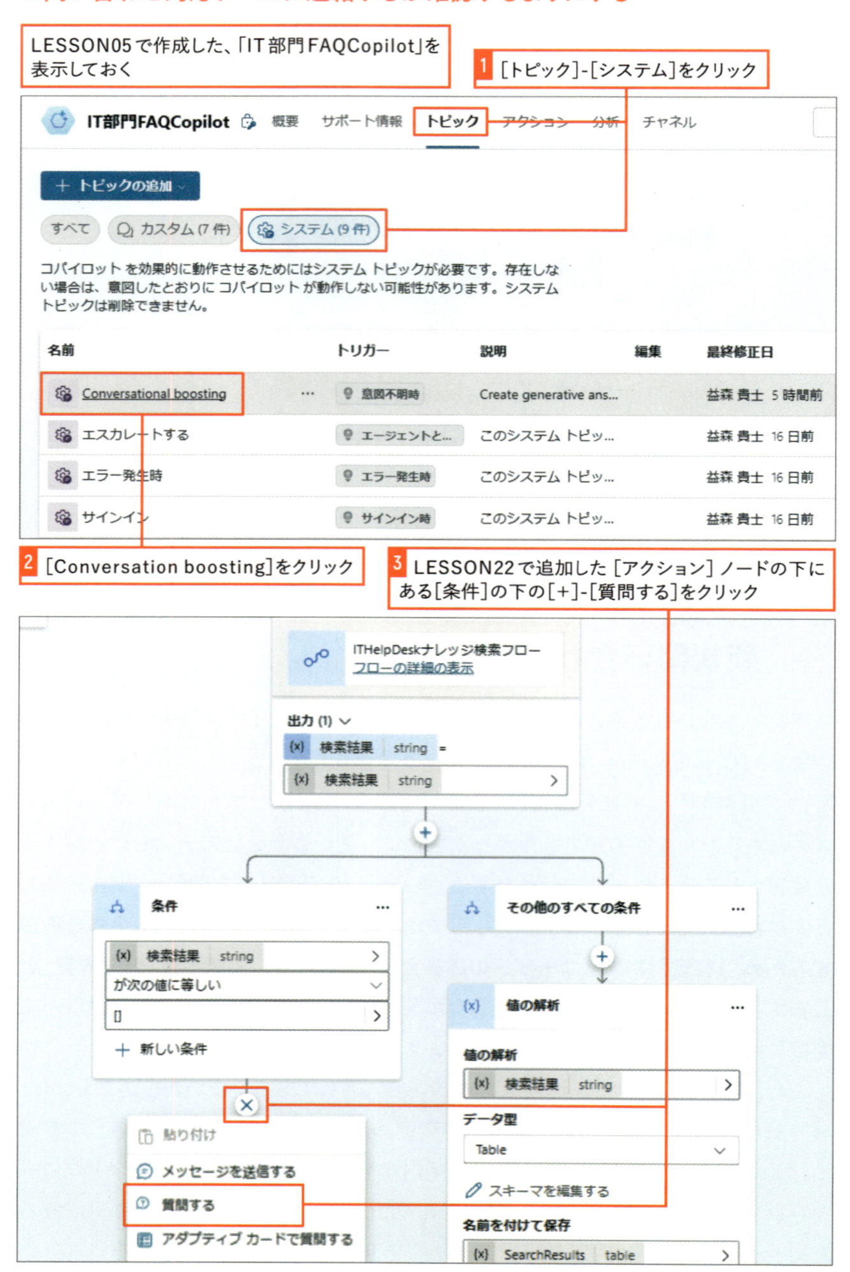

2 [Conversation boosting]をクリック

3 LESSON22で追加した [アクション] ノードの下にある[条件]の下の[+]-[質問する]をクリック

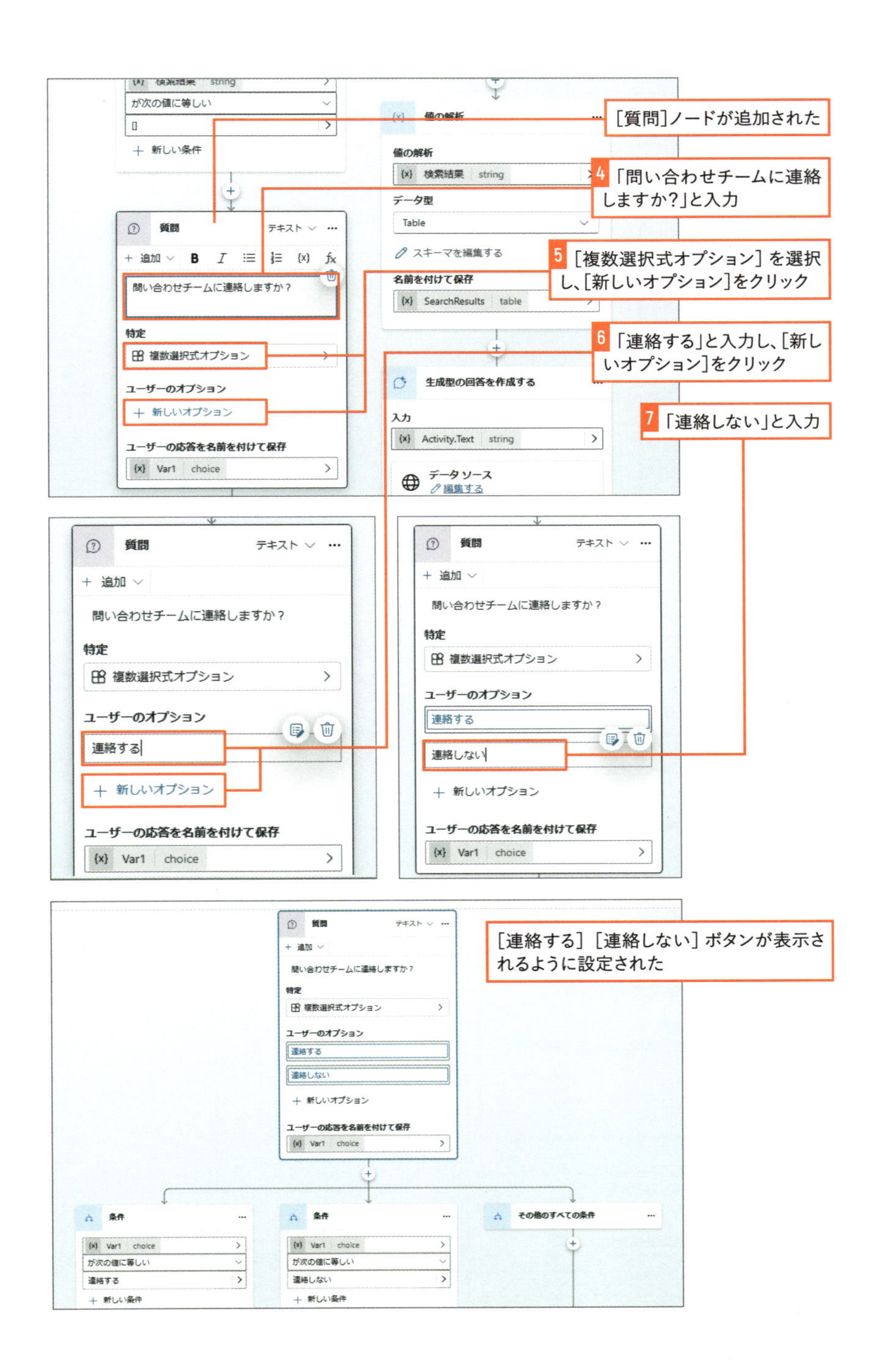

[質問]ノードが追加された
4 「問い合わせチームに連絡しますか?」と入力
5 [複数選択式オプション] を選択し、[新しいオプション]をクリック
6 「連絡する」と入力し、[新しいオプション]をクリック
7 「連絡しない」と入力
[連絡する] [連絡しない] ボタンが表示されるように設定された
質問
テキスト
追加
問い合わせチームに連絡しますか？
特定
複数選択式オプション
ユーザーのオプション
新しいオプション
連絡する
連絡しない
ユーザーの応答を名前を付けて保存
Var1
choice
値の解析
検索結果
string
データ型
Table
スキーマを編集する
名前を付けて保存
SearchResults
table
生成型の回答を作成する
入力
Activity.Text
データソース
編集する
条件
が次の値に等しい
新しい条件
その他のすべての条件

■［連絡する］が選択された場合の挙動を設定する

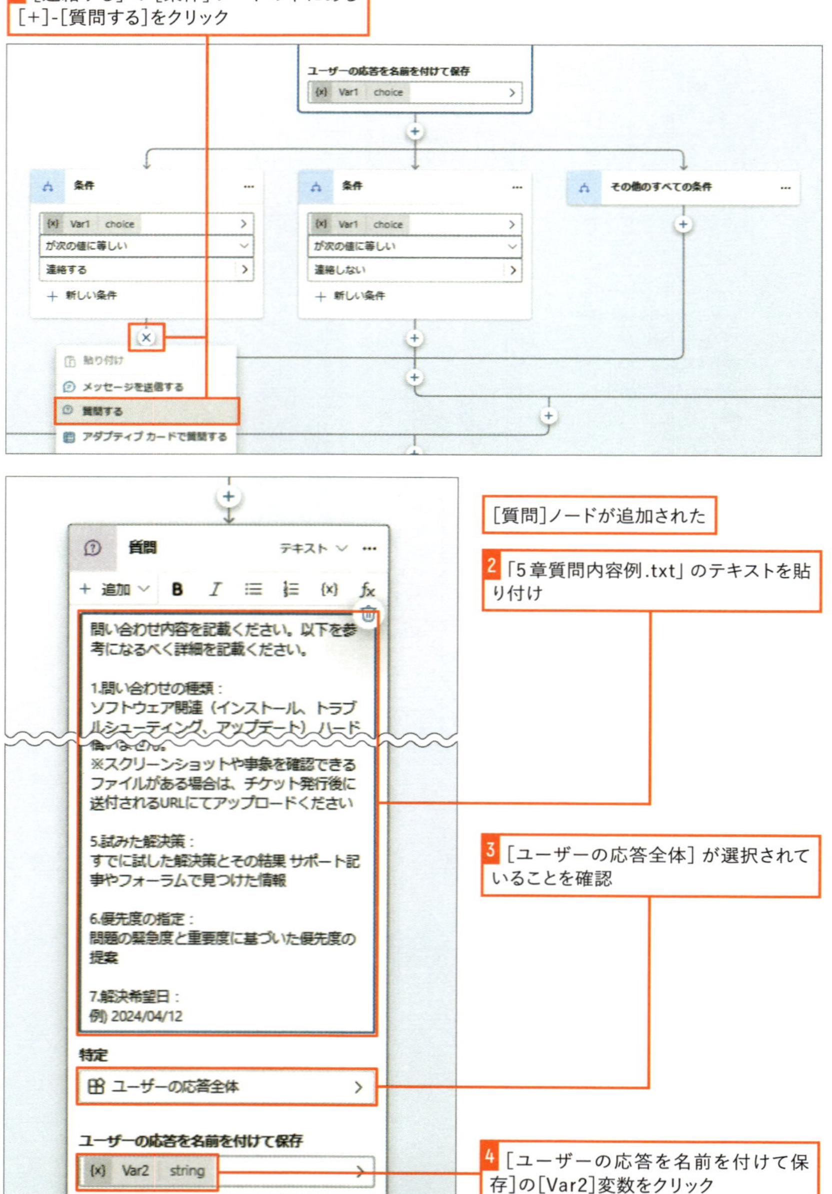

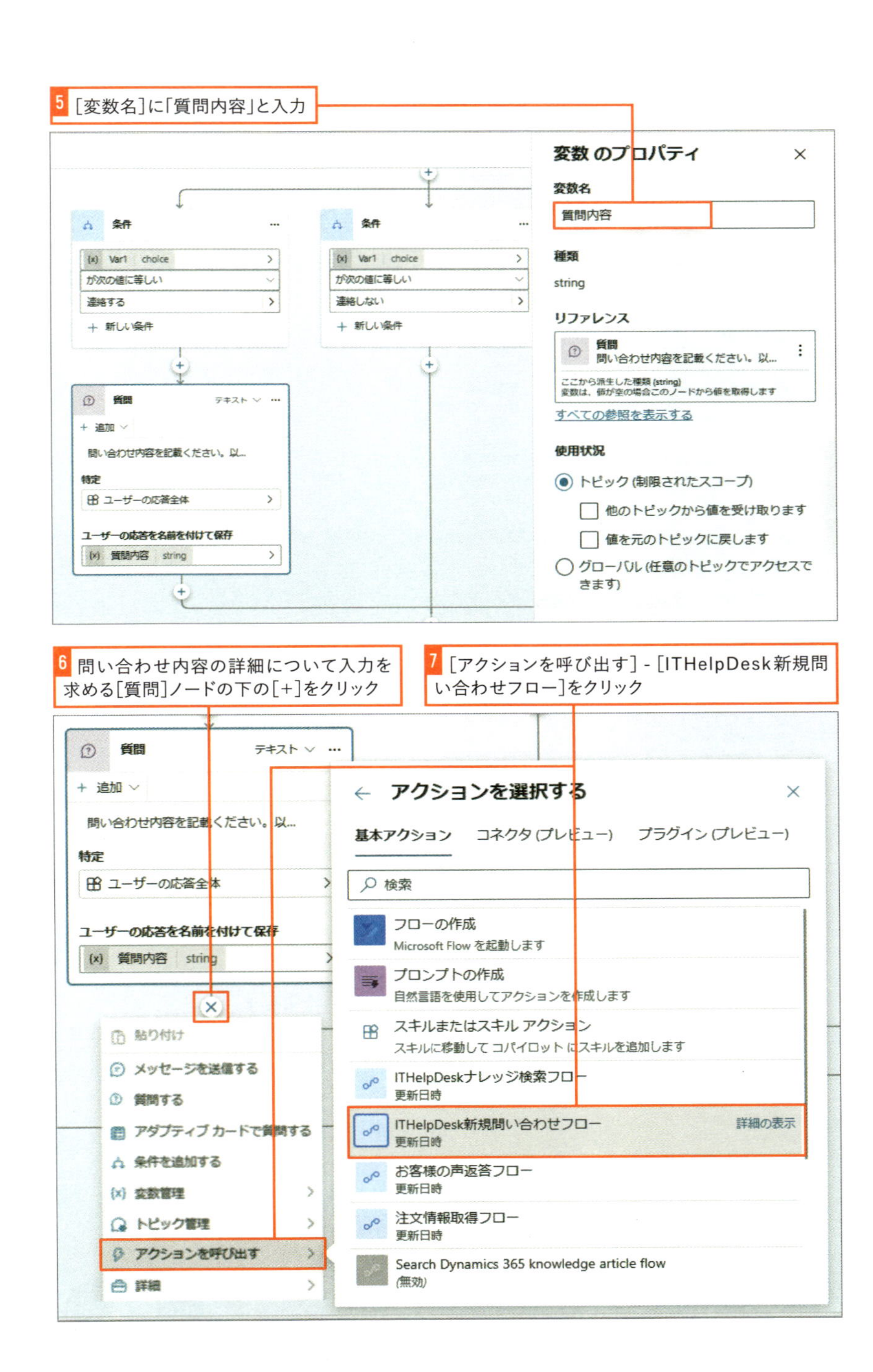

5 [変数名]に「質問内容」と入力
変数 のプロパティ
変数名
質問内容
種類
string
リファレンス
質問
問い合わせ内容を記載ください。以...
すべての参照を表示する
使用状況
トピック (制限されたスコープ)
他のトピックから値を受け取ります
値を元のトピックに戻します
グローバル (任意のトピックでアクセスできます)
条件
Var1 choice
が次の値に等しい
連絡する
連絡しない
新しい条件
質問
テキスト
追加
問い合わせ内容を記載ください。以...
特定
ユーザーの応答全体
ユーザーの応答を名前を付けて保存
質問内容 string
6 問い合わせ内容の詳細について入力を求める[質問]ノードの下の[+]をクリック
7 [アクションを呼び出す] - [ITHelpDesk新規問い合わせフロー]をクリック
アクションを選択する
基本アクション
コネクタ (プレビュー)
プラグイン (プレビュー)
検索
フローの作成
Microsoft Flow を起動します
プロンプトの作成
自然言語を使用してアクションを作成します
スキルまたはスキル アクション
スキルに移動して コパイロット にスキルを追加します
ITHelpDeskナレッジ検索フロー
更新日時
ITHelpDesk新規問い合わせフロー
詳細の表示
更新日時
お客様の声返答フロー
更新日時
注文情報取得フロー
更新日時
Search Dynamics 365 knowledge article flow
(無効)
貼り付け
メッセージを送信する
質問する
アダプティブ カードで質問する
条件を追加する
変数管理
トピック管理
アクションを呼び出す
詳細

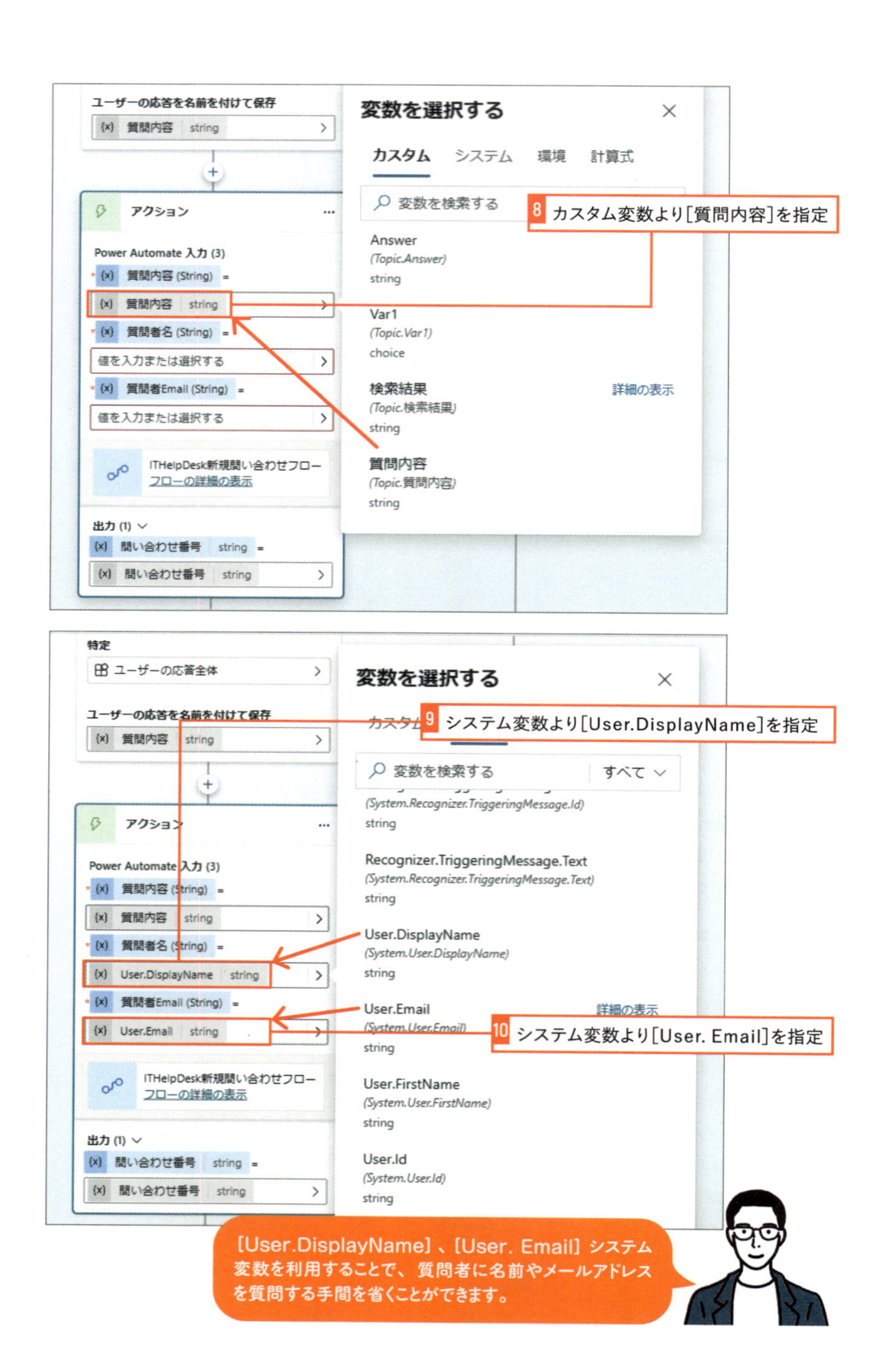
ユーザーの応答を名前を付けて保存
質問内容 string
変数を選択する
カスタム
システム
環境
計算式
変数を検索する
8 カスタム変数より[質問内容]を指定
アクション
Power Automate 入力 (3)
質問内容 (String) =
質問内容 string
質問者名 (String) =
値を入力または選択する
質問者Email (String) =
値を入力または選択する
ITHelpDesk新規問い合わせフロー
フローの詳細の表示
出力 (1)
問い合わせ番号 string =
問い合わせ番号 string
Answer
(Topic.Answer)
string
Var1
(Topic.Var1)
choice
検索結果
詳細の表示
(Topic.検索結果)
string
質問内容
(Topic.質問内容)
string
特定
ユーザーの応答全体
ユーザーの応答を名前を付けて保存
質問内容 string
変数を選択する
9 システム変数より[User.DisplayName]を指定
変数を検索する
すべて
(System.Recognizer.TriggeringMessage.Id)
string
Recognizer.TriggeringMessage.Text
(System.Recognizer.TriggeringMessage.Text)
string
User.DisplayName
(System.User.DisplayName)
string
User.Email
詳細の表示
(System.User.Email)
string
10 システム変数より[User. Email]を指定
User.FirstName
(System.User.FirstName)
string
User.Id
(System.User.Id)
string
アクション
Power Automate 入力 (3)
質問内容 (String) =
質問内容 string
質問者名 (String) =
User.DisplayName string
質問者Email (String) =
User.Email string
ITHelpDesk新規問い合わせフロー
フローの詳細の表示
出力 (1)
問い合わせ番号 string =
問い合わせ番号 string
[User.DisplayName]、[User. Email] システム変数を利用することで、質問者に名前やメールアドレスを質問する手間を省くことができます。

08 利用者に問い合わせ番号を返答する

クラウドフローから返された問い合わせ番号を利用者に返答します。[メッセージ] ノードを追加してクラウドフローから返された情報をメッセージに追加します。最後に、会話を終了するため [現在のトピックを終了する] ノードを追加します。

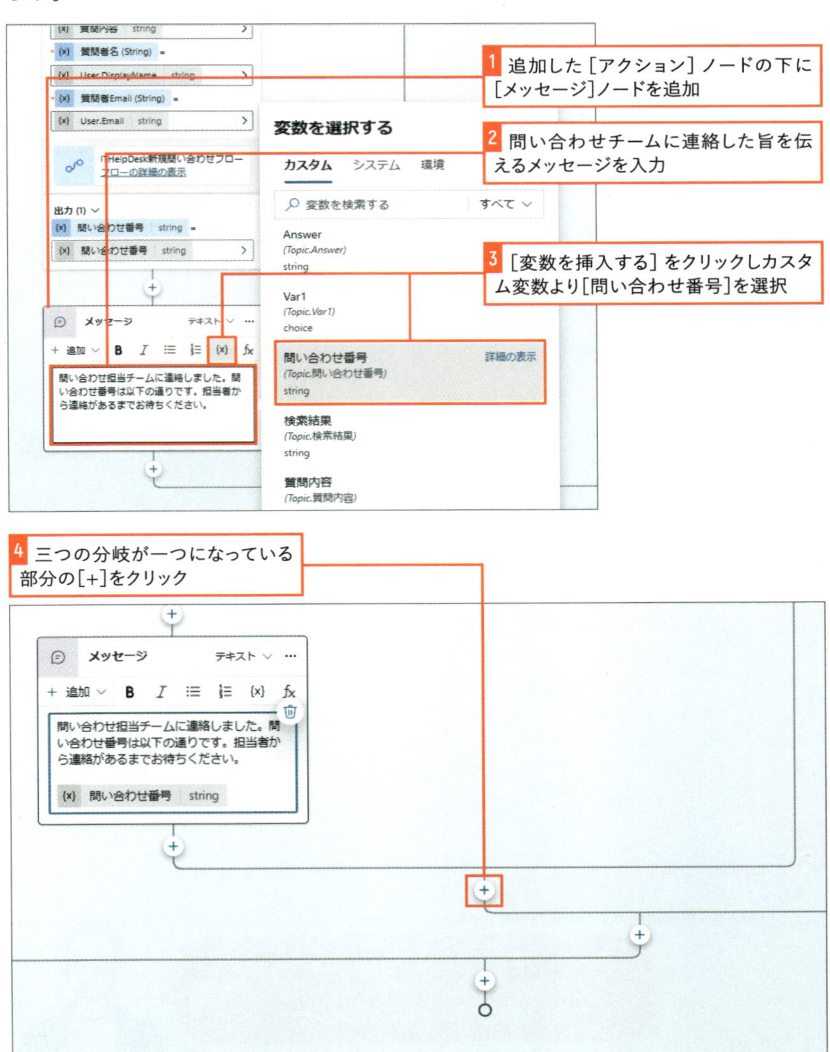

5 [トピック管理]-[現在のトピックを終了する]をクリック

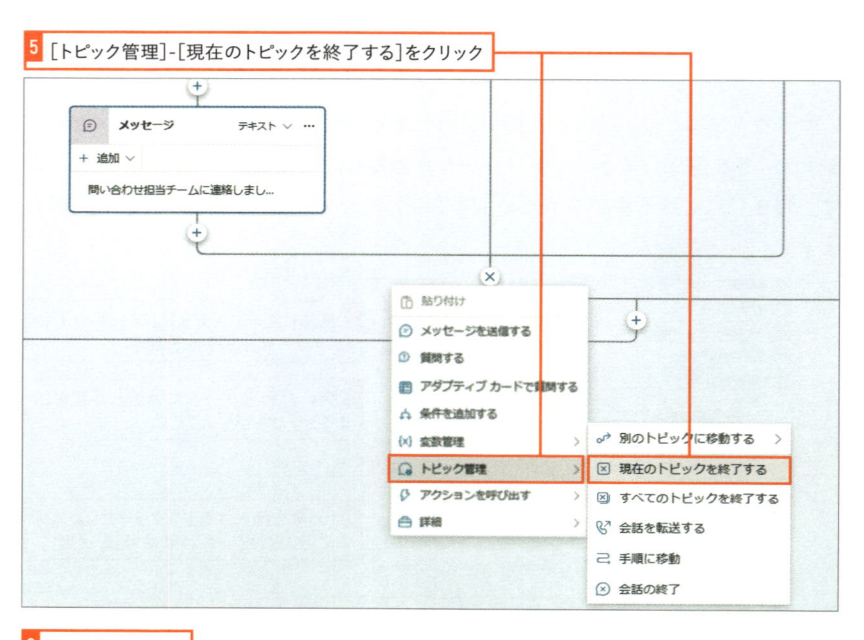

6 [保存]をクリック

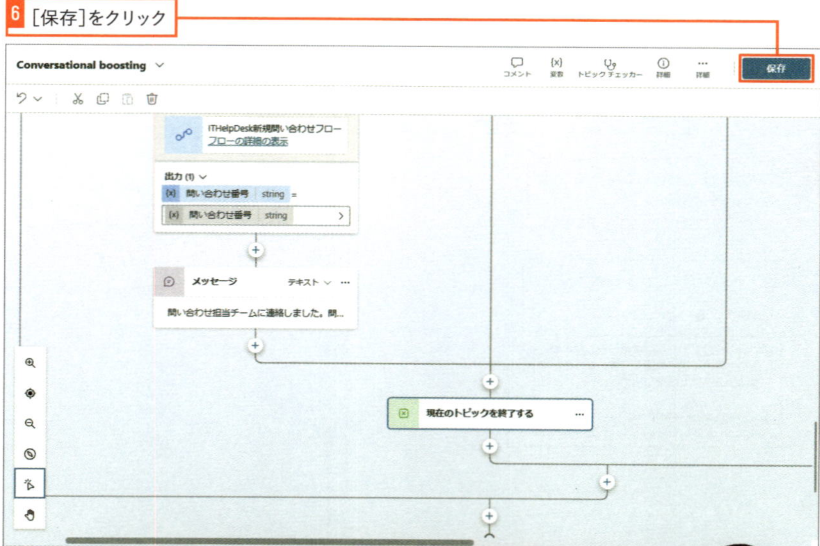

既存のナレッジを基にできる限り自動で回答することで、人の負担を軽減し、回答できない場合には問い合わせ対応チームに連絡するCopilotが完成しました。

09 問い合わせ対応チームに連絡できるかテストする

SharePointに格納したファイル、データベース、どちらからも回答ができない質問をしてみましょう。問い合わせ対応チームに連絡をするか質問され、[連絡する]を選択すると質問内容の入力を求められ、問い合わせ対応チームに連絡した旨の返答があることを確認します。

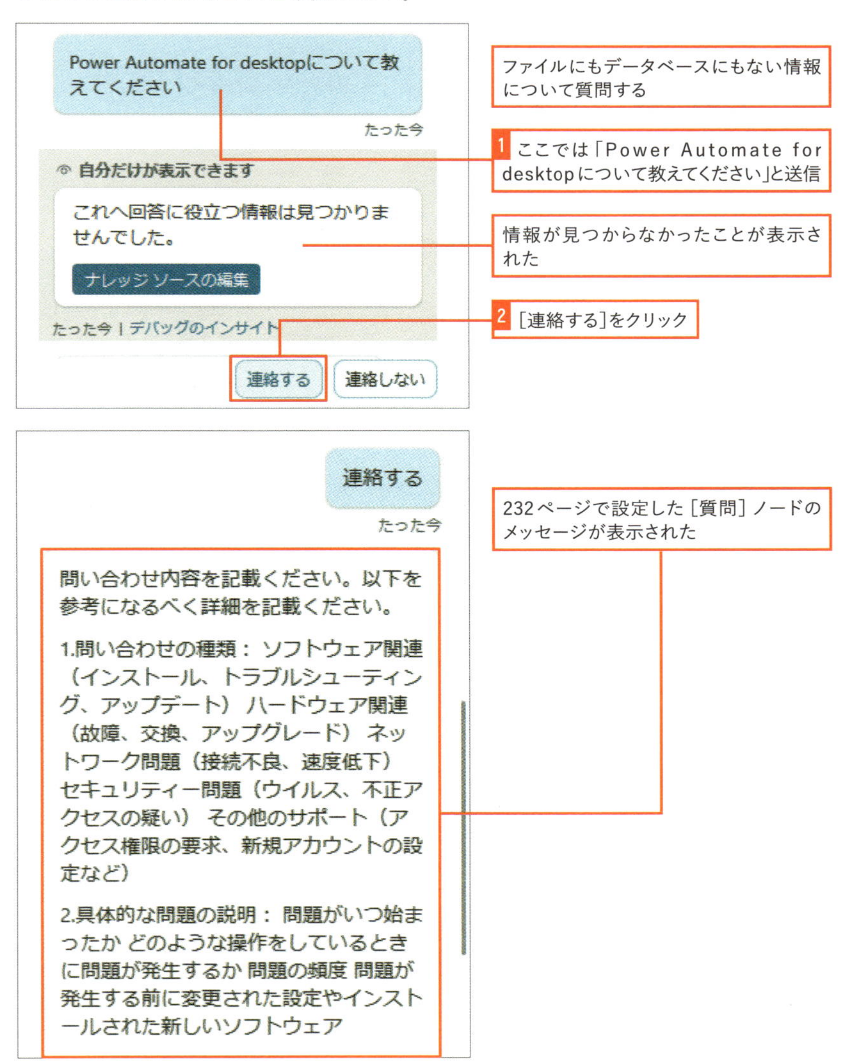

6.優先度の指定： 問題の緊急度と重要度に基づいた優先度の提案

7.解決希望日： 例) 2024/04/12

5 分前

1.問い合わせの種類：
ソフトウェア関連（インストール、トラブルシューティング、アップデート）

2.具体的な問題の説明：
問題がいつ始まったか：2024年7月30日
どのような操作をしている問いに問題が発生するか：Power Automate for desktopのインストール中に問題が発生し、インストールが中断されます。

316/2000

3 問い合わせの詳細を入力して送信

問い合わせ担当チームに連絡しました。問い合わせ番号は以下の通りです。担当者から連絡があるまでお待ちください。

ITHelp-01002

たった今

問い合わせチームに連絡した旨が返された。問い合わせ番号もメッセージ内に表示されている

Teamsのチャネルに送信した問い合わせの詳細が通知される

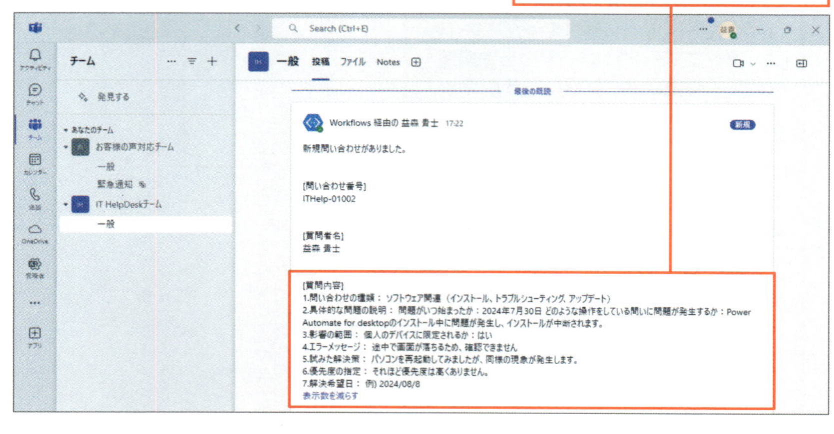

応用編

第6章

カスタムCopilotの展開・運用を知ろう

前章まででさまざまなCopilotを作成してきました。本章では、作成したCopilotを利用者に展開する方法、展開したCopilotを監視、改善していく方法を学びます。また、最後に、執筆時点でのCopilot Studioのプレビュー機能について学びます。

LESSON 24

作成したCopilotを展開しよう

作成したCopilotを実際に展開してみましょう。今回は、第2章と第5章で作成した「IT部門FAQ Copilot」を展開し、Teamsで利用できるようにすることで、Copilotを利用者に展開する方法を学びます。

01 Copilotを展開する際のステップ

作成したCopilotをユーザーが利用できるようにするためには、主に4つのステップがあります。ここでは、Copilotを組織内の特定のユーザーだけに利用させたい場合を例に説明します。

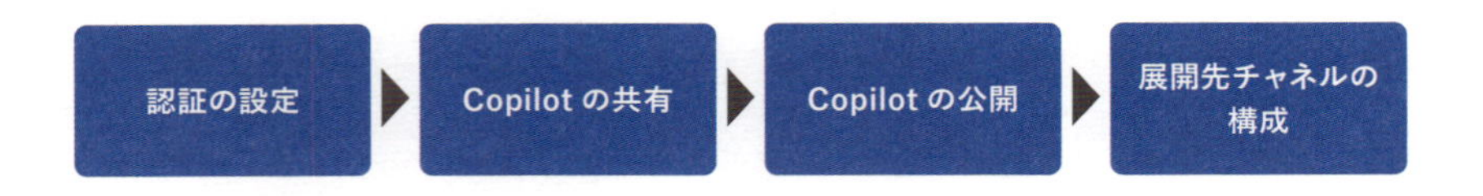

まず、ユーザーの認証設定を行います。これにより、認証されたユーザーだけがCopilotを利用できるようになります。

次に、共有設定を行います。この設定により、特定のユーザーに対してCopilotを利用する権限を付与します。共有設定は、Copilotが意図した通りに使われるために重要です。

保存した設定内容を他のユーザーに対して反映させるためには、Copilotの公開を行う必要があるため、その後、Copilotの公開を行います。最後に、ユーザーがCopilotとコミュニケーションをとるためのプラットフォームやサービスを意味するチャネルの設定を行います。**Teams、Facebook、Slack、LINE、Webサイトなど、さまざまなチャネルがあります。作成者はどのチャネルを通じてユーザーがCopilotと会話できるようにするかを踏まえて適切なチャネルを設定します**。それぞれのステップの詳細について、以降のLESSONで具体的に説明します。

02 Copilotの認証設定

Copilotの認証設定は、[設定]-[セキュリティ]-[認証]のセクションにあります。認証設定には以下の表の通り3つのオプションがあります。

■Copilotの認証設定

設定	説明
認証なし	Copilotは利用者に認証の要求をしない。リンクを知っている人は誰でもCopilotとチャットできるようになる。例えば、Copilotを社外公開サイトに展開して誰でも利用できるようにする場合に選択する
Authenticate with Microsoft	マイクロソフトのクラウドサービスの認証基盤であるMicrosoft Entra IDで自動で認証を行う。CopilotをTeamsまたはPower Apps上に展開する際に利用するオプション。例えば、Microsoft Teamsを利用しており、作成したCopilotを組織内に展開する際にこちらを選択する。既定で有効になっている。2024年8月より、ナレッジとしてSarePointを使用する場合においても、TeamsにCopilotを展開する場合、このオプションのままで動作するようになった
手動で認証する	Microsoft Entra IDまたは任意のOAuth2 IDプロバイダーに対応している。CopilotをTeamsまたはPower Apps上以外に展開し、ユーザーの認証を行いたい場合にこのオプションを利用する

例えば、組織内向けにCopilotを作成し、Teams上でCopilotと会話できるようにする場合、特に追加の設定は必要なく、既定の設定のままで利用可能です。そのため、既にTeamsを利用している組織の場合、組織内向けのCopilotの展開は非常に簡単です。しかし、SharePointをナレッジとして追加しているCopilotをWebサイトなど、Teams以外に展開するシナリオも多いはずです。また、[手動で認証をする]設定は複雑なため、次のLESSONで[手動で認証する]設定に変更する際の具体的な手順も併せて説明します。

■Copilotの認証設定の画面

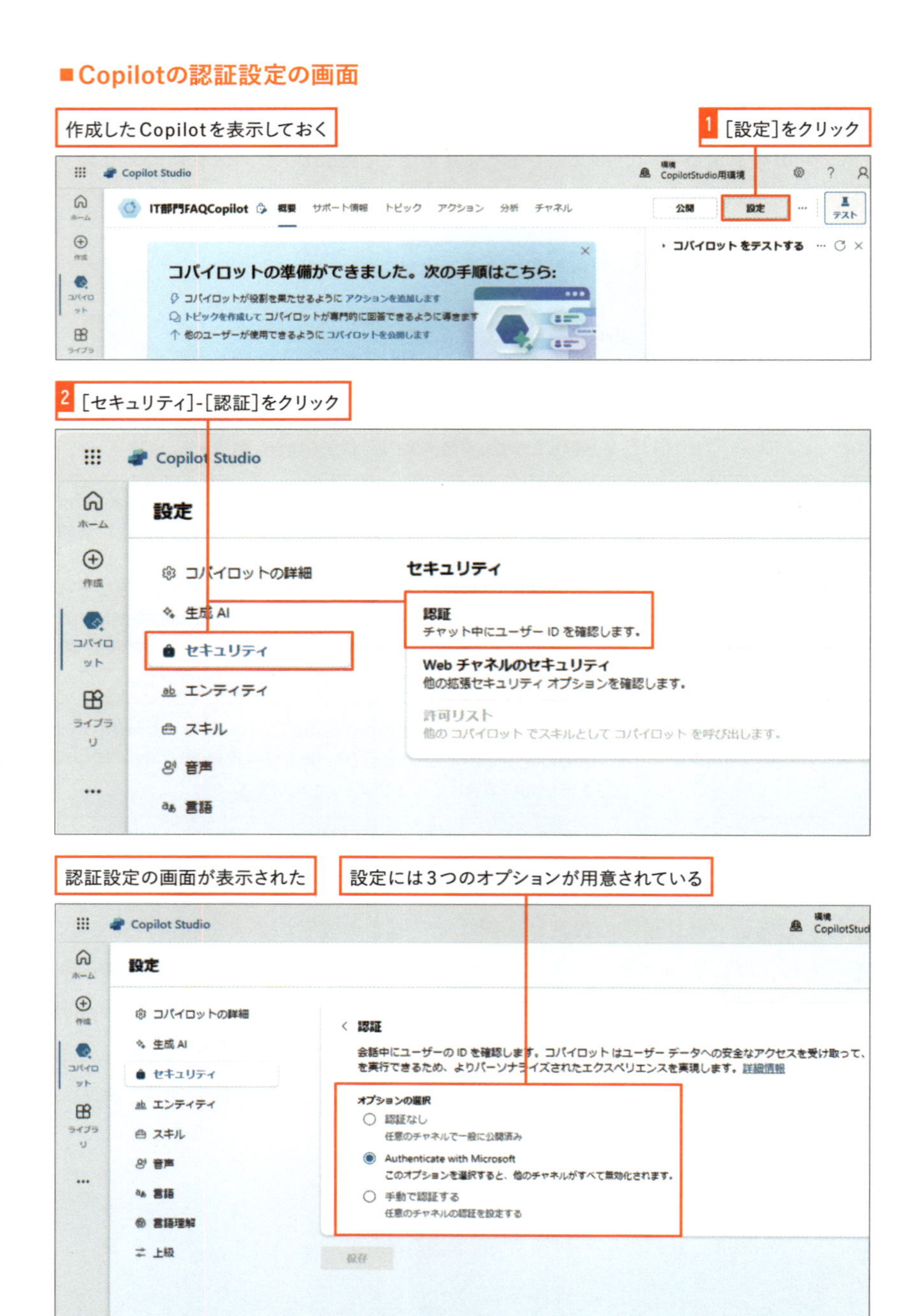

03 ［手動で認証する］設定を行う際の動作

Copilotの認証設定を［手動で認証する］設定に変更する際の具体的な手順を説明する前に、まずこの設定を行った際の動作について説明します。

例えば、Copilotのナレッジとして2つのSharePointサイトが登録されており、ユーザーAが片方のサイトにしかアクセス権を持っていないとします。この際、アクセス権を持っていないサイト内の情報から回答が生成されてしまった場合、情報が意図せず漏洩してしまいます。そのため、**Copilotが生成する回答は、各利用者のSharePointサイトに対するアクセス権に依存するように動作させる必要があります**。

認証設定を「手動で認証する」に変更すると、ユーザーAはCopilotが自身の代わりにSharePointサイトにアクセスする権限を委任できるようになります。これにより、CopilotはユーザーAの質問に基づいてSharePointサイトにアクセスし、取得した情報を基に回答を生成することが可能になります。以降で説明する具体的な設定手順は、CopilotのナレッジにSharePointまたはOneDriveを追加する際に、上述の動作が実現されるように特化したものです。これ以外のシナリオで［手動で認証する］設定にする場合は、手順が異なりますが本書では解説しておりません。なお、2024年8月より、ナレッジとしてSarePointを使用しているCopilotをTeamsに展開する場合、［Authenticate with Microsoft ］設定のままでもこちらと同じように動作するようになりました。

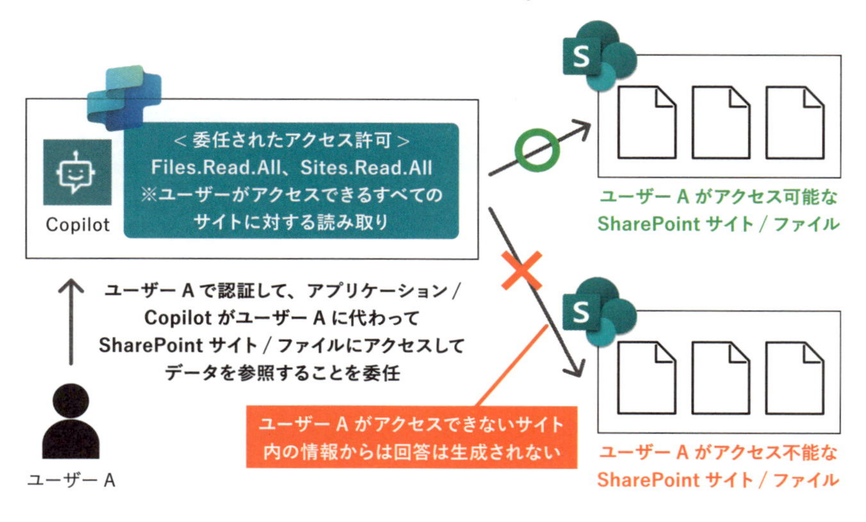

LESSON 25

SharePointをナレッジにしたCopilotの展開

SharePointをナレッジにしたCopilotを実際に展開してみましょう。利用させたいユーザーに共有をして、公開後に、Teamsで利用できるようにします。また、[手動で認証する]に変更する手順についても併せて説明します。

01 [手動で認証する]の作業ステップ

[手動で認証する]に設定を変更する際の作業ステップを確認しておきましょう。Copilotがユーザーの代わりにSharePointにアクセスできるようにするために、Microsoftのクラウドサービスの認証基盤であるMicrosoft Entra ID側でアプリケーションを登録します。アプリケーションを登録すると、アプリケーションのIDとパスワードを意味するシークレットが発行されるため、その情報をCopilot側に登録します。これによって、Copilotは、Microsoft Entra IDに登録されているCopilot用のアプリケーションのIDとパスワードを知っているため、ユーザーの代わりにSharePointにアクセスできるようになります。なお、CopilotをTeamsに展開する場合は、以降のSECTION02からSECTION04のステップは不要です。

Entra IDでCopilot用のアプリケーションを登録する ▶ アプリケーションのアクセス権を設定する ▶ Copilotでアプリケーションの ID、シークレットを登録する

シークレットは非常に重要な情報であるため、関係者以外に漏れないよう厳重に管理しましょう。

< 認証

会話中にユーザーの ID を確認します。コパイロット はユーザー データへの安全なアクセスを受け取って、ユーザーの代わりにアクションを実行できるため、よりパーソナライズされたエクスペリエンスを実現します。詳細情報

オプションの選択

- 認証なし
  任意のチャネルで一般に公開済み
- Authenticate with Microsoft
  このオプションを選択すると、他のチャネルがすべて無効化されます。
- 手動で認証する
  任意のチャネルの認証を設定する

ユーザーにサインインを要求する

リダイレクト URL

https://token.botframework.com/.auth/web/re コピー

サービス プロバイダー *

Azure Active Directory v2

クライアント ID *

クライアント ID を入力します

Microsoft Entra ID側でアプリケーションを登録した後、この画面で設定を行う

02 Microsoft Entra IDにアプリケーションを登録する

まず、Power Platform管理センターからEntra IDの管理センターにアクセスします。新規アプリケーションを登録したら、アプリケーションのパスワードを意味するシークレットを作成し、アプリケーションのIDとシークレットを控えておきましょう。シークレットには有効期限があるため、任意の期限を選択します。次に、リダイレクトURIとして、「https://token.botframework.com/.auth/web/redirect」と「https://europe.token.botframework.com/.auth/web/redirect」を設定します。また、併せて、[アクセス トークン（暗黙的なフローに使用)]と[ID トークン（暗黙的およびハイブリッド フローに使用)]の設定にチェックを入れます。この設定は、ユーザーがMicrosoft Entra IDで認証した後、Copilotに戻る際に内部的に利用されます。なお、Microsoft Entra IDにアプリケーションを登録するためには、例えば、グローバル管理者などの適切な権限が必要です。必要に応じてIT管理者に相談してください。

Power Appsを起動しておく

1 [設定]-[管理センター]をクリック

2 [管理センター]-[Microsoft Entra ID]をクリック

3 [アプリケーション]-[アプリの登録]をクリック

4 [新規登録]をクリック

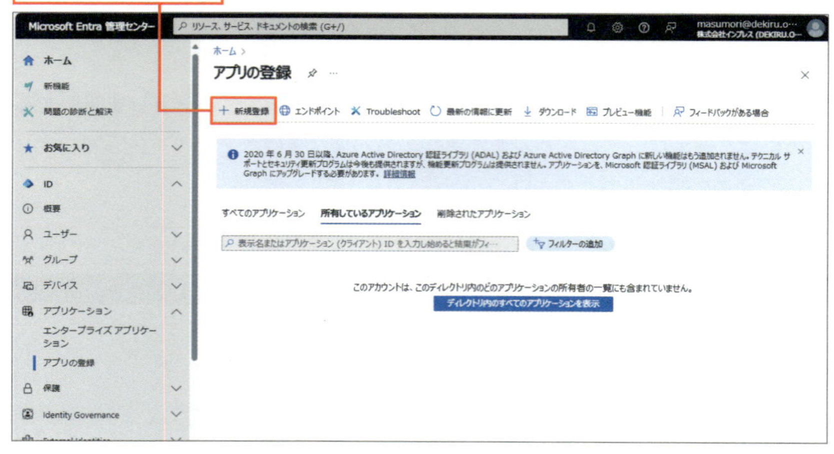

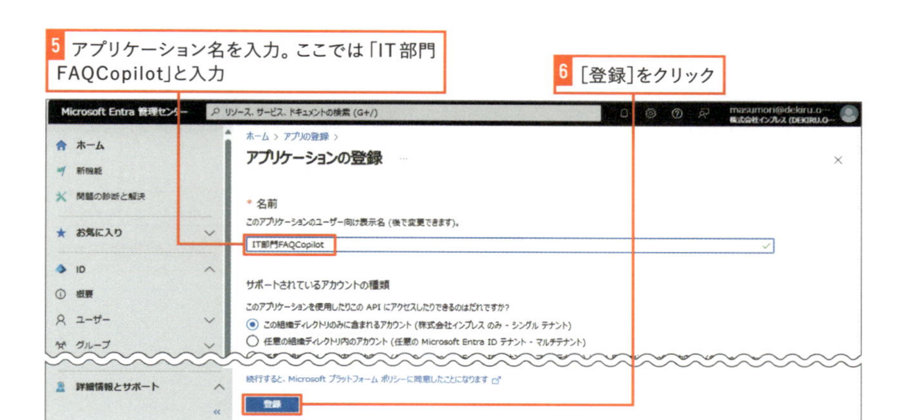

■アプリケーションIDとシークレットを控える

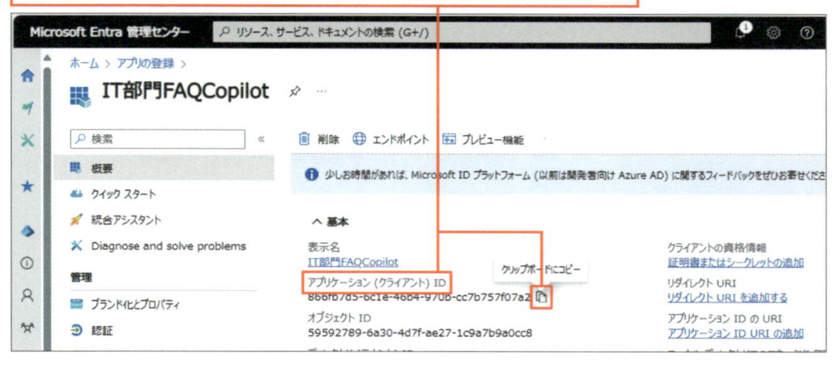

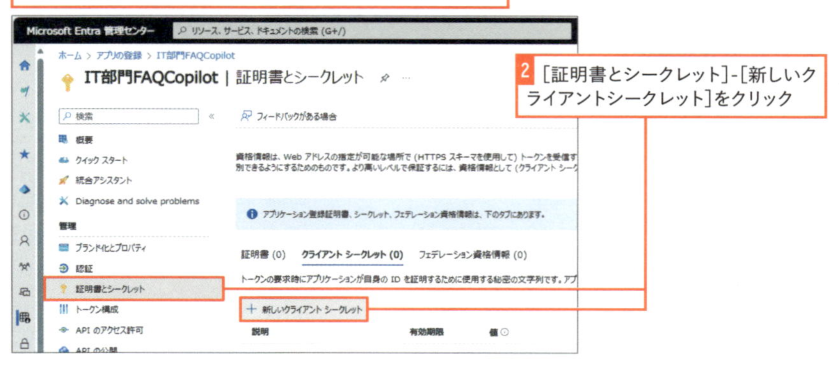

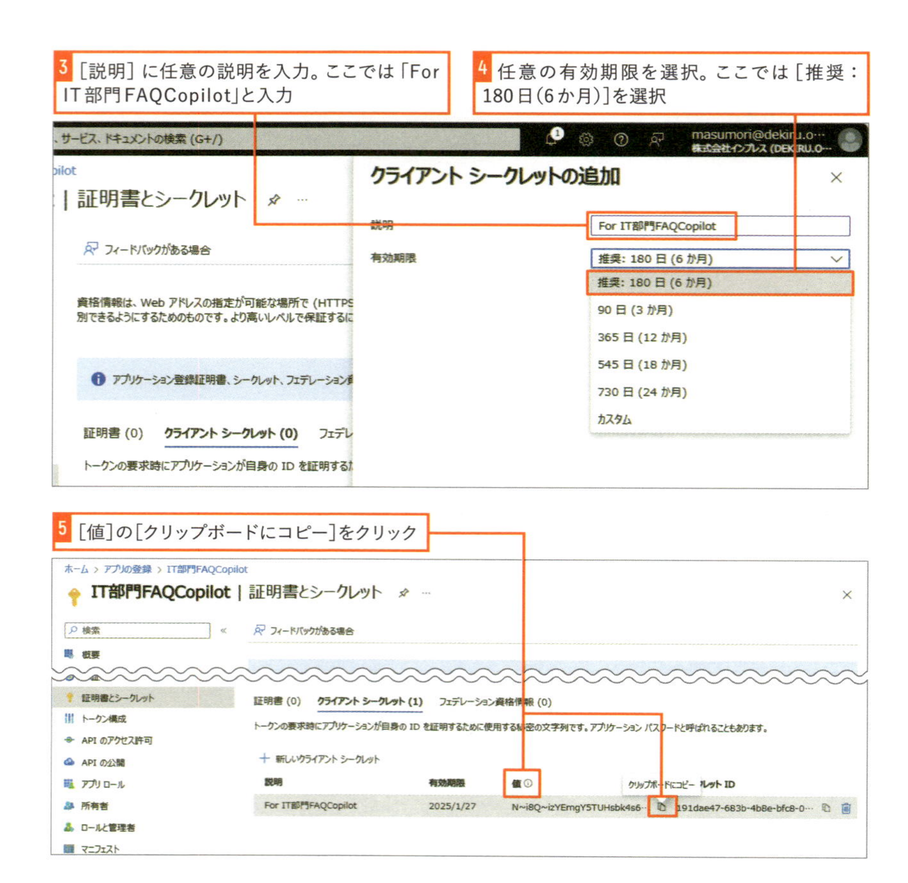

■プラットフォームの構成の設定を行う

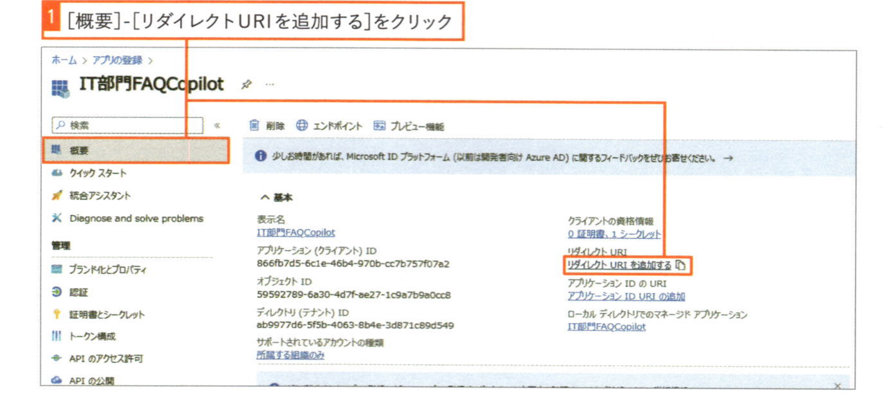

2 [プラットフォームを追加]をクリック

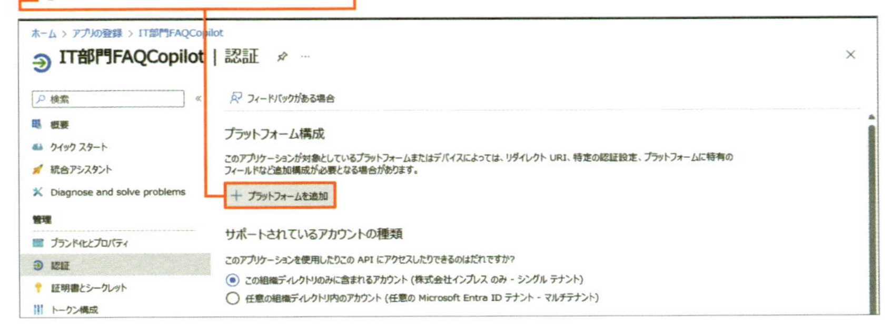

3 [Web]をクリック

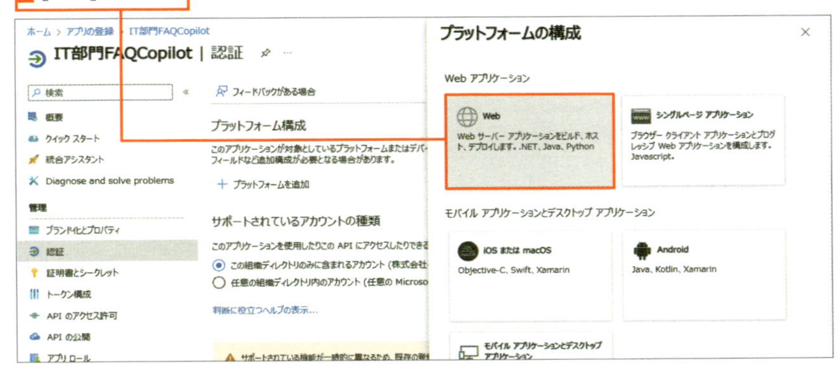

Copilot Studioの認証設定の画面を表示しておく

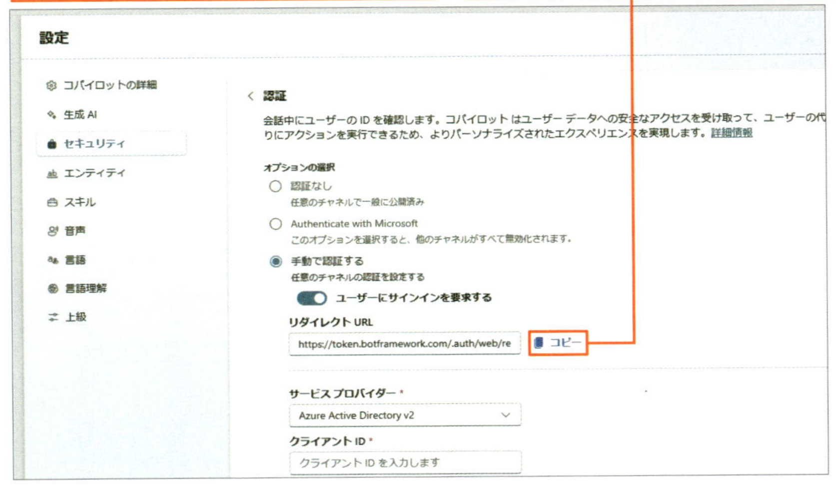

5 コピーしたリダイレクトURLを［リダイレクトURI］に貼り付け

6 ［アクセストークン］と［IDトークン］にチェックを付ける

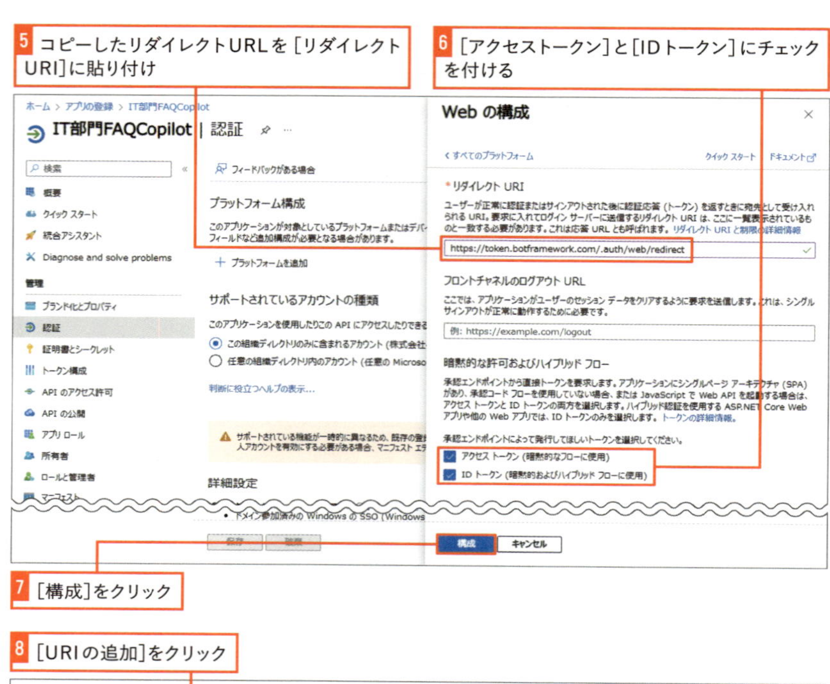

7 ［構成］をクリック

8 ［URIの追加］をクリック

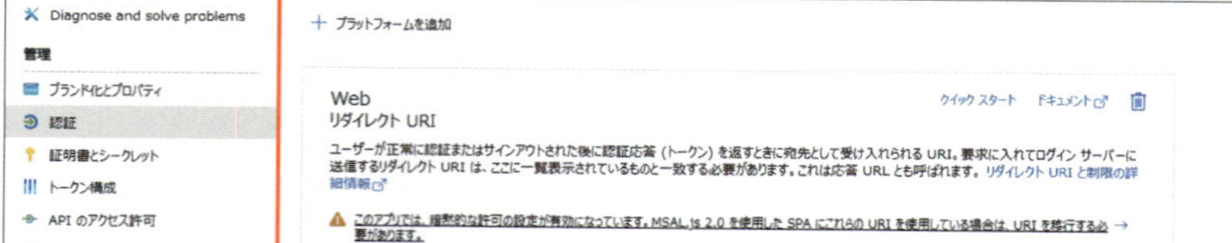

9 「https://europe.token.botframework.com/.auth/web/redirect」と入力して［保存］をクリック

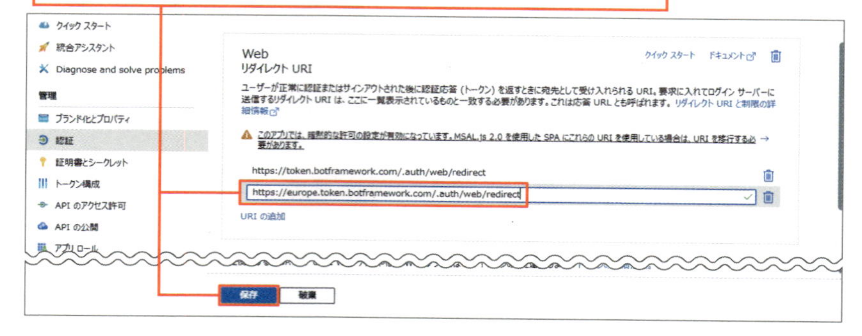

03 アプリケーションのアクセス権を設定する

アプリケーションがユーザーの代わりにSharePointサイトやファイルにアクセスできるようアクセス権の設定をします。

[APIのアクセス許可]から[アクセス許可の追加]を選択し、[Microsoft Graph] - [委任されたアクセス許可]から、「Files.Read.All」、「Sites.Read.All」、「profile」、「openid」の4つのアクセス許可を追加します。 Microsoft Graphは、独自で作成するアプリケーション、今回のケースでは、CopilotがSharePoint含め、Microsoft 365のデータを操作するためのAPIです。Microsoft Graphでは、[委任されたアクセス許可]で上記4つのアクセス許可を委任することで、Copilotがユーザーの代わりにSharePointサイトやファイルを操作できるようになります。

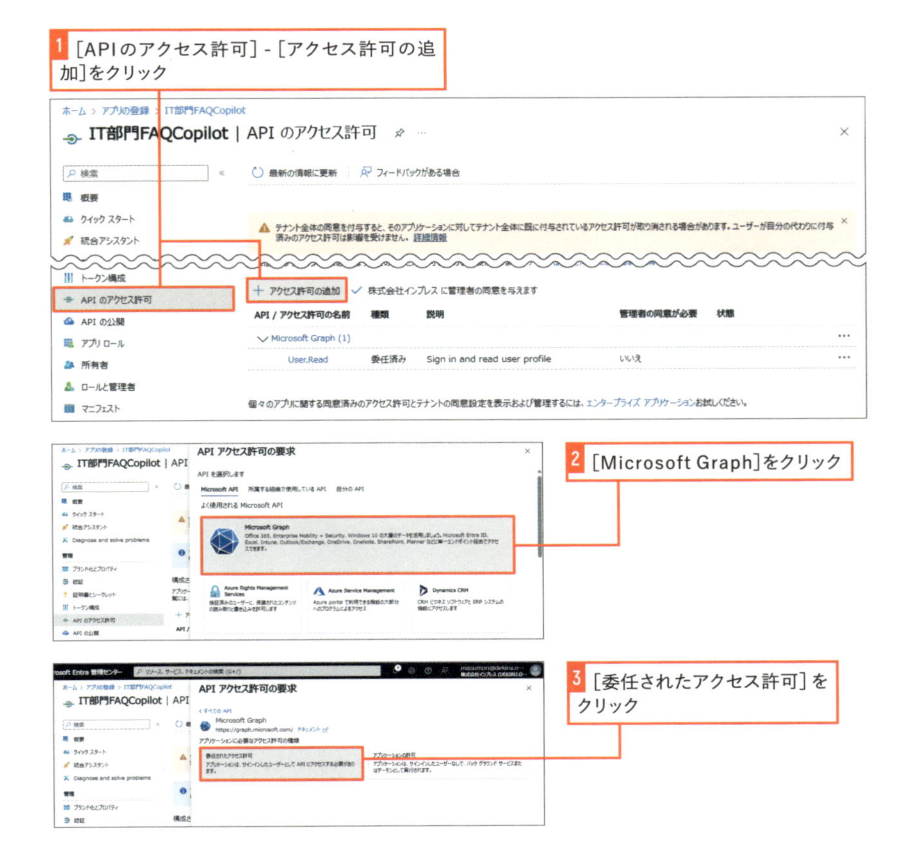

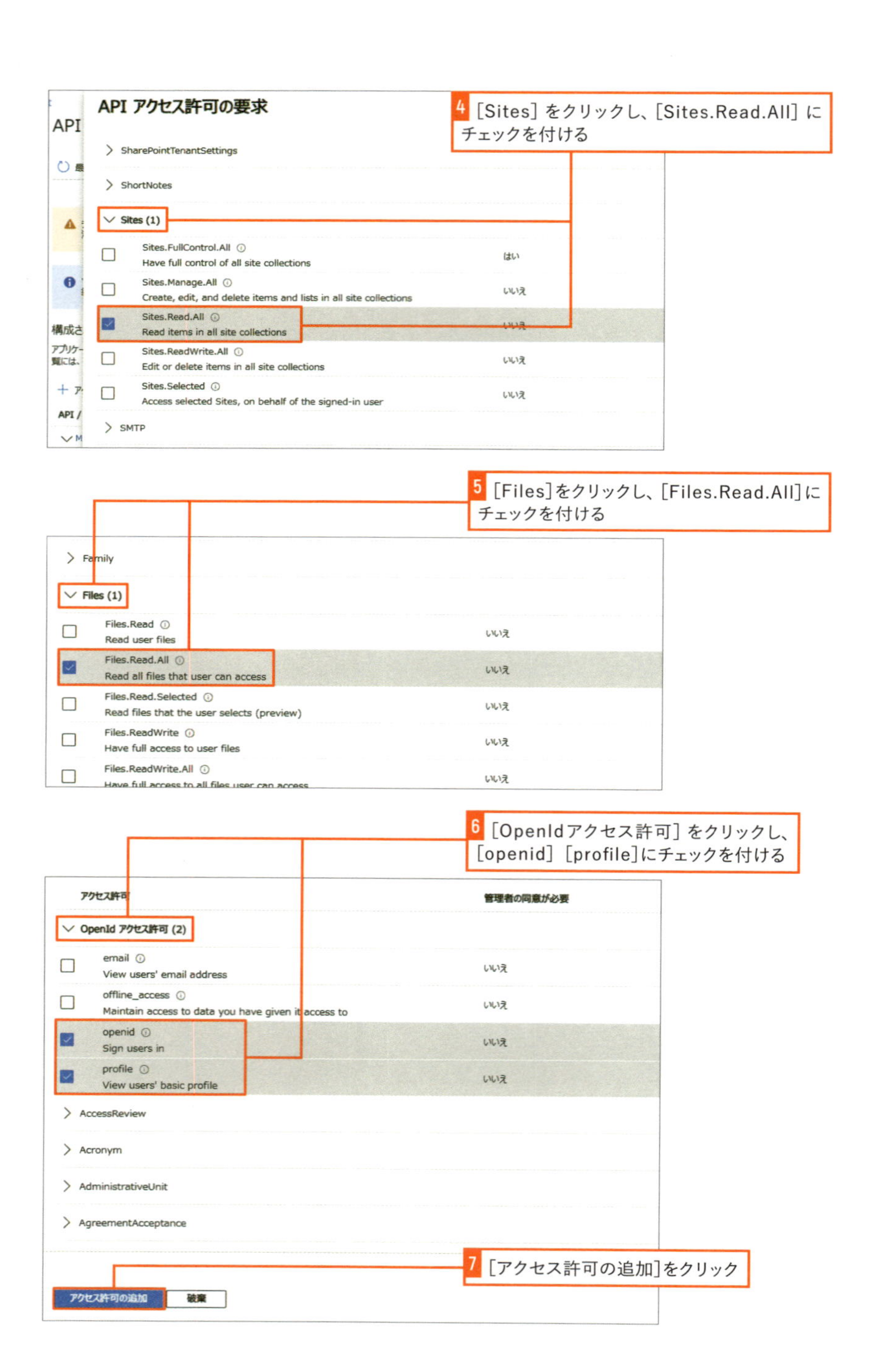
API アクセス許可の要求
SharePointTenantSettings
ShortNotes
Sites (1)
Sites.FullControl.All
Have full control of all site collections
はい
Sites.Manage.All
Create, edit, and delete items and lists in all site collections
いいえ
Sites.Read.All
Read items in all site collections
いいえ
Sites.ReadWrite.All
Edit or delete items in all site collections
いいえ
Sites.Selected
Access selected Sites, on behalf of the signed-in user
いいえ
SMTP
4 [Sites] をクリックし、[Sites.Read.All] にチェックを付ける
Family
Files (1)
Files.Read
Read user files
いいえ
Files.Read.All
Read all files that user can access
いいえ
Files.Read.Selected
Read files that the user selects (preview)
いいえ
Files.ReadWrite
Have full access to user files
いいえ
Files.ReadWrite.All
いいえ
5 [Files]をクリックし、[Files.Read.All]にチェックを付ける
アクセス許可
管理者の同意が必要
OpenId アクセス許可 (2)
email
View users' email address
いいえ
offline_access
Maintain access to data you have given it access to
いいえ
openid
Sign users in
いいえ
profile
View users' basic profile
いいえ
AccessReview
Acronym
AdministrativeUnit
AgreementAcceptance
アクセス許可の追加
破棄
6 [OpenIdアクセス許可] をクリックし、[openid] [profile]にチェックを付ける
7 [アクセス許可の追加]をクリック

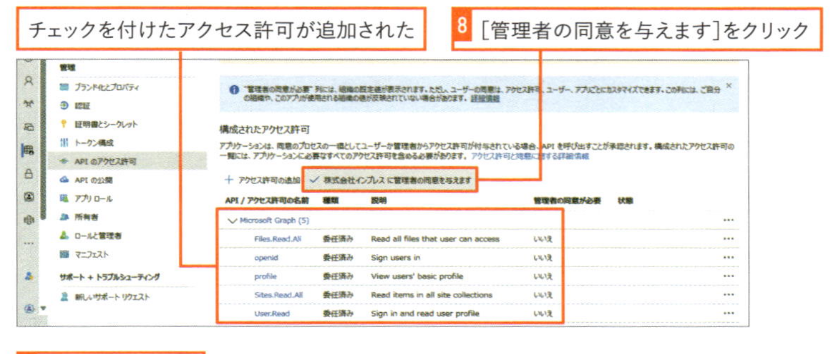

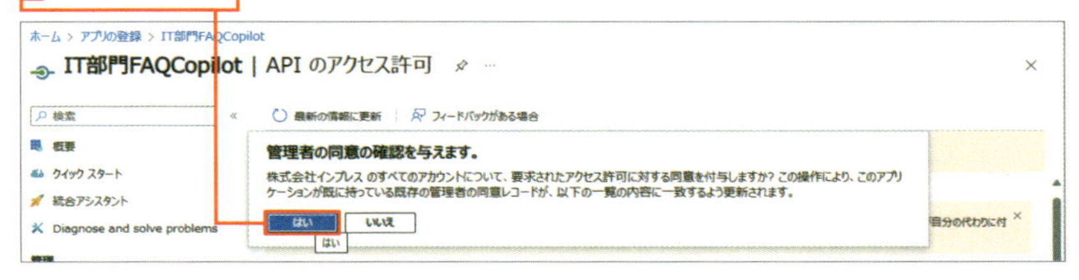

04 Copilot側で認証の設定をする

Microsoft Entra ID側に登録したアプリケーションの情報を基にCopilot側の認証設定を行います。**[手動で認証する]を選択して、控えておいたアプリケーションのIDを[クライアントID]に、シークレットを[クライアントシークレット]欄に転記します**。なお、シークレットは、有効期限が過ぎるとCopilotが動作しなくなるため、有効期限が過ぎる前に新規でシークレットを作成して、Copilot側の[クライアントシークレット]欄を置き換える必要があります。また、[スコープ]の欄は、ユーザーがCopilotに委任するアクセス許可の範囲です。SharePointまたはOneDriveをナレッジに追加する際は、「profile openid Sites.Read.All Files.Read.All」の4つを追加します。これは、Microsoft Entra ID側で追加したアクセス許可の名前で、これによりCopilotはユーザーの代わりにSharePointサイトやファイルを操作できます。なお、[サービスプロバイダー]は、認証を行うサービスを意味します。「Azure Active Directory v2」は、Microsoftの認証を行うサービスであるMicrosoft Entra IDの旧称です。執筆時点では旧称のままとなっています。今回は、既定値のままとします。認証の設定を行うと、Copilot利用時に認証を求められるようになります。

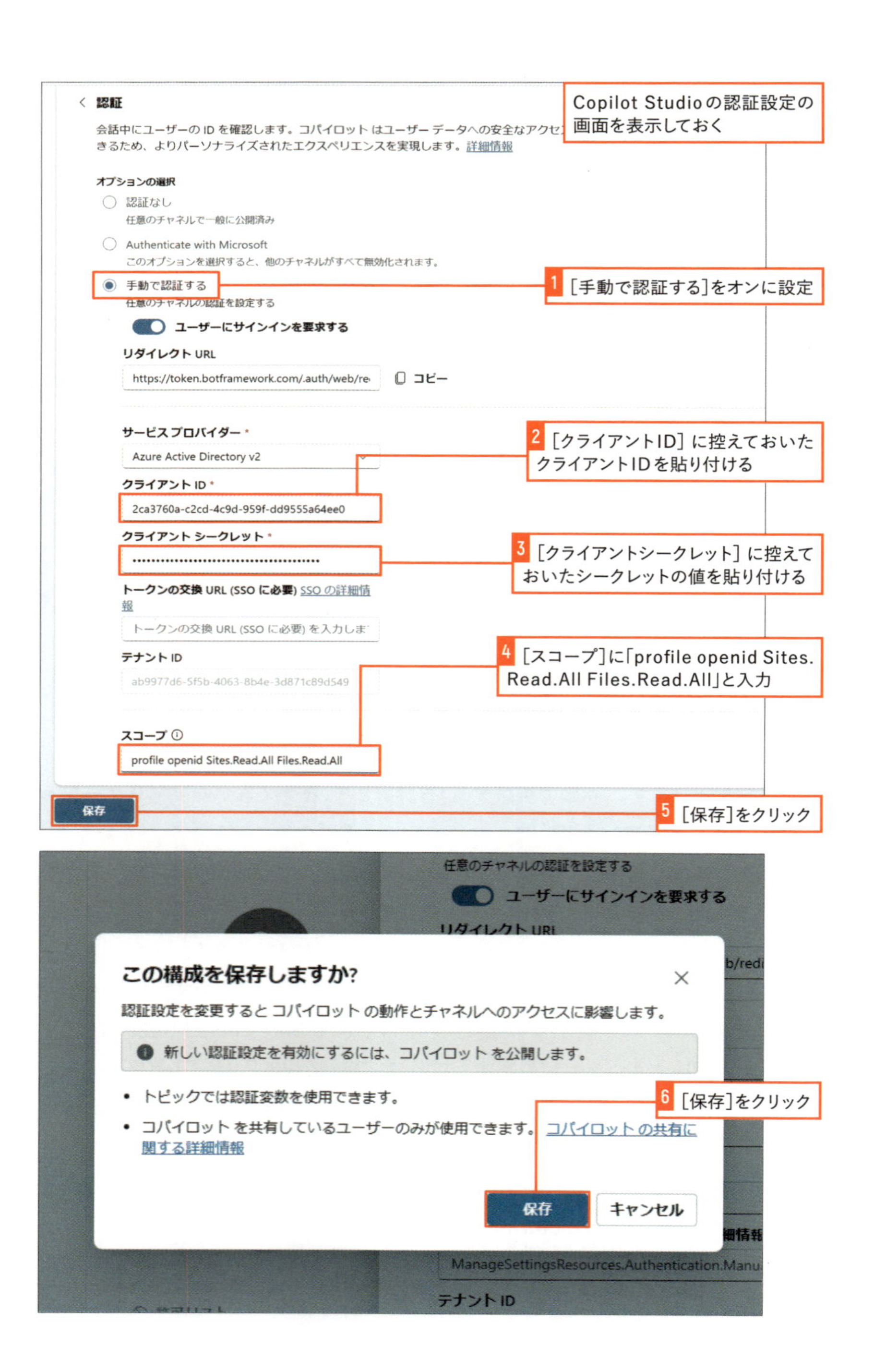

認証
会話中にユーザーの ID を確認します。コパイロット はユーザー データへの安全なアクセ
きるため、よりパーソナライズされたエクスペリエンスを実現します。詳細情報
Copilot Studioの認証設定の画面を表示しておく
オプションの選択
認証なし
任意のチャネルで一般に公開済み
Authenticate with Microsoft
このオプションを選択すると、他のチャネルがすべて無効化されます。
手動で認証する
任意のチャネルの認証を設定する
1 [手動で認証する]をオンに設定
ユーザーにサインインを要求する
リダイレクト URL
https://token.botframework.com/.auth/web/re
コピー
サービスプロバイダー *
Azure Active Directory v2
2 [クライアントID] に控えておいたクライアントIDを貼り付ける
クライアント ID *
2ca3760a-c2cd-4c9d-959f-dd9555a64ee0
クライアント シークレット *
3 [クライアントシークレット] に控えておいたシークレットの値を貼り付ける
トークンの交換 URL (SSO に必要) SSO の詳細情報
トークンの交換 URL (SSO に必要) を入力しま
テナント ID
ab9977d6-5f5b-4063-8b4e-3d871c89d549
4 [スコープ]に「profile openid Sites.Read.All Files.Read.All」と入力
スコープ
profile openid Sites.Read.All Files.Read.All
保存
5 [保存]をクリック
任意のチャネルの認証を設定する
ユーザーにサインインを要求する
この構成を保存しますか?
認証設定を変更すると コパイロット の動作とチャネルへのアクセスに影響します。
新しい認証設定を有効にするには、コパイロット を公開します。
トピックでは認証変数を使用できます。
コパイロット を共有しているユーザーのみが使用できます。コパイロット の共有に関する詳細情報
6 [保存]をクリック
保存
キャンセル
ManageSettingsResources.Authentication.Manu
テナント ID

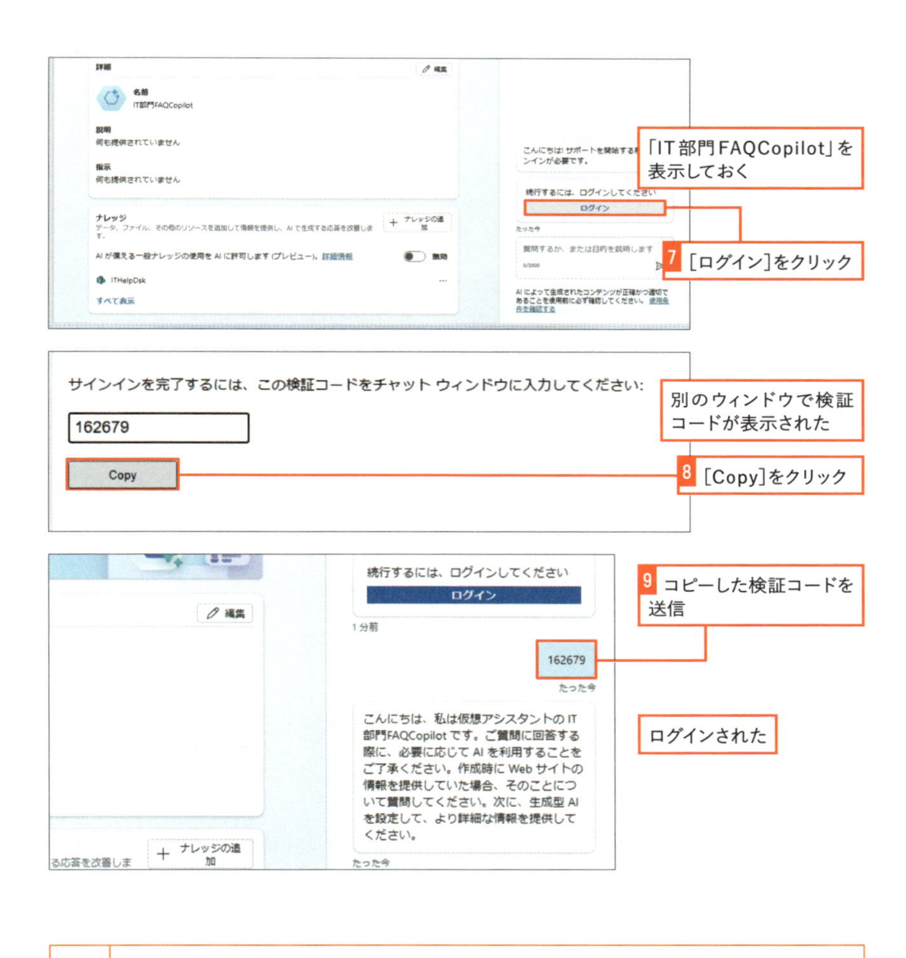

05 Copilotを共有する

Copilotを組織内の特定のユーザーにだけ利用させたい場合、Copilotの共有設定を行います。Microsoft 365では、アクセス権の付与やメールの送信等で既に多数のグループ、例えば、部署やチームごとのグループを作成していることが一般的のため、既に存在するグループを選択する、または新規でグループを作成して共有できます。グループを選択して共有した場合、グループに存在するメンバーに対して一括でCopilotを共有することが可能です。なお、Copilotの認証設定を［認証なし］にして公開Webサイトに展開して誰でも利用できるようにする場合は共有の設定は不要です。

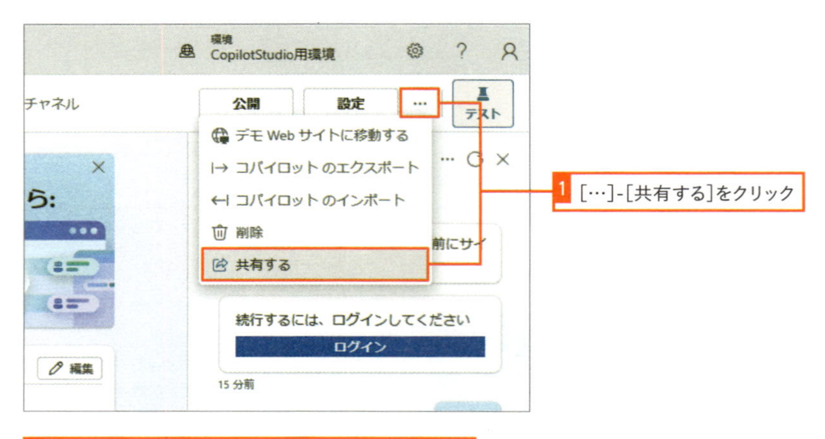
環境
CopilotStudio用環境
チャネル
公開
設定
テスト
デモ Web サイトに移動する
コパイロット のエクスポート
コパイロット のインポート
削除
共有する
続行するには、ログインしてください
ログイン
編集
15 分前
1 […]-[共有する]をクリック

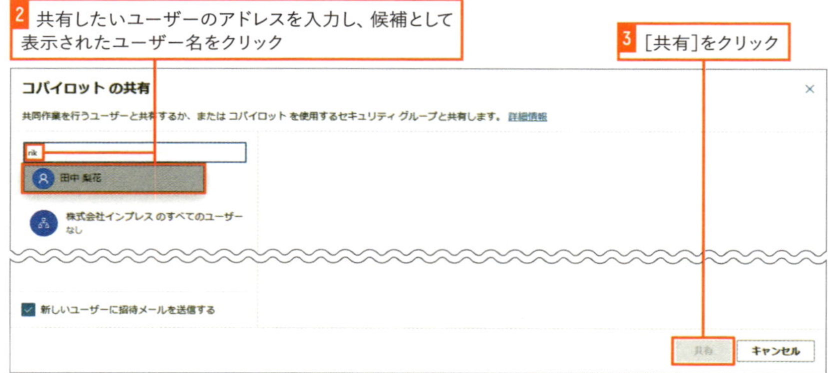
2 共有したいユーザーのアドレスを入力し、候補として表示されたユーザー名をクリック
3 [共有]をクリック
コパイロット の共有
共同作業を行うユーザーと共有するか、または コパイロット を使用するセキュリティ グループと共有します。 詳細情報
田中 梨花
株式会社インプレス のすべてのユーザー
なし
新しいユーザーに招待メールを送信する
共有
キャンセル

ユーザーが追加された

コパイロット の共有
共同作業を行うユーザーと共有するか、または コパイロット を使用するセキュリティ グループと共有します。 詳細情報
名前、セキュリティ グループ、またはメール アドレス
並べ替え: 名前
田中 梨花
マネージャー、Power Automate ユーザー
益森 貴士
所有者、マネージャー、Power Automate ユーザー
自分の組織
株式会社インプレス のすべてのユーザー
なし
田中 梨花
コパイロット のアクセス許可
この コパイロット に対するユーザーのアクセス許可。
マネージャー
コパイロット を表示、編集、構成、共有、公開できますが、削除はできません。
Power Automate ユーザー
コパイロット に対してフローの作成と追加を実行できます。フローの共有に関する詳細情報
現在および将来に コパイロット に追加するすべてのフローを、このユーザーと共有します。
トランスクリプト ビューアー
エンド ユーザーとのチャット セッションのトランスクリプトを表示できません。
環境セキュリティ ロール
セキュリティ ロールにより、ユーザーはこの環境 CopilotStudio用環境 の Microsoft Copilot Studio で コパイロット を操作できます。詳細情報
環境作成者
コパイロット を作成でき、コパイロット マネージャーになることができ、さらに Power Automate を使用できます
コパイロット トランスクリプト ビューアー
エンド ユーザーとのチャット セッションのトランスクリプトを表示できます。
セキュリティ ロールを管理する

06 Copilotを公開する

Copilot作成者が編集して保存した内容は、あくまで一時保存であり、保存した内容を実際に公開しなければ、他のユーザーは更新されたCopilotを利用することはできません。そのため、Copilotを展開する前にCopilotを公開します。

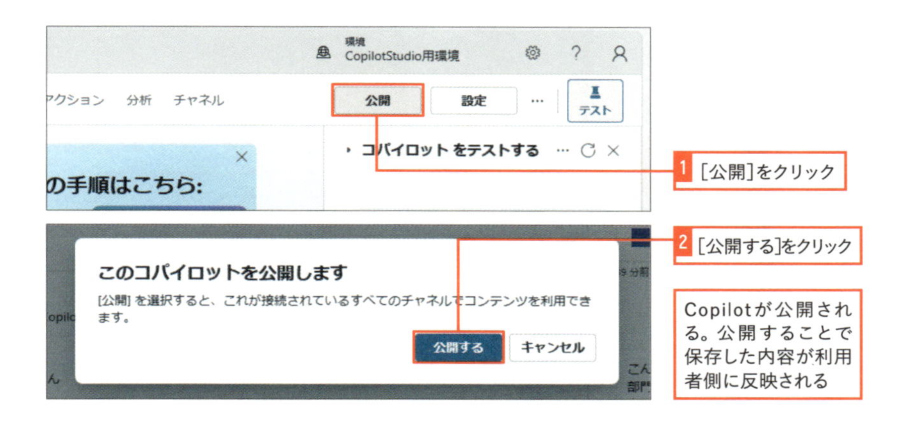

07 CopilotをTeamsで使えるようにする

［チャネル］メニューより、作成したCopilotをどのチャネルに展開するか選択できます。今回は、ユーザーがTeams上でCopilotと会話できるようにします。**［Teamsを有効にする］を選択して有効にすると、URLが作成されるため、Copilotを共有されているユーザーは、そのURLにアクセスすると、TeamsにCopilotを追加して会話ができるようになります**。

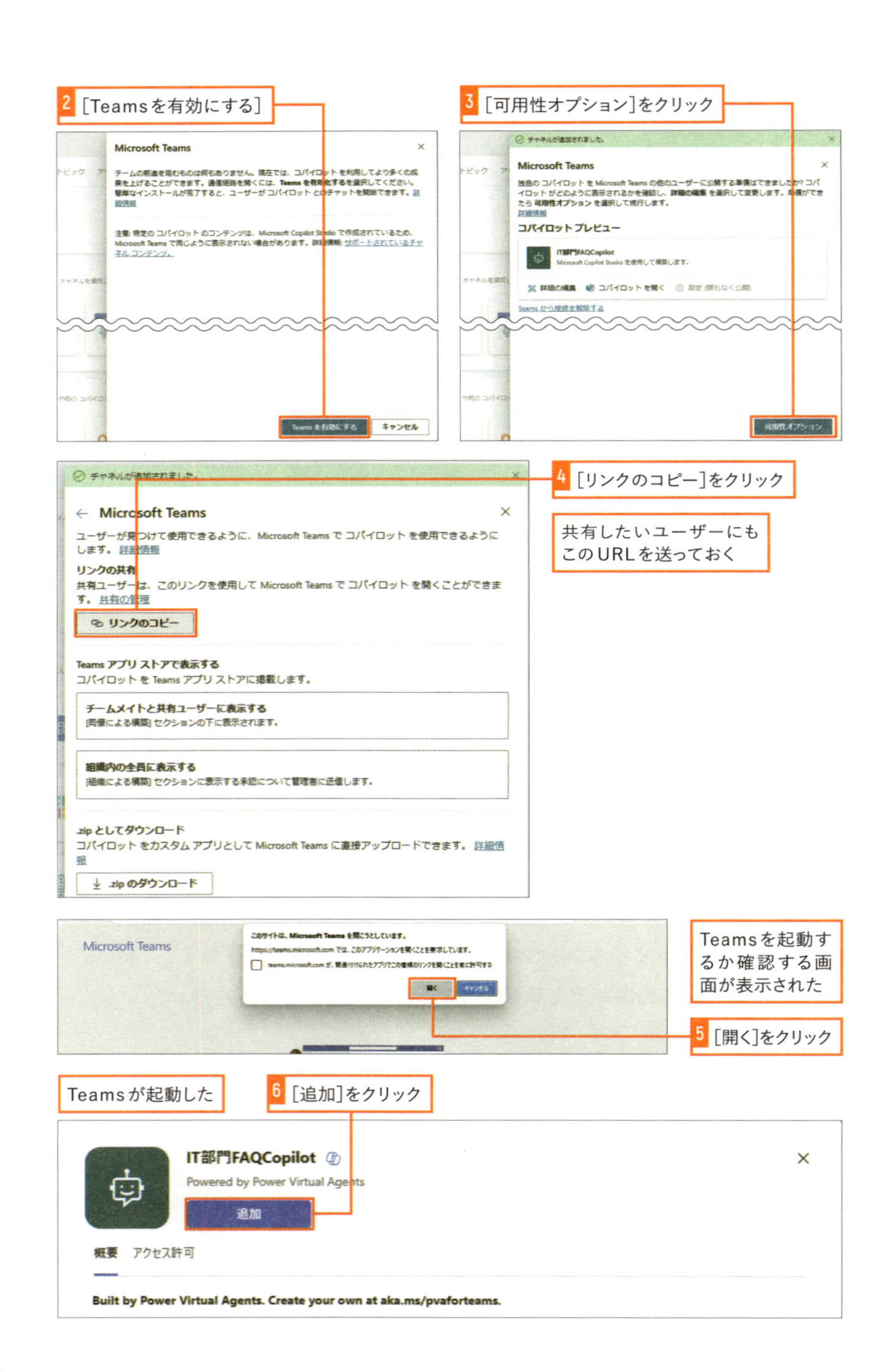
2 [Teamsを有効にする]
3 [可用性オプション]をクリック
4 [リンクのコピー]をクリック
共有したいユーザーにも
このURLを送っておく
Teamsを起動するか確認する画面が表示された
5 [開く]をクリック
Teamsが起動した
6 [追加]をクリック
Microsoft Teams
ユーザーが見つけて使用できるように、Microsoft Teams で コパイロット を使用できるようにします。詳細情報
リンクの共有
共有ユーザーは、このリンクを使用して Microsoft Teams で コパイロット を開くことができます。共有の管理
リンクのコピー
Teams アプリ ストアで表示する
コパイロット を Teams アプリ ストアに掲載します。
チームメイトと共有ユーザーに表示する
[同僚による構築] セクションの下に表示されます。
組織内の全員に表示する
[組織による構築] セクションに表示する承認について管理者に送信します。
.zip としてダウンロード
コパイロット をカスタム アプリとして Microsoft Teams に直接アップロードできます。詳細情報
.zip のダウンロード
IT部門FAQCopilot
Powered by Power Virtual Agents
追加
概要
アクセス許可
Built by Power Virtual Agents. Create your own at aka.ms/pvaforteams.

［ログイン］をクリックしログイン後、質問を送信すると回答が表示される

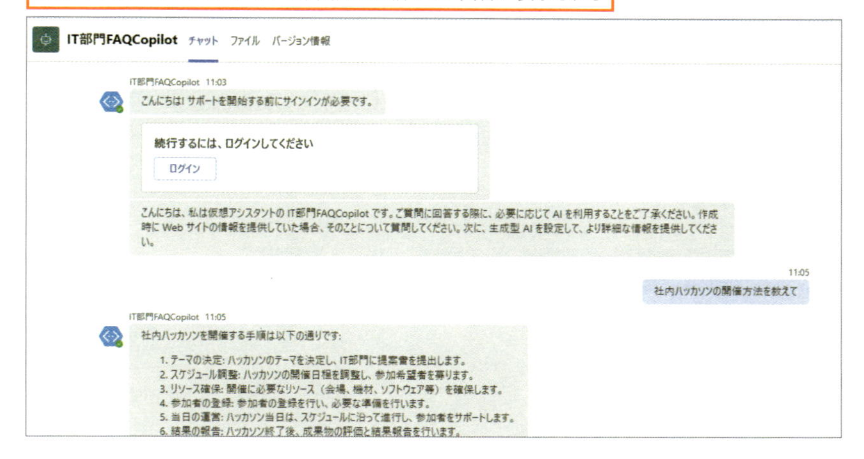

08 CopilotをWebサイトで使えるようにする

［手動で認証を行う］設定を適用したCopilotをWebサイトに展開します。展開手順としては、まず［チャネル］メニューから［カスタムWebサイト］を選択し、Webサイトに埋め込むためのコードをコピーします。今回は例として、SharePointサイトのページにCopilotを埋め込む手順を紹介します。具体的には、SharePointのページで埋め込みWebパーツを追加し、コピーしたコードを貼り付けてページを発行します。

なお、Copilotをページに埋め込めるよう、あらかじめ、SharePointサイトの［HTML フィールドのセキュリティ］にて、「copilotstudio.microsoft.com」を追加しておきます。

ページを発行すると、Copilotを利用することができます。ログイン後、質問をするとCopilotから回答を得ることができます。

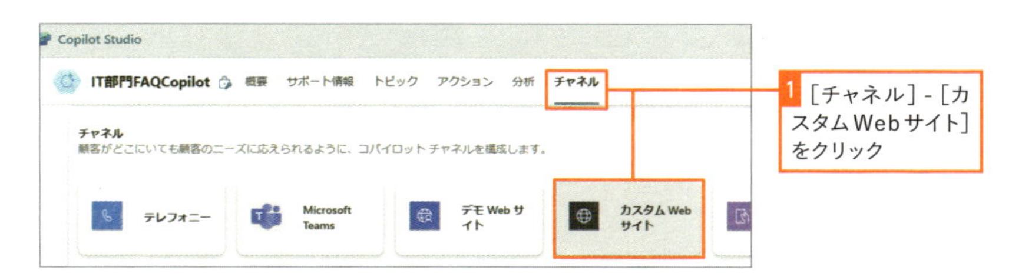

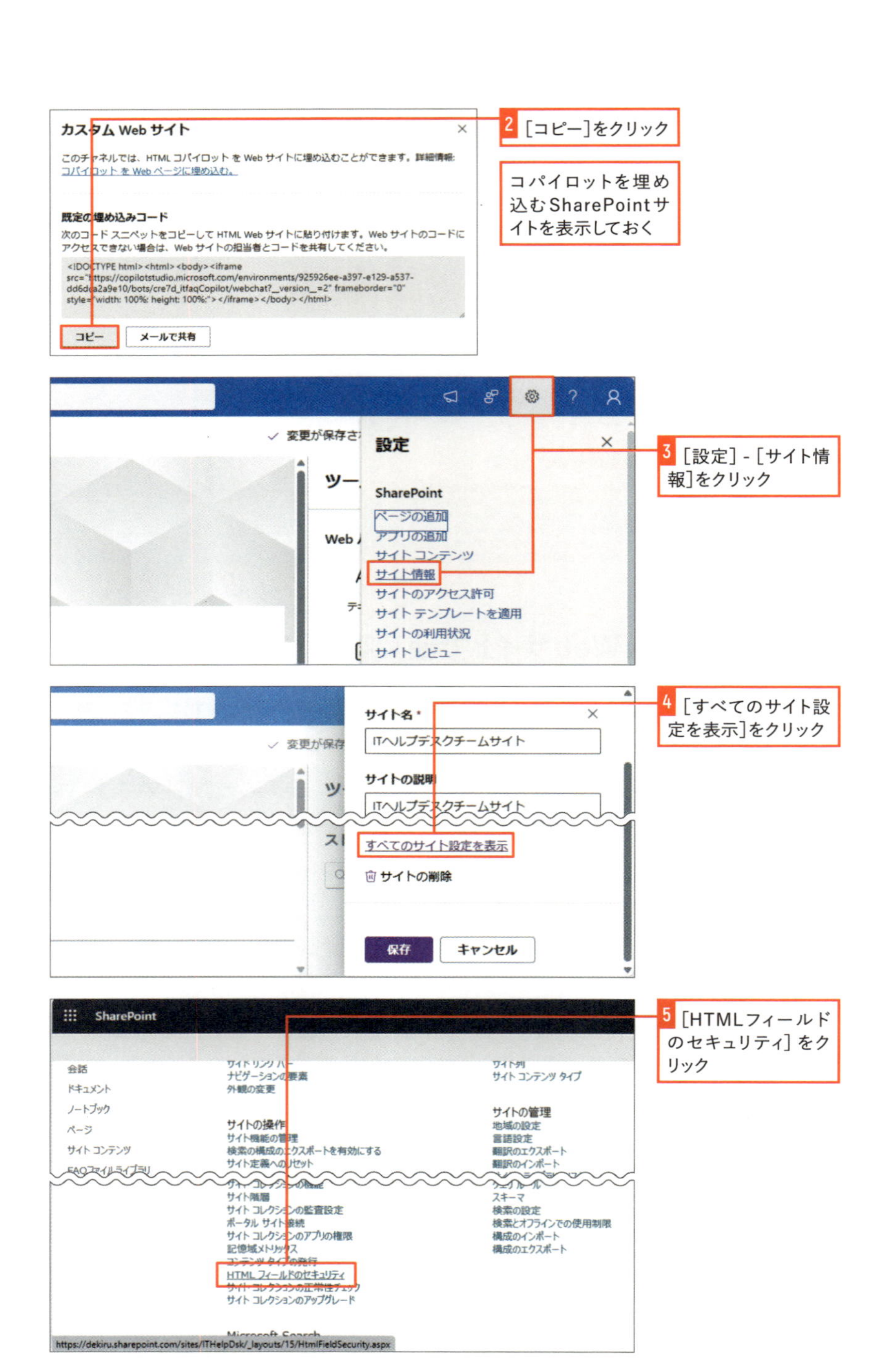
カスタム Web サイト
このチャネルでは、HTML コパイロット を Web サイトに埋め込むことができます。詳細情報:
コパイロット を Web ページに埋め込む。
既定の埋め込みコード
次のコード スニペットをコピーして HTML Web サイトに貼り付けます。Web サイトのコードにアクセスできない場合は、Web サイトの担当者とコードを共有してください。
<!DOCTYPE html><html><body><iframe src="https://copilotstudio.microsoft.com/environments/925926ee-a397-e129-a537-dd6dca2a9e10/bots/cre7d_itfaqCopilot/webchat?__version__=2" frameborder="0" style="width: 100%; height: 100%;"></iframe></body></html>
コピー
メールで共有
2 [コピー]をクリック
コパイロットを埋め込むSharePointサイトを表示しておく
設定
SharePoint
ページの追加
アプリの追加
サイト コンテンツ
サイト情報
サイトのアクセス許可
サイト テンプレートを適用
サイトの利用状況
サイト レビュー
3 [設定]-[サイト情報]をクリック
サイト名 *
ITヘルプデスクチームサイト
サイトの説明
ITヘルプデスクチームサイト
すべてのサイト設定を表示
サイトの削除
保存
キャンセル
4 [すべてのサイト設定を表示]をクリック
SharePoint
会話
ドキュメント
ノートブック
ページ
サイト コンテンツ
ナビゲーションの要素
外観の変更
サイトの操作
サイト機能の管理
検索の構成のエクスポートを有効にする
サイト定義へのリセット
サイト階層
サイト コレクションの監査設定
ポータル サイト接続
サイト コレクションのアプリの権限
記憶域メトリックス
HTML フィールドのセキュリティ
サイト コレクションのアップグレード
Microsoft Search
サイト コンテンツ タイプ
サイトの管理
地域の設定
言語設定
翻訳のエクスポート
翻訳のインポート
スキーマ
検索の設定
検索とオフラインでの使用制限
構成のインポート
構成のエクスポート
https://dekiru.sharepoint.com/sites/ITHelpDsk/_layouts/15/HtmlFieldSecurity.aspx
5 [HTMLフィールドのセキュリティ]をクリック

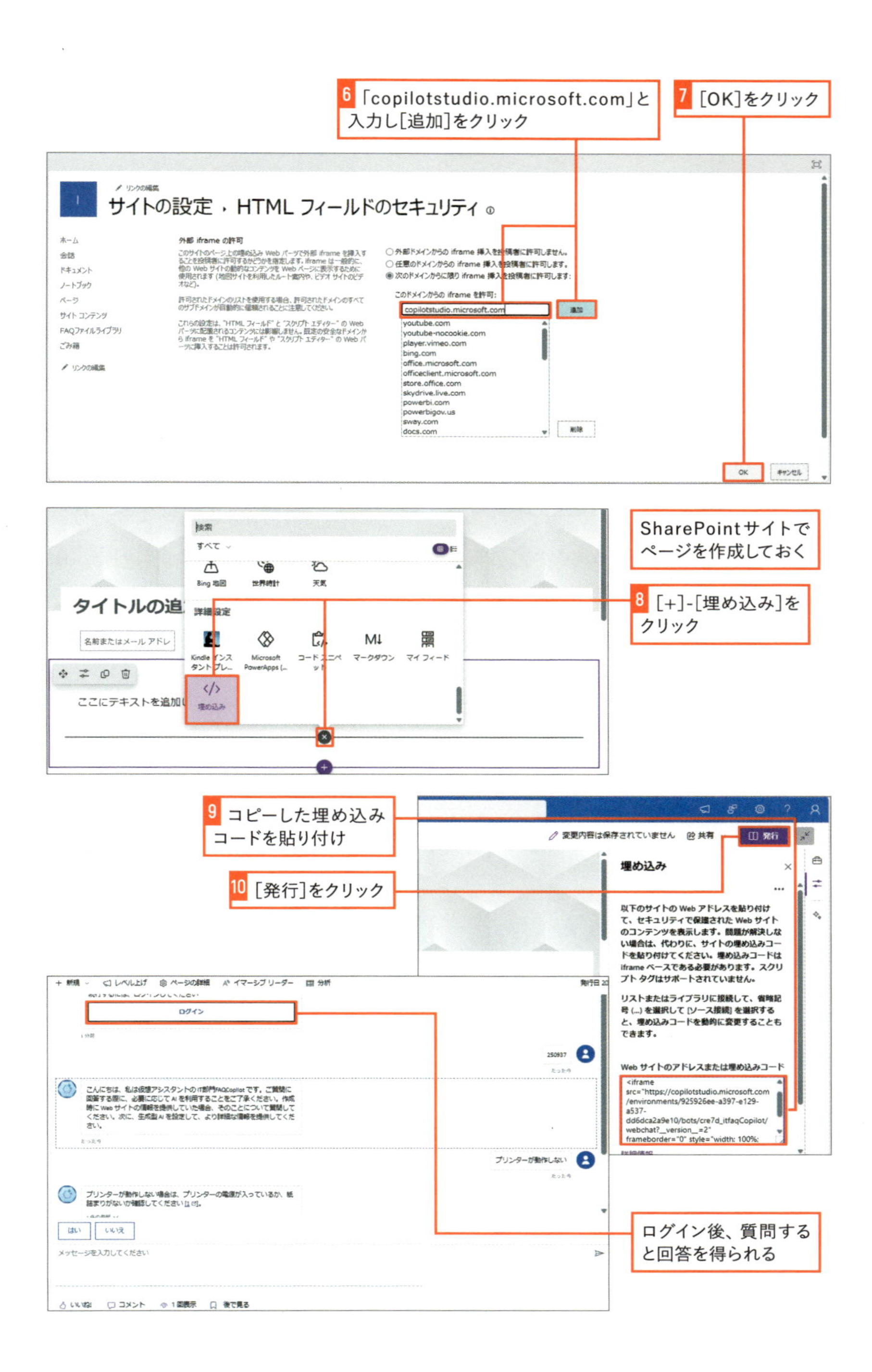
6 「copilotstudio.microsoft.com」と入力し[追加]をクリック
7 [OK]をクリック
サイトの設定 › HTML フィールドのセキュリティ
外部 iframe の許可
copilotstudio.microsoft.com
追加
OK
キャンセル
SharePointサイトでページを作成しておく
8 [+]-[埋め込み]をクリック
タイトルの追
埋め込み
9 コピーした埋め込みコードを貼り付け
10 [発行]をクリック
発行
埋め込み
ログイン
ログイン後、質問すると回答を得られる

LESSON

26 Copilotの監視と改善

Copilotは一度展開して終わりではなく、継続的な監視と改善が重要です。Copilot Studioの分析機能を使い、ログやフィードバックを基に改善点を特定し、定期的に最適化を図る方法を学びましょう。

01 作成したCopilotの分析

Copilot Studioは標準で分析機能を持っています。[分析]メニューより、確認できます。例えば、**Copilotが利用者とどの程度会話をしているか、どの程度解決しているかを意味する解決率、作成したトピックが呼び出された割合を意味するエンゲージメント率、エスカレーションされた割合を意味するエスカレーション率などが確認可能です**。

[分析]をクリックすると作成したCopilotの稼働状況や回答率などが表示される

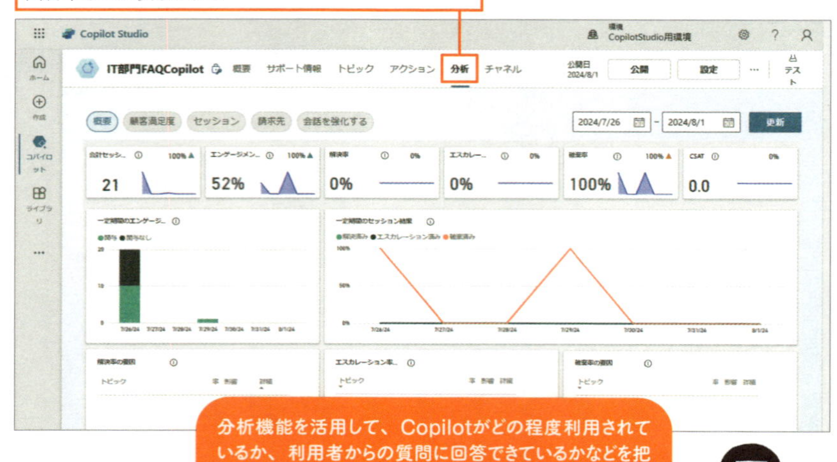

分析機能を活用して、Copilotがどの程度利用されているか、利用者からの質問に回答できているかなどを把握して継続的に改善していきましょう。

02 満足度の確認とアンケート依頼

［顧客満足度］のタブより、利用者がCopilotに対してどの程度満足しているか確認できます。この満足度は、Copilotとの会話終了時のアンケート依頼の応答の平均スコアです。

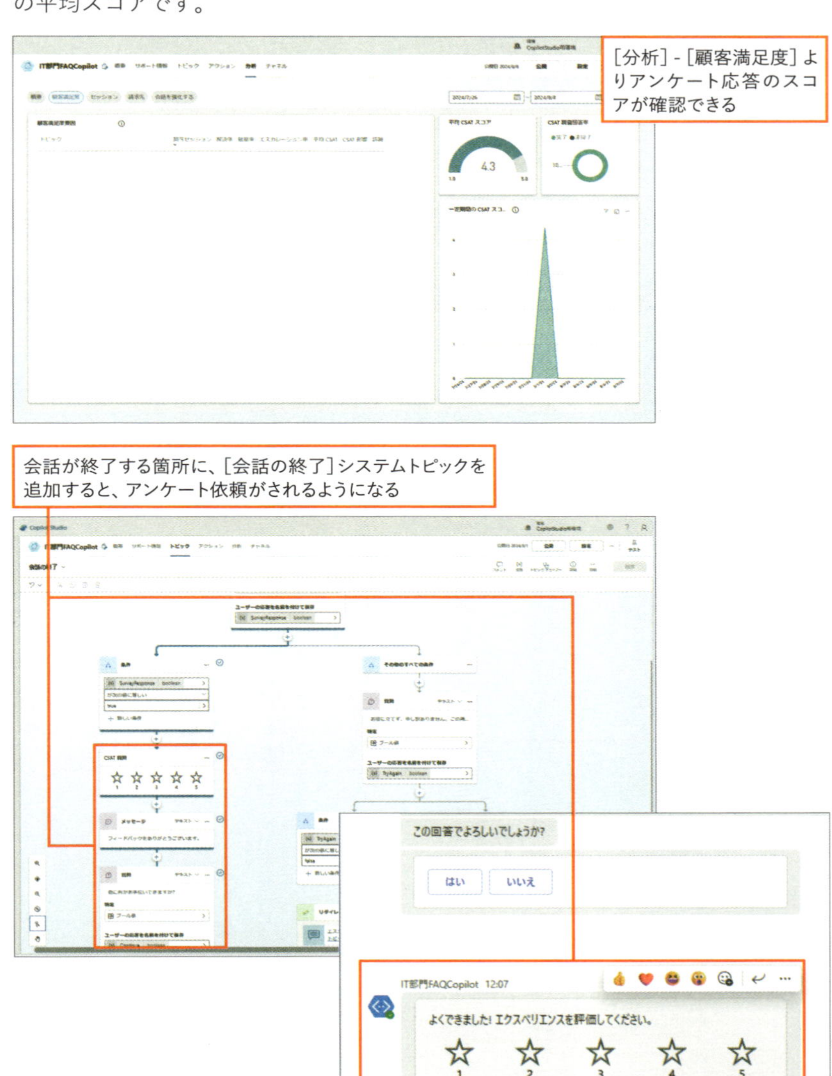

アンケート依頼は、[会話の終了] システムトピックに含まれています。そのため、利用者の満足度を調査したい場合は、カスタムトピックや [Conversational boosting] システムトピックにて、会話を終了する箇所に、[会話の終了] システムトピックを追加します。

今回は、第2章と第5章で作成した「IT部門FAQCopilot」の [Conversational boosting] システムトピックを編集します。

このCopilotでは、条件分岐が複数あり、会話を終了する箇所に、[現在のトピックを終了する] ノードを追加しているため、そちらをすべて [会話の終了] システムトピックに変更し、アンケート依頼をするように変更します。テストをしてみると、回答後にアンケート依頼をするように動作が変わります。

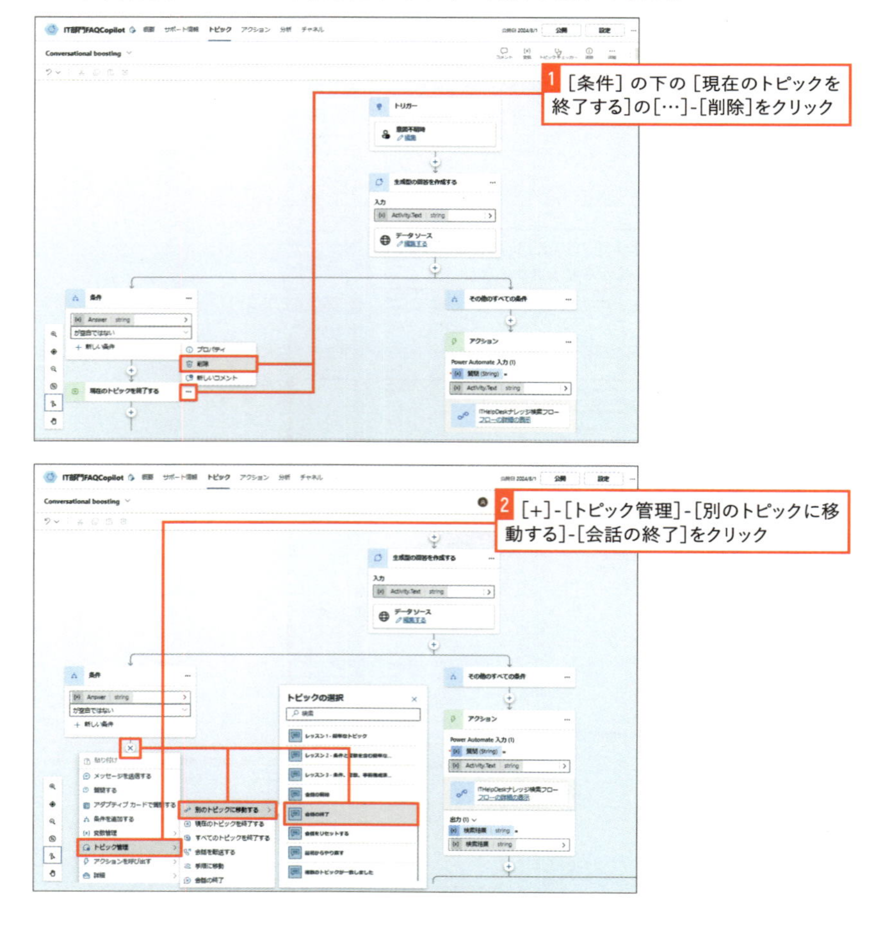

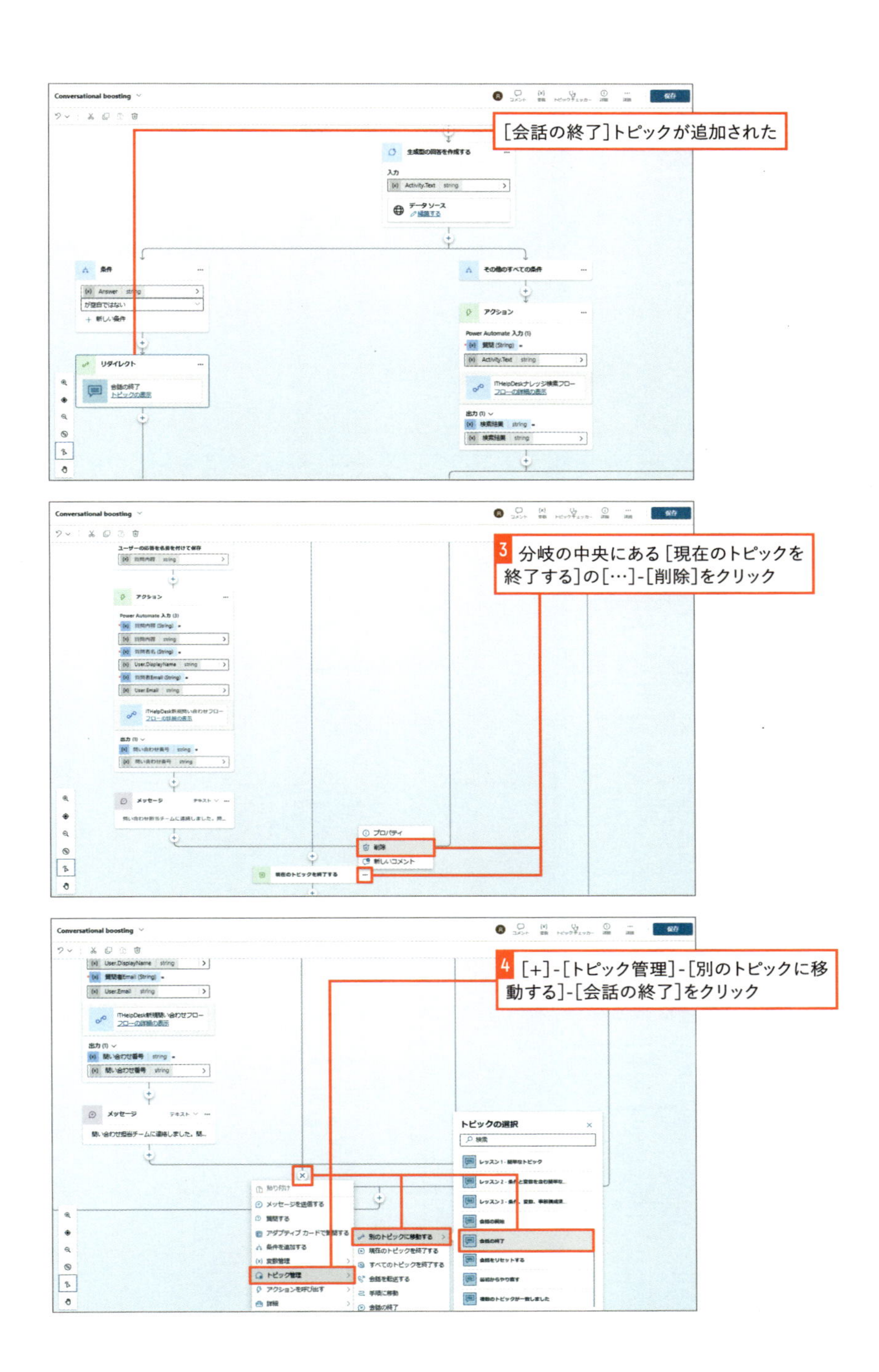

[会話の終了]トピックが追加された
3 分岐の中央にある[現在のトピックを終了する]の[…]-[削除]をクリック
4 [+]-[トピック管理]-[別のトピックに移動する]-[会話の終了]をクリック

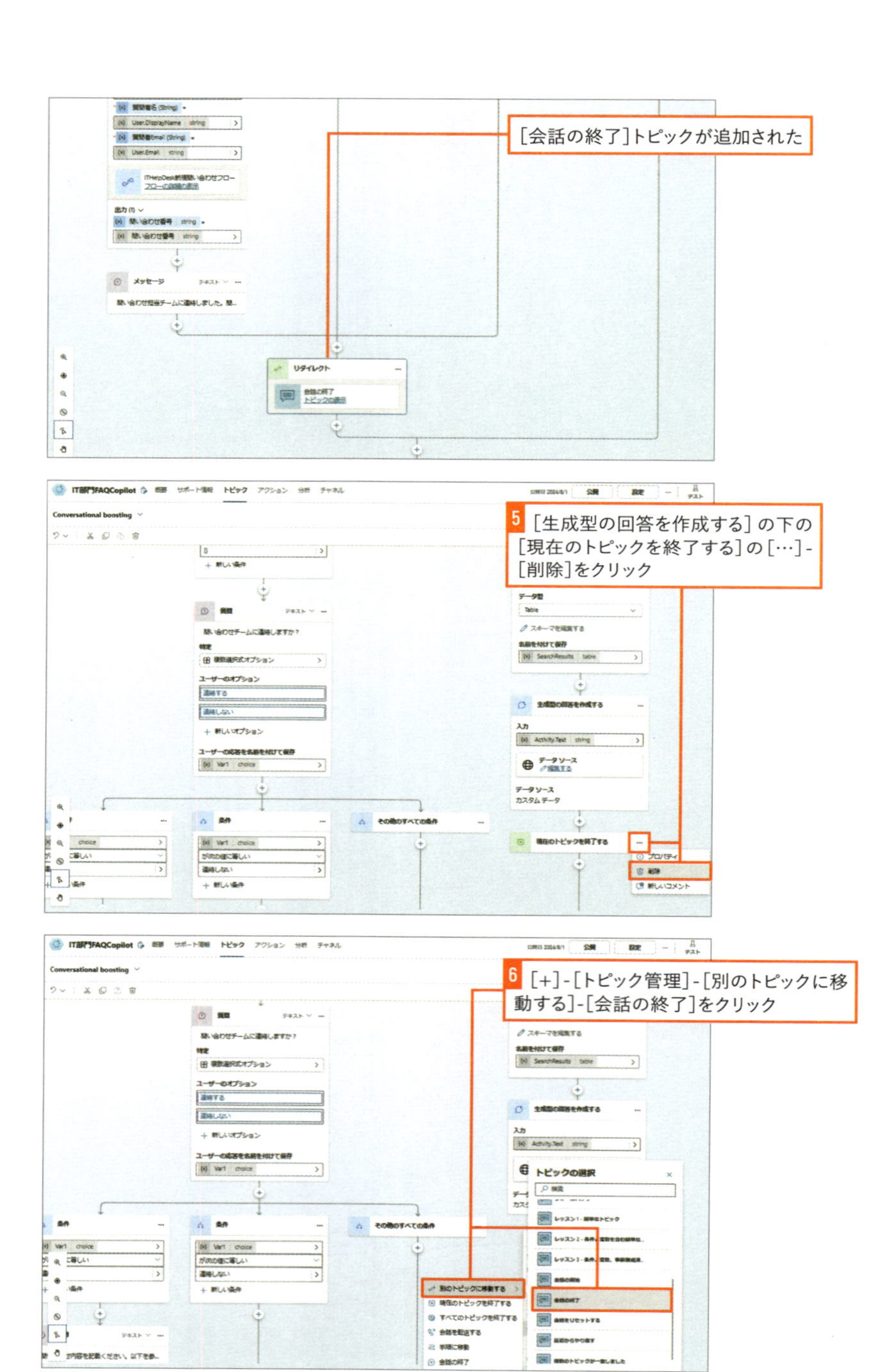

[会話の終了]トピックが追加された
リダイレクト
会話の終了
トピックの表示
メッセージ
5 [生成型の回答を作成する]の下の[現在のトピックを終了する]の[…]-[削除]をクリック
IT部門FAQCopilot
Conversational boosting
生成型の回答を作成する
現在のトピックを終了する
プロパティ
削除
新しいコメント
その他のすべての条件
6 [+]-[トピック管理]-[別のトピックに移動する]-[会話の終了]をクリック
トピックの選択
別のトピックに移動する
現在のトピックを終了する
すべてのトピックを終了する
会話を転送する
手順に移動
会話の終了

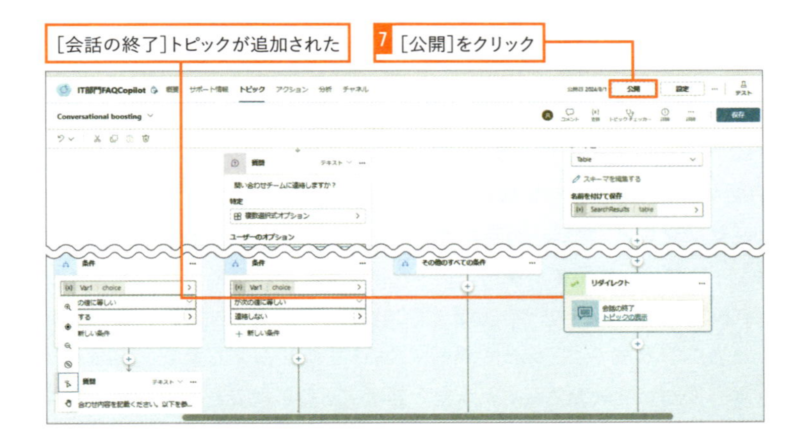

■アンケート依頼するか確認する

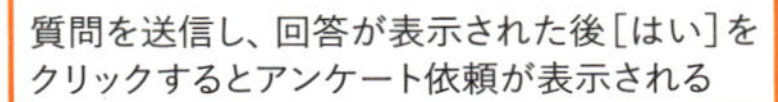

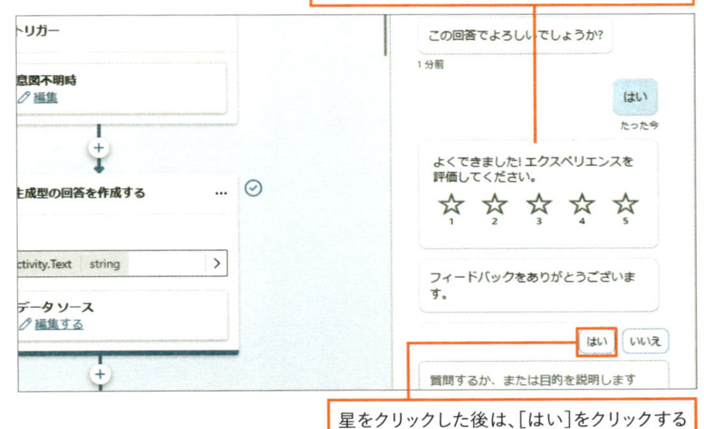

展開したTeamsのチャネルのほうもアンケート依頼がされるようになる

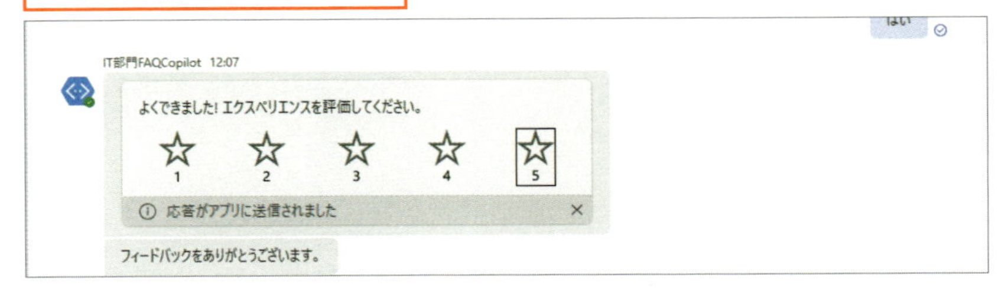

03 セッションを確認するには

セッションは、利用者とCopilotの会話のことです。会話開始後、[会話の終了]システムトピックが呼び出された場合や30分間何もやり取りをせずタイムアウトすると会話が終了したとみなされます。

[分析] - [セッション] から、過去のセッションをダウンロードできます。この CSV ファイルには、利用者が最初に送ったメッセージ、対応したトピックの名前、チャットの履歴などが含まれています。2024年7月時点では、[Conversation boosting] で対応した場合、[TopicName] には残りませんでしたが、[Session Outcome] から問題が解決できたかどうかを判断することはできます。**利用者の質問内容を踏まえ、想定したカスタムトピックが呼び出されていない場合はトリガーフレーズの見直し、利用者の質問に対するナレッジが存在しない場合はナレッジの拡充などに役立てられます**。

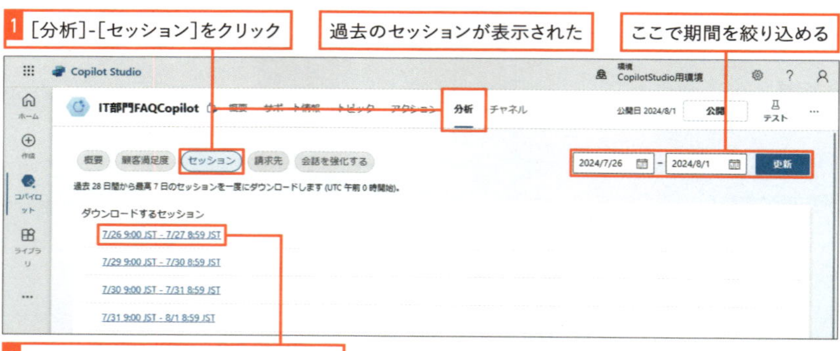

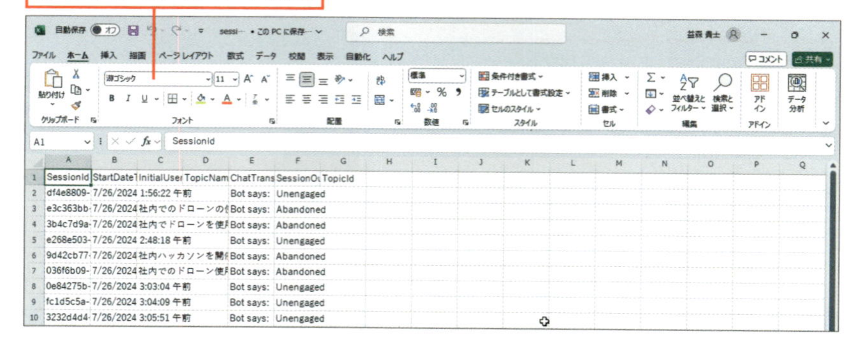

LESSON 27

Copilot Studioのその他機能

現時点では、プレビュー機能を含む「アクション」や「生成」、そしてCopilot for Microsoft 365のカスタマイズについて紹介します。プレビュー機能は一般提供後に広く利用されるでしょう。

01 アクション機能のメリットを知ろう

Copilot Studioの機能の一つである「アクション」は、Power Automateのアクションや、Power Automateで作成したクラウドフローを、Copilotから直接利用できるものです。さらに、**その際の入力情報を踏まえ、AIが自動的にCopilot利用者に質問を行うため、他のサービスと連携するCopilotの作成がさらに簡単になる**というメリットがあります。このメリットについて、クラウドフローを介して他のサービスと連携する場合と比較して説明します。

例えば、天気予報を返してくれるCopilotを作成したい場合、[MSN Weather]というコネクタを使用します。Copilotは利用者に質問をして場所の情報を受け取り、クラウドフローを呼び出します。クラウドフローは[MSN Weather]を利用して天気予報を取得し、Copilotに情報を返します。最後に、Copilotは利用者に天気予報を伝えます。

このフローの場合、Copilotが利用者にする質問は一つですが、クラウドフロー側で利用するコネクタのアクションに渡す情報が多い場合、Copilot側で一つずつ質問ノードを追加して利用者に質問をする必要があり、作成に少し手間が掛かります。

アクション機能が進化することで、Copilotの作成が一層簡単になります。今のうちにそのメリットを把握し、積極的に試してみましょう。

■コネクタの入力項目が少ないためCopilot側で一つ質問している例

ユーザーから場所情報を受け取って、クラウドフローを呼び出して、ユーザーに天気予報を返却

Copilotから場所情報を受け取って、天気予報を調べて、結果をCopilotに返却

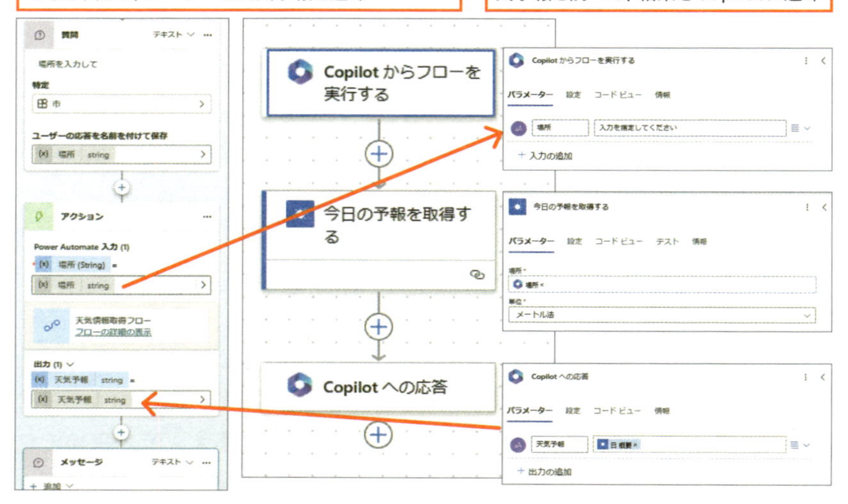

■コネクタの入力項目が多いためCopilot側で多数質問している例

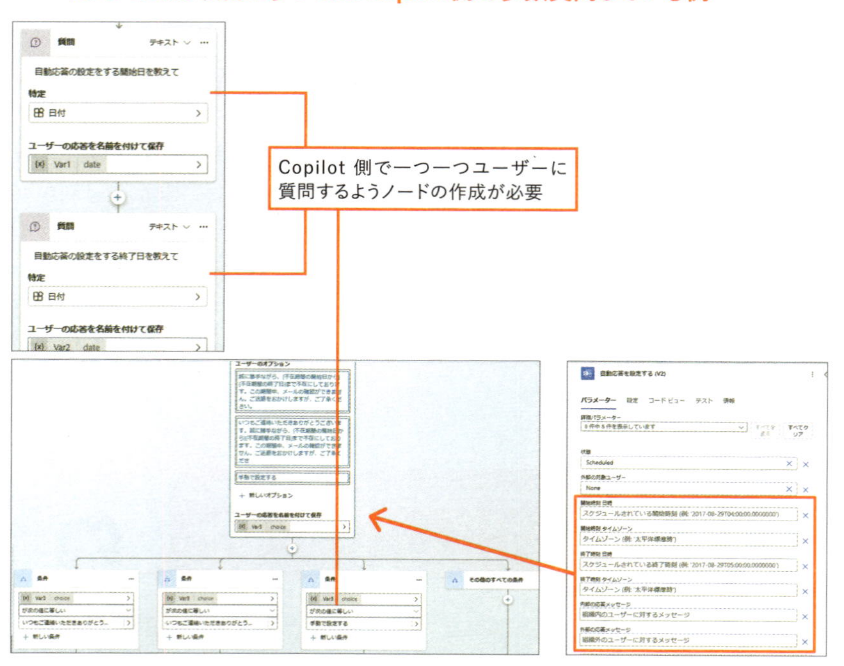

しかし、**「アクション」を利用すると、コネクタのアクションの実行に必要な質問をAIが自動で判断して質問をしてくれるため、Copilot側で手動で［質問］ノードを作成する必要がなくなります**。

このようなメリットがあるため、アクションの作成方法、呼び出し方法を今のうちに学んでおきましょう。アクション作成のステップはシンプルで、まず、アクションを作成して、作成したアクションをトピックから呼び出します。

■アクションを利用して天気の情報を取得

◆アクション
コネクタなどをAIの力を使ってより使いやすく、人がいろいろ構成しなくても済むようにしてくれる

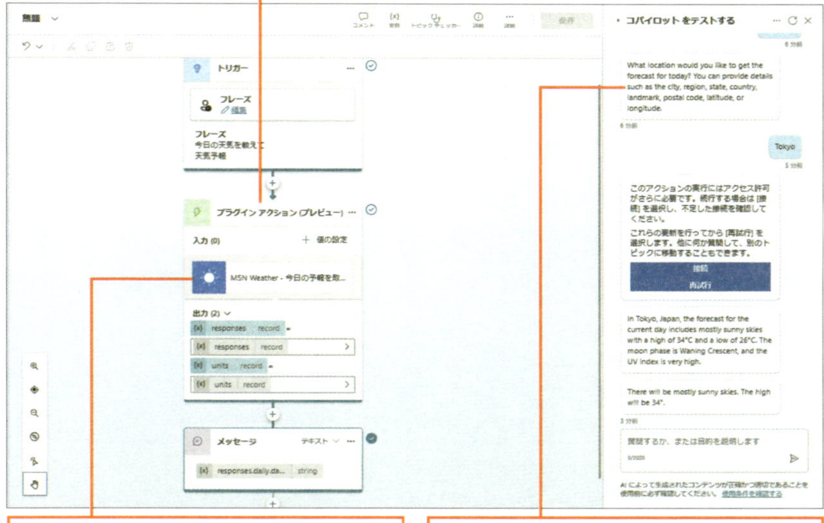

［MSN Weather］のコネクタを使うアクションを作成し、このアクションを指定するだけ

アクションの実行に必要な質問、この場合、天気予報を取得する場所の質問を自動で生成してくれる

アクションを追加するだけで、コネクタのアクションの実行に必要な質問をAIが自動で行ってくれるため、作成がとても楽になります。

02 アクションを作成する

新しいCopilotを作成し、[アクション] タブからアクションを追加します。今回は、[MSN Weather] コネクタの [今日の予報を取得する] を選択します。今日の天気を取得するために必要な情報である [入力] を編集し、気温の単位である [Units] については利用者に入力を求めず、既定値を設定します。そのため、利用者には天気予報を取得したい場所の入力のみが求められる動作となります。

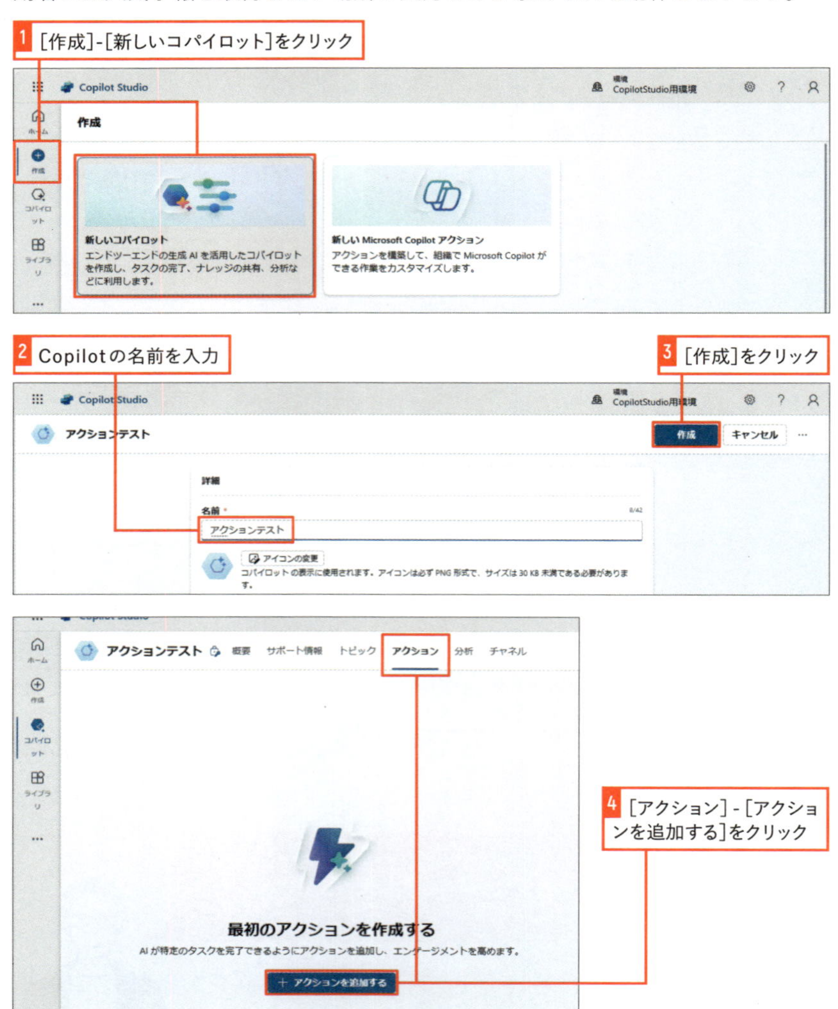

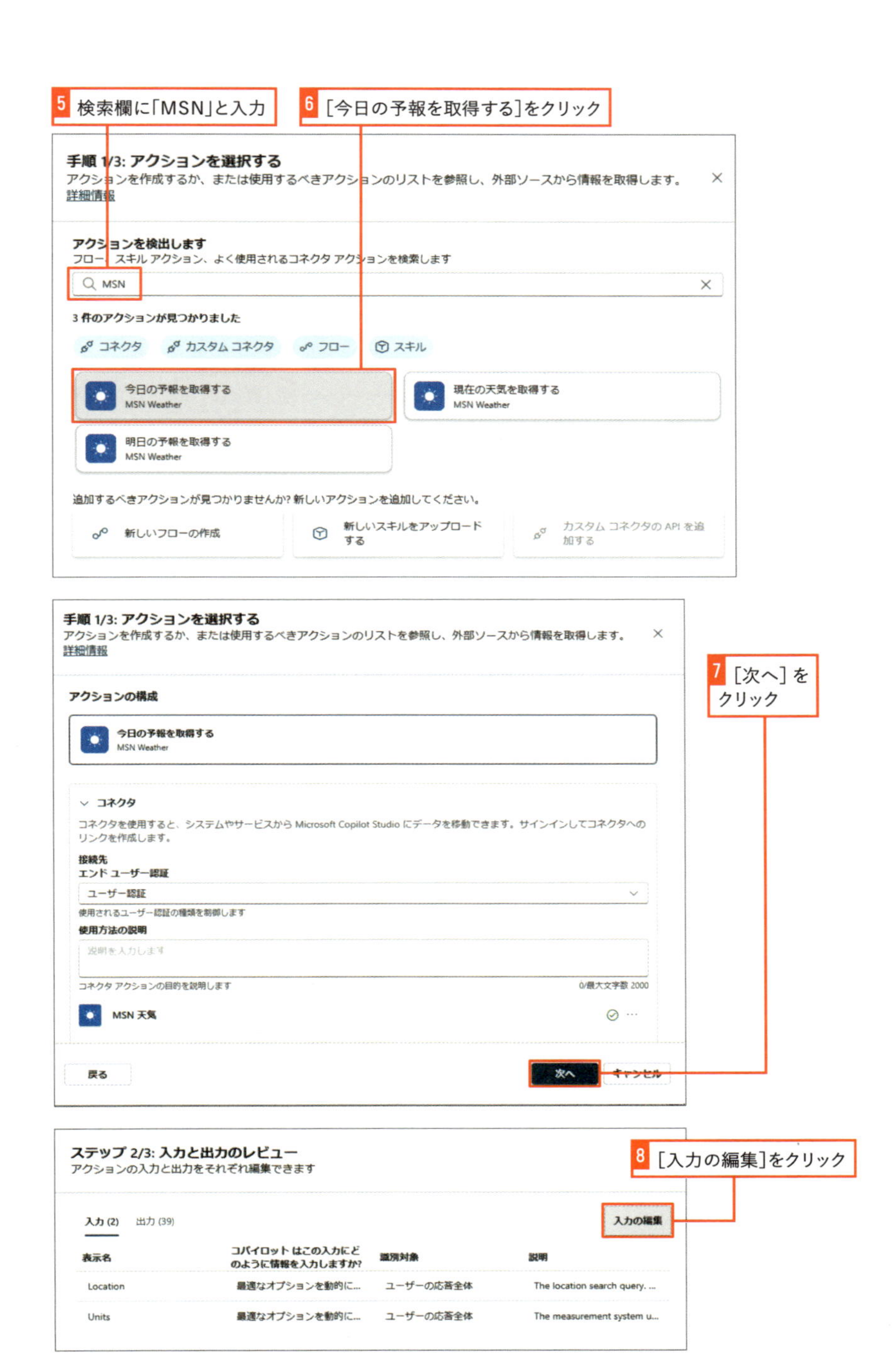
5 検索欄に「MSN」と入力
6 [今日の予報を取得する]をクリック
手順 1/3: アクションを選択する
アクションを作成するか、または使用するべきアクションのリストを参照し、外部ソースから情報を取得します。
詳細情報
アクションを検出します
フロー、スキル アクション、よく使用されるコネクタ アクションを検索します
MSN
3 件のアクションが見つかりました
コネクタ
カスタム コネクタ
フロー
スキル
今日の予報を取得する
MSN Weather
現在の天気を取得する
MSN Weather
明日の予報を取得する
MSN Weather
追加するべきアクションが見つかりませんか? 新しいアクションを追加してください。
新しいフローの作成
新しいスキルをアップロードする
カスタム コネクタの API を追加する
手順 1/3: アクションを選択する
アクションを作成するか、または使用するべきアクションのリストを参照し、外部ソースから情報を取得します。
詳細情報
7 [次へ] をクリック
アクションの構成
今日の予報を取得する
MSN Weather
コネクタ
コネクタを使用すると、システムやサービスから Microsoft Copilot Studio にデータを移動できます。サインインしてコネクタへのリンクを作成します。
接続先
エンド ユーザー認証
ユーザー認証
使用されるユーザー認証の種類を制御します
使用方法の説明
説明を入力します
コネクタ アクションの目的を説明します
0/最大文字数 2000
MSN 天気
戻る
次へ
キャンセル
ステップ 2/3: 入力と出力のレビュー
アクションの入力と出力をそれぞれ編集できます
8 [入力の編集]をクリック
入力 (2)
出力 (39)
入力の編集
表示名
コパイロット はこの入力にどのように情報を入力しますか?
識別対象
説明
Location
最適なオプションを動的に...
ユーザーの応答全体
The location search query. ...
Units
最適なオプションを動的に...
ユーザーの応答全体
The measurement system u...

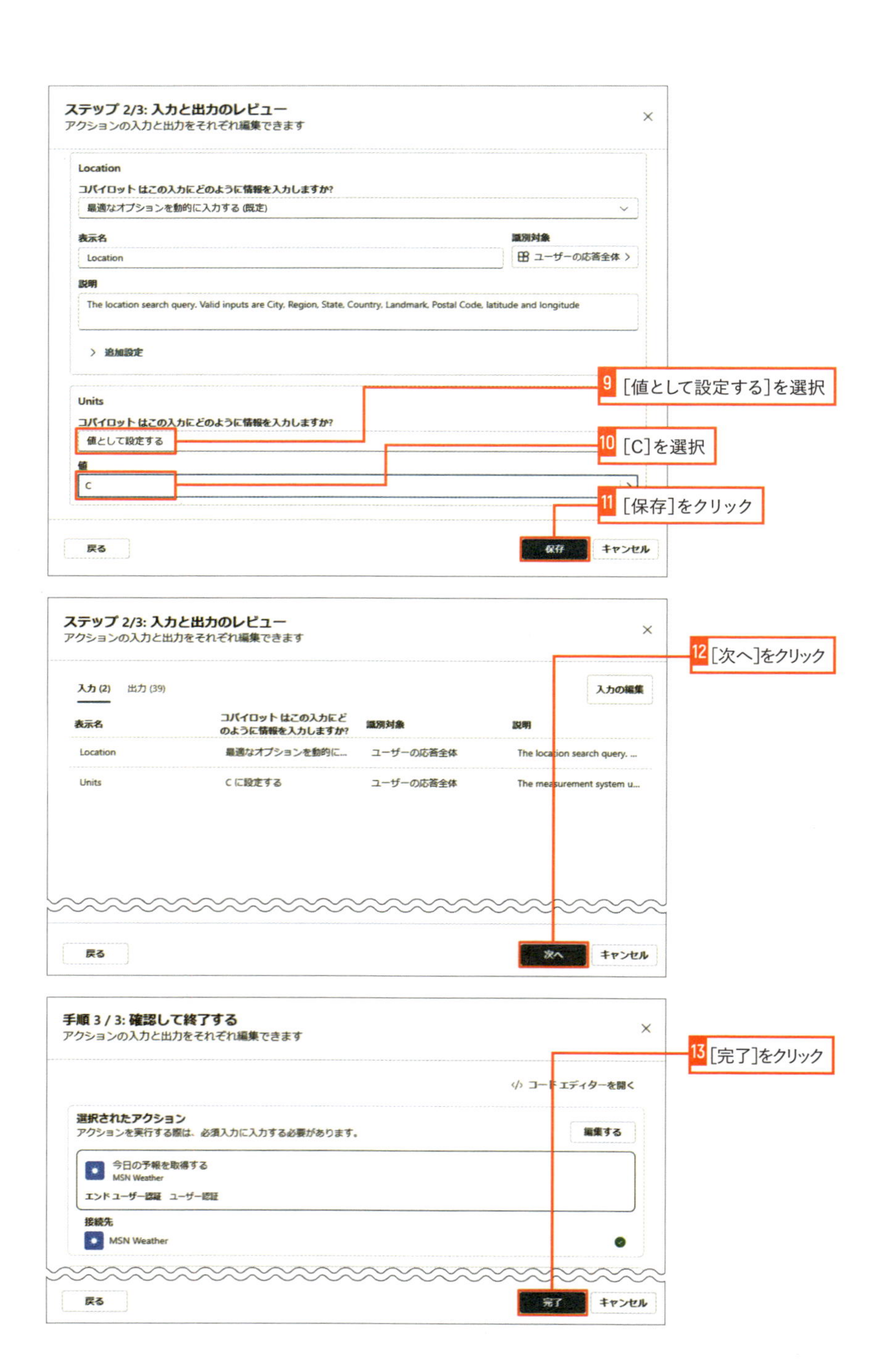
ステップ 2/3: 入力と出力のレビュー
アクションの入力と出力をそれぞれ編集できます
Location
コパイロット はこの入力にどのように情報を入力しますか?
最適なオプションを動的に入力する (既定)
表示名
Location
識別対象
ユーザーの応答全体
説明
The location search query. Valid inputs are City, Region, State, Country, Landmark, Postal Code, latitude and longitude
追加設定
Units
コパイロット はこの入力にどのように情報を入力しますか?
値として設定する
値
C
戻る
保存
キャンセル
9 [値として設定する]を選択
10 [C]を選択
11 [保存]をクリック
ステップ 2/3: 入力と出力のレビュー
アクションの入力と出力をそれぞれ編集できます
入力 (2)
出力 (39)
入力の編集
表示名
コパイロット はこの入力にどのように情報を入力しますか?
識別対象
説明
Location
最適なオプションを動的に...
ユーザーの応答全体
The location search query. ...
Units
C に設定する
ユーザーの応答全体
The measurement system u...
戻る
次へ
キャンセル
12 [次へ]をクリック
手順 3 / 3: 確認して終了する
アクションの入力と出力をそれぞれ編集できます
コードエディターを開く
選択されたアクション
アクションを実行する際は、必須入力に入力する必要があります。
編集する
今日の予報を取得する
MSN Weather
エンド ユーザー認証 ユーザー認証
接続先
MSN Weather
戻る
完了
キャンセル
13 [完了]をクリック

03 Copilotアクションを呼び出す

新規トピックを作成し、トリガーフレーズを設定し、[アクションを呼び出す] の [プラグイン(プレビュー)] タブから作成したアクションを選択します。取得した今日の天気予報の情報が [responses] 変数に格納されるため、[メッセージ] ノードを追加し、変数から、天気予報の概要を意味する、[responses.daily.day.summary] を選択します。テストをして、コネクタの接続を行います。英語になりますが、今日の天気予報を取得するための場所の情報の入力を求める質問を自動で行い、場所の情報をCopilotに返答すると、今日の天気予報の概要を返してくれます。

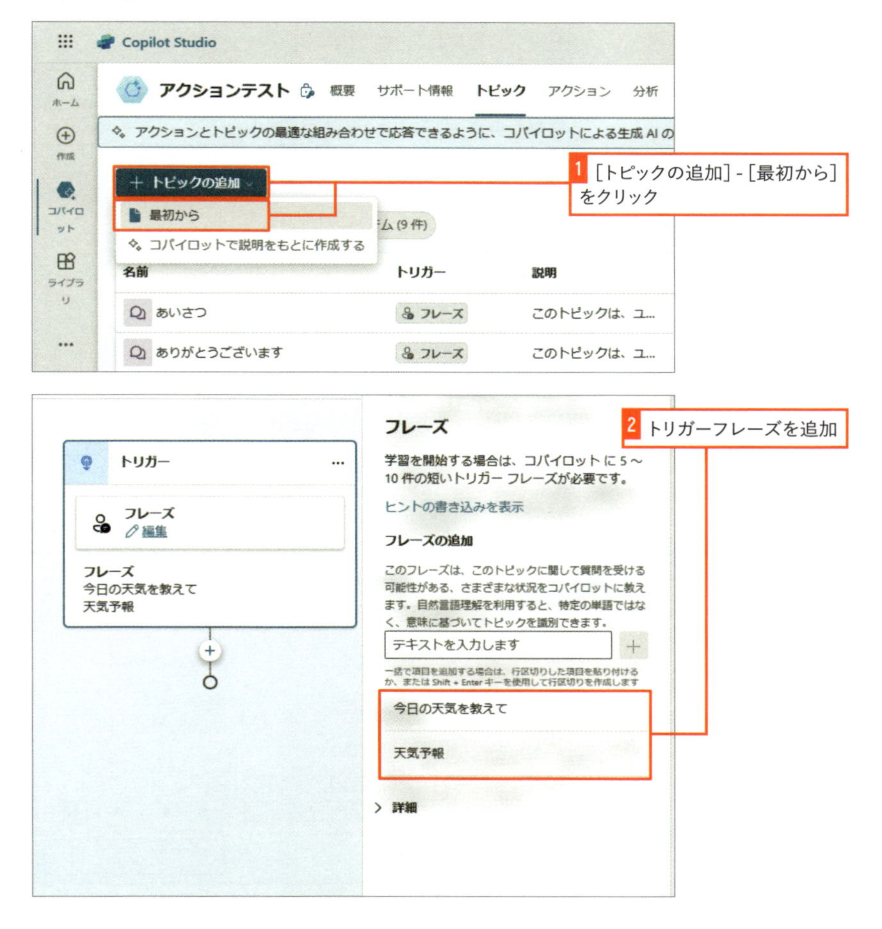

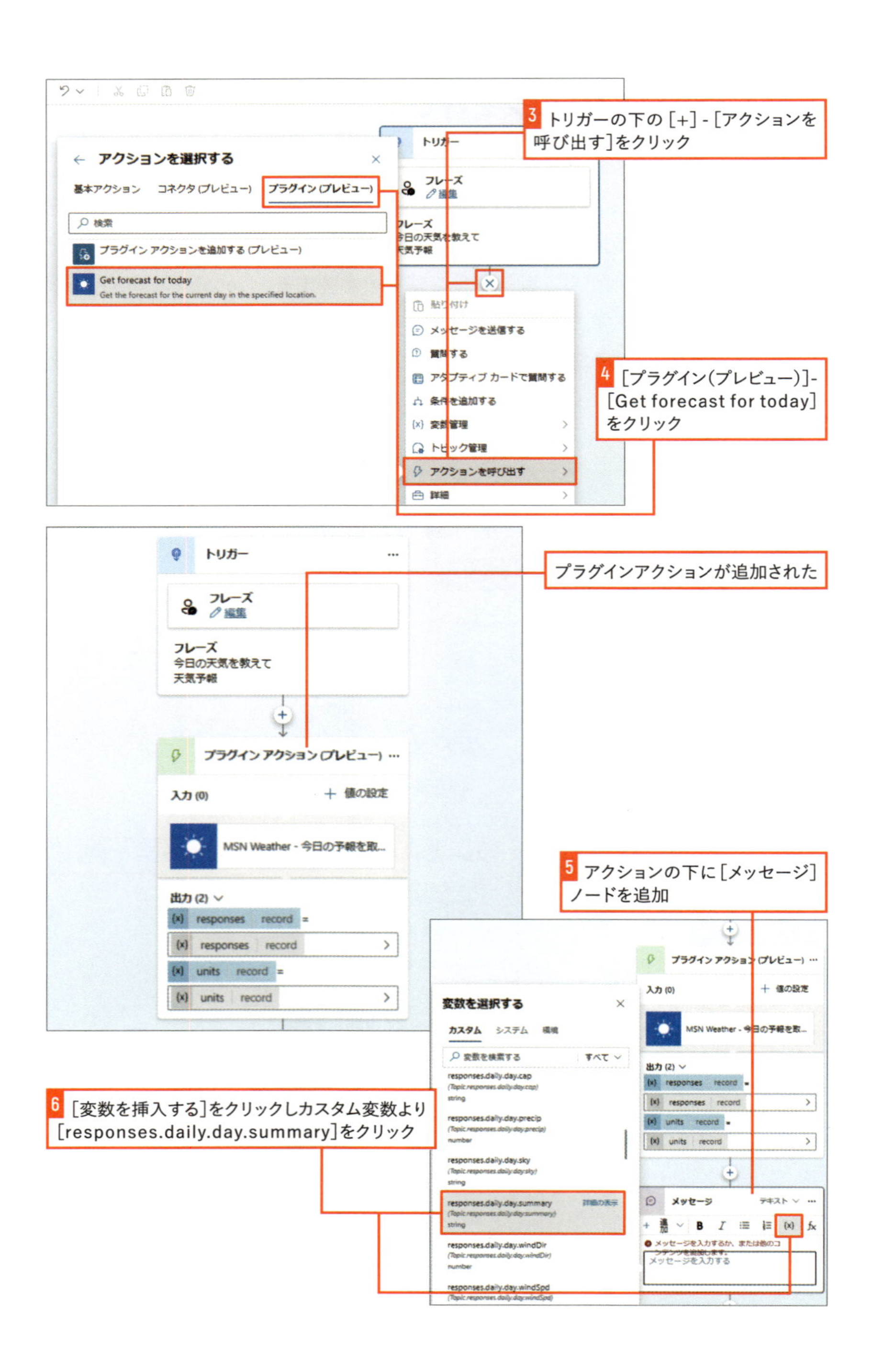

3 トリガーの下の[+]-[アクションを呼び出す]をクリック
4 [プラグイン(プレビュー)]-[Get forecast for today]をクリック
プラグインアクションが追加された
5 アクションの下に[メッセージ]ノードを追加
6 [変数を挿入する]をクリックしカスタム変数より[responses.daily.day.summary]をクリック
アクションを選択する
基本アクション
コネクタ (プレビュー)
プラグイン (プレビュー)
プラグイン アクションを追加する (プレビュー)
Get forecast for today
Get the forecast for the current day in the specified location.
トリガー
フレーズ
今日の天気を教えて
天気予報
メッセージを送信する
質問する
アダプティブ カードで質問する
条件を追加する
変数管理
トピック管理
アクションを呼び出す
詳細
プラグイン アクション (プレビュー)
入力 (0)
値の設定
MSN Weather - 今日の予報を取...
出力 (2)
responses
record
units
変数を選択する
カスタム
システム
変数を検索する
すべて
responses.daily.day.cap
responses.daily.day.precip
responses.daily.day.sky
responses.daily.day.summary
responses.daily.day.windDir
responses.daily.day.windSpd
メッセージ
テキスト
メッセージを入力する

アクションにより自動で天気予報を取得したい場所を質問されるため、「天気予報」と送信したのち、天気を知りたい場所を送信

初めて利用する場合、クラウドフローへの接続画面が表示されるため、接続する

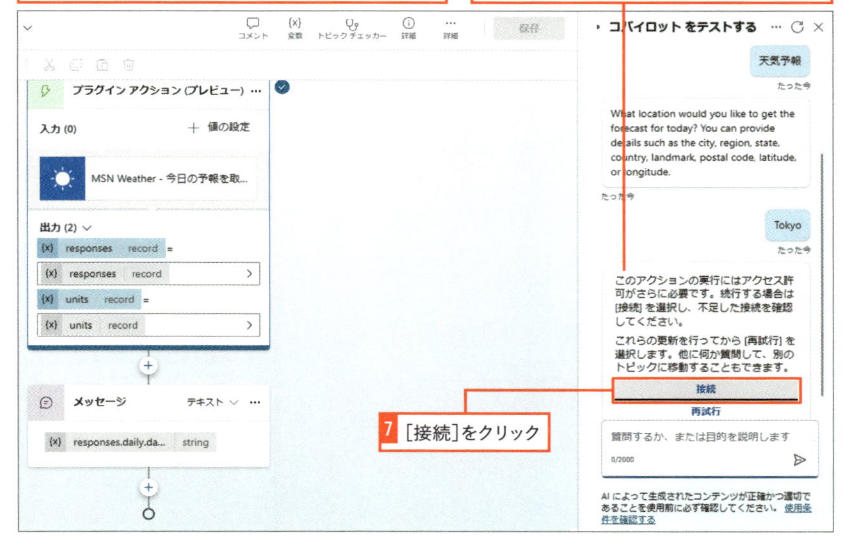

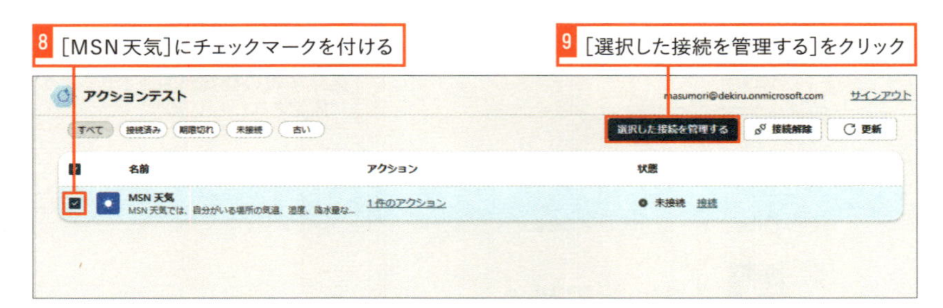
8 [MSN天気]にチェックマークを付ける
9 [選択した接続を管理する]をクリック
アクションテスト
masumori@dekiru.onmicrosoft.com
サインアウト
すべて
接続済み
期限切れ
未接続
古い
選択した接続を管理する
接続解除
更新
名前
アクション
状態
MSN 天気
1件のアクション
未接続
接続

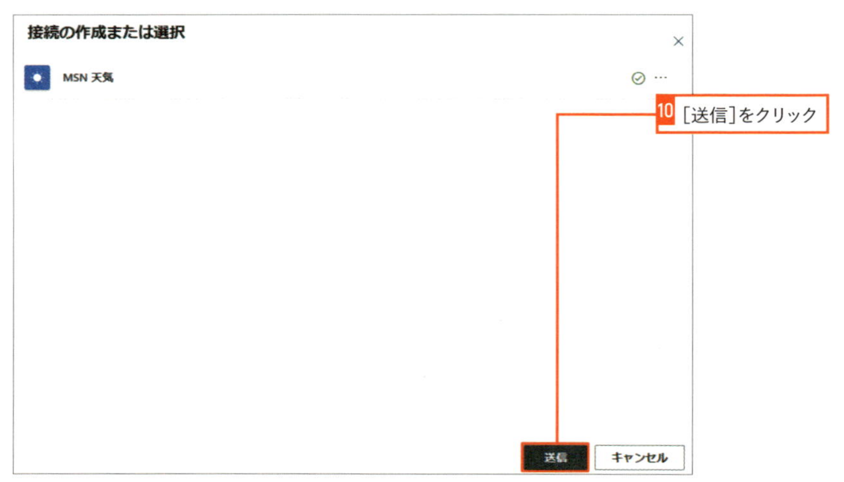
接続の作成または選択
MSN 天気
10 [送信]をクリック
送信
キャンセル

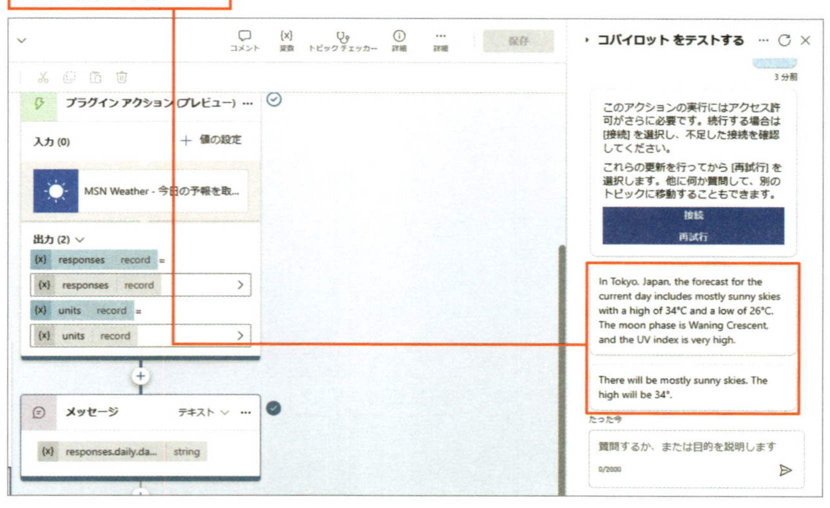
天気の概要が回答された
コパイロット をテストする
プラグイン アクション (プレビュー)
入力 (0)
値の設定
MSN Weather - 今日の予報を取...
出力 (2)
メッセージ
このアクションの実行にはアクセス許可がさらに必要です。続行する場合は[接続]を選択し、不足した接続を確認してください。
これらの更新を行ってから [再試行] を選択します。他に何か質問して、別のトピックに移動することもできます。
接続
再試行
In Tokyo, Japan, the forecast for the current day includes mostly sunny skies with a high of 34°C and a low of 26°C. The moon phase is Waning Crescent, and the UV index is very high.
There will be mostly sunny skies. The high will be 34°.
質問するか、または目的を説明します

04 生成機能のメリットを知ろう

「生成(プレビュー)」は、トピックのトリガーフレーズを個別に設定せず、トピックの説明文を記載することで、AIが自動的に適切なトピックを呼び出す機能です。

第2章で説明した通り、手動でトピックを作成する際には、トピックごとにトリガーフレーズを検討し設定する必要があります。また、Copilot 展開後には、利用者が適切なトピックに誘導されていない場合、トリガーフレーズを見直すための分析が必要です。この作業は、作成者にとって少なからず負担となります。[生成(プレビュー)]機能は、この負担を軽減します。この機能を利用するには、執筆時点でCopilotの言語が英語である必要がありますが、説明文を日本語にしても動作することが確認できます。

■[生成(プレビュー)]の一例

新規で英語のCopilotを作成し、機能を有効にして例えば[Greeting]トピックを開くと、トリガーフレーズの代わりにトピックの説明文が表示されます。AIがこの説明文を基に、利用者の質問に対してどのトピックが対応するかを自動で判断します。

実際に試してみると、説明文には記載のない挨拶をしても、説明文の内容から[Greeting]トピックは挨拶に応答するトピックと判断し[Greeting]トピックが適切に呼び出されることが確認できます。

このように、トピックの説明文を記載すると、AIが自動的に適切なトピックを呼び出すことで、Copilotの作成が更に簡単になるため、今のうちに利用方法を学んでおきましょう。また、説明文の記載内容を踏まえ、AIが想定したトピックを呼び出すかいろいろ試してみることをおすすめします。

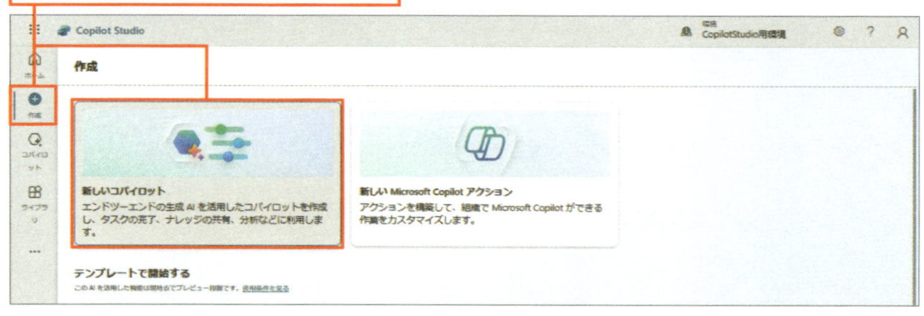

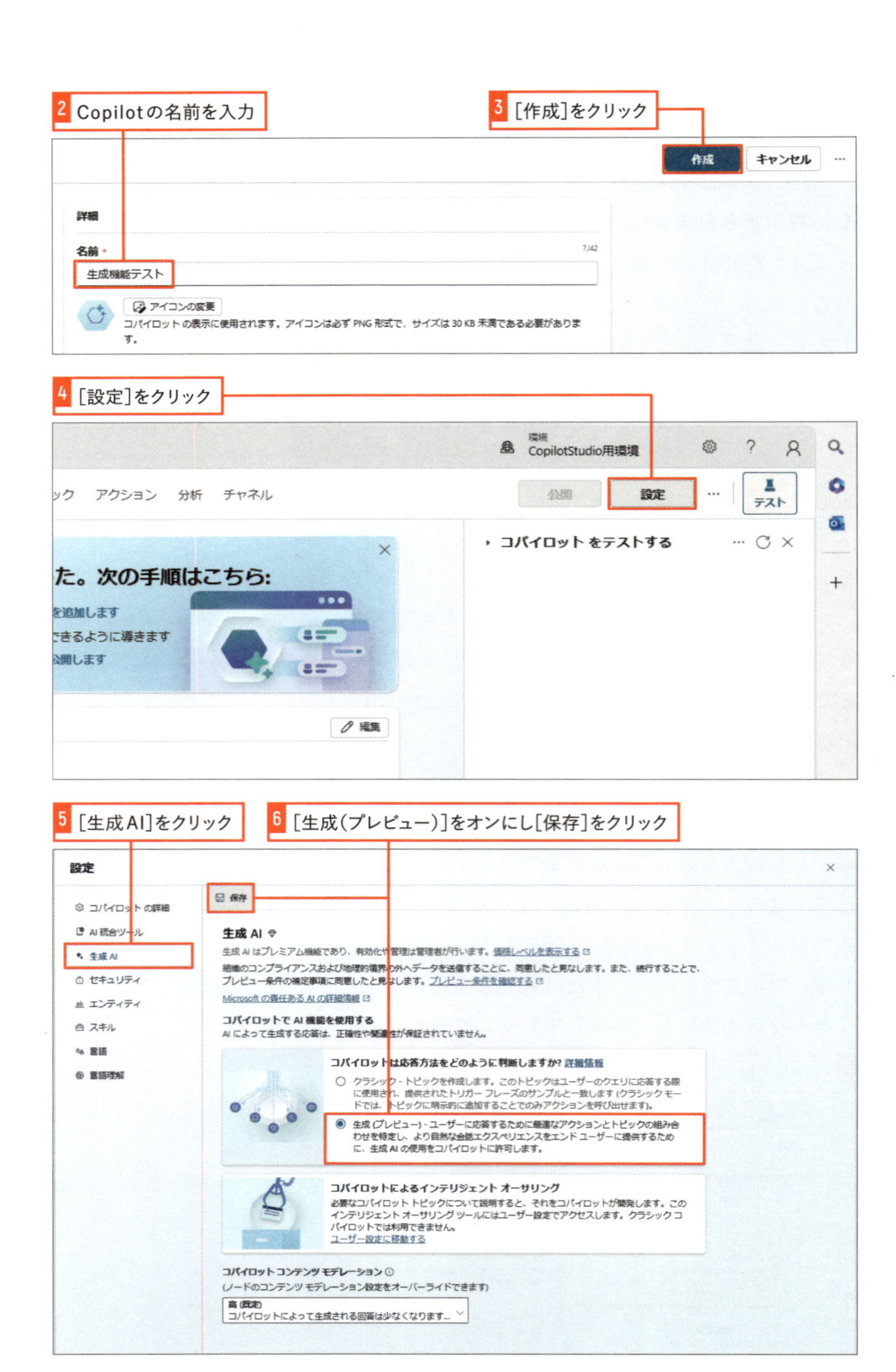

2 Copilotの名前を入力
3 [作成]をクリック
作成
キャンセル
詳細
名前
7/42
生成機能テスト
アイコンの変更
コパイロット の表示に使用されます。アイコンは必ず PNG 形式で、サイズは 30 KB 未満である必要があります。
4 [設定]をクリック
環境
CopilotStudio用環境
アクション
分析
チャネル
公開
設定
テスト
コパイロット をテストする
た。次の手順はこちら:
を追加します
できるように導きます
公開します
編集
5 [生成AI]をクリック
6 [生成(プレビュー)]をオンにし[保存]をクリック
設定
保存
コパイロット の詳細
AI 統合ツール
生成 AI
セキュリティ
エンティティ
スキル
言語
言語理解
生成 AI
生成 AI はプレミアム機能であり、有効化や管理は管理者が行います。価格レベルを表示する
組織のコンプライアンスおよび地理的境界の外へデータを送信することに、同意したと見なします。また、続行することで、プレビュー条件の補足事項に同意したと見なします。プレビュー条件を確認する
Microsoft の責任ある AI の詳細情報
コパイロットで AI 機能を使用する
AI によって生成する応答は、正確性や関連性が保証されていません。
コパイロットは応答方法をどのように判断しますか? 詳細情報
クラシック - トピックを作成します。このトピックはユーザーのクエリに応答する際に使用され、提供されたトリガー フレーズのサンプルと一致します (クラシック モードでは、トピックに明示的に追加することでのみアクションを呼び出せます。
生成 (プレビュー) - ユーザーに応答するために最適なアクションとトピックの組み合わせを特定し、より自然な会話エクスペリエンスをエンド ユーザーに提供するために、生成 AI の使用をコパイロットに許可します。
コパイロットによるインテリジェント オーサリング
必要なコパイロット トピックについて説明すると、それをコパイロットが開発します。このインテリジェント オーサリング ツールにはユーザー設定でアクセスします。クラシック コパイロットでは利用できません。
ユーザー設定に移動する
コパイロット コンテンツ モデレーション
(ノードのコンテンツ モデレーション設定をオーバーライドできます)
高 (既定)
コパイロットによって生成される回答は少なくなります...

■［Greeting］トピックを編集する

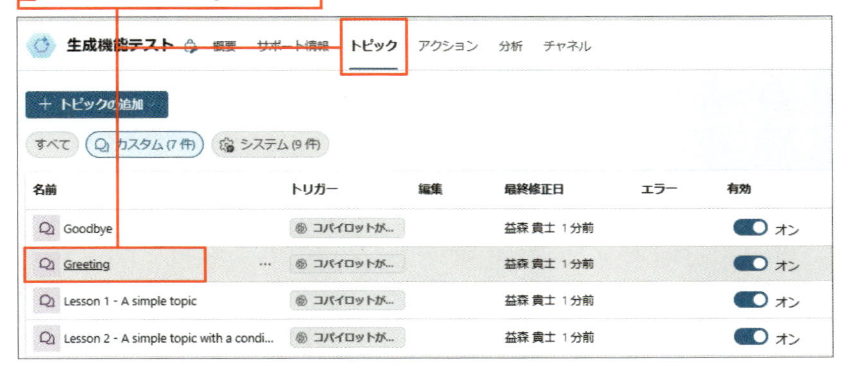

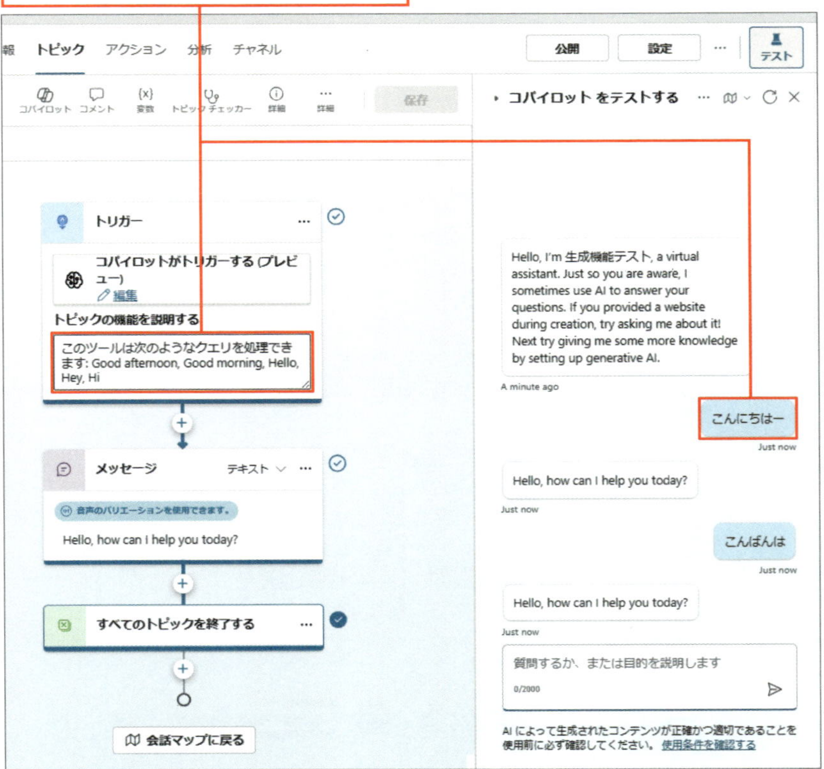

Copilot for Microsoft 365 のカスタマイズ

Copilot Studioは、独自のCopilotを作成するだけでなく、Copilot for Microsoft 365などの製品版のCopilotに対してカスタマイズを行うこともできます。具体的には、Copilot Studioでは、製品版のCopilot用にアクションを作成できます。このアクションでは、独自のCopilotを作成する場合と同様に、コネクタを介してさまざまなクラウドサービスと連携したり、AIプロンプトを呼び出したりすることができます。作成したアクションは、例えば、Copilot for Microsoft 365のチャット機能にプラグインとして拡張可能です。利用者の質問内容に応じて、AIが適切なプラグインを呼び出し、回答を提供します。Copilot for Microsoft 365を拡張するおおまかな手順は以下の通りです。

1.Copilot Studioでアクションを作成する
2.管理者がMicrosoft Copilot Studioアプリを展開する
3.利用者がCopilot for Microsoft 365のチャット機能で接続を有効にする

執筆時点の筆者の環境では、作成したプラグインが表示されない、または表示されても上手く呼び出されないなど、機能しない点がありますが、今後利用が拡大していくことが期待される機能です。

種類を選択してアクションを作成する

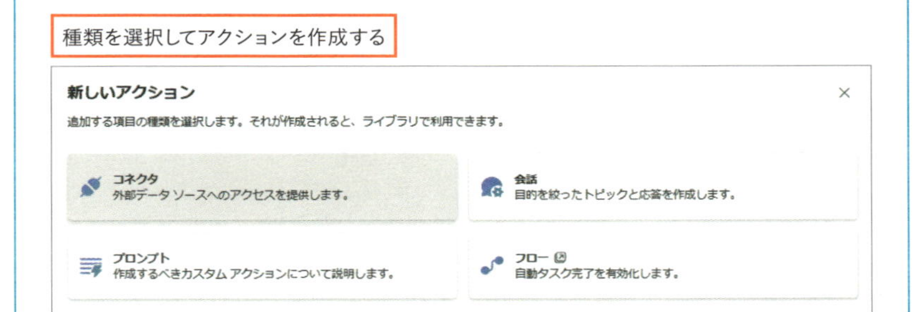

管理者がMicrosoft Copilot Studio アプリを展開する

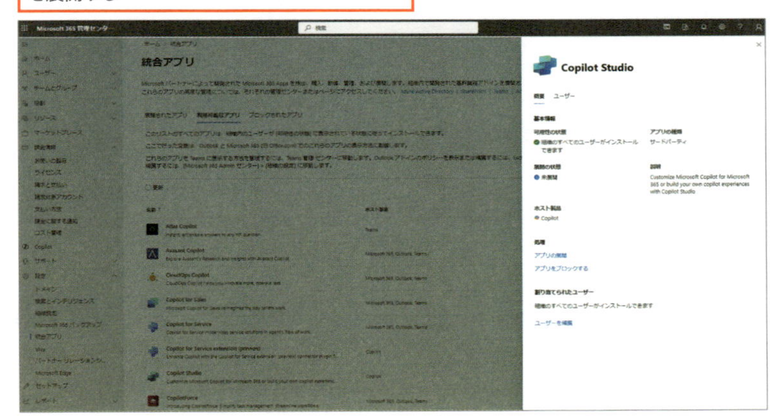

利用者がCopilot for Microsoft 365でアクションをプラグインとして有効にする

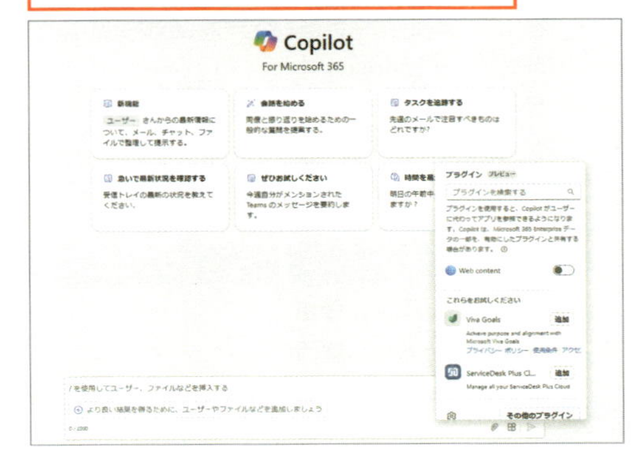

INDEX

A

C

D・E

F・G

J・L

M

P

R・S

T・U

ア

カ

サ

タ

ナ

ハ

マ・ヤ

ラ・ワ

■著者

益森貴士（ますもり たかし）

株式会社TAKMASPOWER代表。2017年から2023年まで日本マイクロソフトに勤務し、2023年末に独立。Power Platform市民開発者の育成支援に情熱を注いでいる。BlogやSNSを通じて、日々Power Platformに関する情報を発信中。

Blog：https://qiita.com/Takashi_Masumori
X（旧Twitter）：https://x.com/takmas8
LinkedIn：https://www.linkedin.com/in/takashi-masumori-783bb5167/

STAFF

カバー・本文デザイン　吉村朋子
カバー・本文イラスト　北構まゆ

組版　クニメディア株式会社
校正　株式会社トップスタジオ

デザイン制作室　今津幸弘
制作担当デスク　柏倉真理子

編集　高橋優海
編集長　藤原泰之

■商品に関する問い合わせ先

このたびは弊社商品をご購入いただきありがとうございます。本書の内容などに関するお問い合わせは、下記のURLまたは二次元バーコードにある問い合わせフォームからお送りください。

https://book.impress.co.jp/info/

上記フォームがご利用いただけない場合のメールでの問い合わせ先
info@impress.co.jp

※お問い合わせの際は、書名、ISBN、お名前、お電話番号、メールアドレス に加えて、「該当するページ」と「具体的なご質問内容」「お使いの動作環境」を必ずご明記ください。なお、本書の範囲を超えるご質問にはお答えできないのでご了承ください。

- ●電話やFAXでのご質問には対応しておりません。また、封書でのお問い合わせは回答までに日数をいただく場合があります。あらかじめご了承ください。
- ●インプレスブックスの本書情報ページ　https://book.impress.co.jp/books/1124101025 では、本書のサポート情報や正誤表・訂正情報などを提供しています。あわせてご確認ください。
- ●本書の奥付に記載されている初版発行日から１年が経過した場合、もしくは本書で紹介している製品やサービスについて提供会社によるサポートが終了した場合はご質問にお答えできない場合があります。

■落丁・乱丁本などの問い合わせ先

FAX　03-6837-5023
service@impress.co.jp
※古書店で購入された商品はお取り替えできません。

Copilot Studioで作る業務効率化のＡＩチャットボット（できるエキスパート）

2024年10月1日　初版発行

著者　益森貴士
発行人　高橋隆志
編集人　藤井貴志
発行所　株式会社インプレス
〒101-0051　東京都千代田区神田神保町一丁目105番地
ホームページ　https://book.impress.co.jp

印刷所　株式会社広済堂ネクスト

ISBN978-4-295-02026-4　　C3055

Printed in Japan